UHR UND STROM

Ein Handbuch über elektrische Uhren

von

Karl Scheibe und Josef Stamm

Mit 150 Bildern

München und Berlin 1943

Verlag von R. Oldenbourg

Vorwort

Das vorliegende Buch behandelt in gedrängter Kürze Wesen und Technik der elektrischen Uhren. Dabei werden vorzugsweise Typen und Ausführungsformen berücksichtigt, an deren Gestaltung und Entwicklung Gustav Schönberg, ein in Uhrmacherkreisen bekannter Uhrenfachmann von Ruf, seit mehr als dreißig Jahren maßgebend beteiligt ist und die infolge ihrer Vielseitigkeit und weiten Verbreitung im In- und Ausland zu einem erheblichen Teil als Grundformen deutscher Uhren-Fernmeldetechnik angesehen werden können.

Die Art, in der besonders das umfangreiche Gebiet der elektrischen Haupt- und Nebenuhren dargestellt ist, unterscheidet sich von anderen Büchern über das gleiche Thema dadurch, daß manche elektrischen und schaltungstechnischen Einzelheiten mehr aus dem Gesichtswinkel und in der Ausdrucksweise, auch in der zeichnerischen Darstellung des Fernmeldetechnikers als des Uhrmachers erörtert werden. Das erklärt sich daraus, daß von den beiden Verfassern nur der eine Uhrenfachmann, der andere aber Fernmeldetechniker ist. Da aber auf dem Gebiet der elektrischen Uhren Fernmeldetechnik und Uhrmacherei vielfach ineinander fließen, sind die Verfasser der Ansicht, daß ihr in enger Zusammenarbeit entstandenes Werk dem Uhrmacher wie dem Fernmeldetechniker die Möglichkeit bietet, sich gegenseitig in ihrer Technik anzuregen und voneinander zu profitieren.

Darüber hinaus soll das Buch all denen von Nutzen sein, die sich mit der Beschaffung, dem Bau, der Wartung und Instandhaltung von elektrischen Uhrenanlagen zu befassen haben. Unter Weglassung alles unnötigen Ballastes haben sich die Verfasser bemüht, nur das Wesentliche darzustellen und sich dabei einer möglichst einfachen, klaren und leicht verständlichen Ausdrucksweise zu bedienen. Dadurch soll es besonders auch dem Nichtfachmann ermöglicht werden, die Zusammenhänge und das, worauf es ankommt, zu erkennen. Dabei wird u. a. an die technischen Sachbearbeiter bei Behörden und großen Unternehmungen gedacht (z. B. Eisenbahn, Post, den maschinentechnischen Büros bei Stadtverwaltungen usw.), zu deren Arbeitsgebiet nicht selten auch die Beschaffung und Betreuung großer und größter elektrischer Uhrenanlagen gehören und denen deshalb ein handliches Buch nicht unwillkommen sein dürfte, das sie über das Wesentliche in guter Manier unterrichtet.

Der zur Bearbeitung kommende Stoff gliedert sich in drei Teile.

Erster Teil: Elektrische Uhrenanlagen mit Haupt- und Nebenuhren,

Zweiter Teil: Elektrische Einzeluhren,

Dritter Teil: Betrieb und Beschaffung.

Der erste Teil ist der umfangreichste; er enthält eine vollständige Einführung in die Technik der elektrischen Uhr. Nicht nur Haupt- und Nebenuhren werden bis in Einzelheiten beschrieben, sondern auch die hauptsächlichsten auf elektrischem Wege zeitgeregelten Sonderapparate wie Signaluhren, astronomische Schaltuhren, Schiffsuhren, verschiedene elektrische Fernregulierungssysteme sowie Uhrenzentralen werden auf breiter Grundlage erörtert.

Auch die durch Motorzeigerlaufwerke betriebenen Großuhren (Turmuhren), Motorschlagwerke verschiedener Ausführungen einschließlich des weltbekannten Westminsterschlagwerks, Turmuhrauslöser und Turmuhrzifferblätter mit ihren Beleuchtungseinrichtungen werden so eingehend behandelt, daß alle mechanischen und elektrischen Zusammenhänge zutage treten.

Der zweite Teil ist den elektrischen Einzeluhren gewidmet, unter denen die Synchronuhr einen breiten Raum einnimmt, die in ihrem Ursprung, ihren Voraussetzungen und zahlreichen Ausführungsformen dargestellt wird. Daneben finden die durch Batterie- und Starkstrom betriebenen Einzeluhren, unter denen die bekannte Allstromuhr besonderes Interesse verdient, ausführliche Würdigung.

Mit Fragen der Stromlieferungsanlagen sowie der Planung und Ausschreibung elektrischer Uhrenanlagen befaßt sich der dritte Teil. Mit ihm sollen allen nichtfachmännisch vorgebildeten Sachbearbeitern großer Bauvorhaben Fingerzeige für ein zweckmäßiges Beschaffungsverfahren gegeben werden.

Den Schluß bildet eine Zusammenstellung gebräuchlicher Fachausdrücke mit kurzen Erläuterungen, die nicht allein dem Nichtfachmann das Verständnis der elektrischen Uhrentechnik erleichtern, sondern auch dem Uhrmacher die Fernmeldetechnik und dem Fernmeldetechniker die Uhrmacherei näher bringen sollen.

Möge das Werk allen, die sich über elektrische Uhren zu unterrichten wünschen, ein brauchbares Handbuch sein.

Frankfurt a. M., im März 1943

Karl Scheibe.   Josef Stamm.

Inhaltsverzeichnis

A. Elektrische Uhrenanlagen mit Haupt- und Nebenuhren

I. Einführung

Eine elektrische Uhrenanlage besteht aus der Hauptuhr, einer beliebigen Anzahl von Nebenuhren, die durch eine gemeinsame zweidrähtige Leitung an die Hauptuhr angeschlossen sind, und aus einer Betriebsstromquelle (Elemente- oder Sammlerbatterie).

Das Merkmal der Hauptuhr liegt in einer Wechselkontakt-Einrichtung, dem sog. Geber, der vom Gehwerk betätigt wird und in Zwischenräumen von einer oder einer halben Minute, in manchen Fällen auch von Sekunde zu Sekunde, einen Gleichstromstoß in stets wechselnder Richtung in die Leitung entsendet, durch den die angeschlossenen Nebenuhren im Gleichschritt fortgeschaltet werden.

Anfänglich hat man versucht, mit einem Strom gleichbleibender Richtung (wie beim Telegrafieren), den man periodisch schloß und öffnete, diese Wirkung hervorzurufen, erkannte aber sehr bald, daß es hiermit nicht möglich ist, eine größere Anzahl von Nebenuhren im Gleichschritt zu erhalten (was eine der wichtigsten Voraussetzungen der elektrischen Uhrenanlage ist), weil es zu leicht vorkam, daß die Nebenuhren etwa durch Induktionsströme, Kontaktprellungen oder durch Fremdströme, z. B. atmosphärischen Ursprungs, unregelmäßig fortgeschaltet wurden, womit der wichtigste Zweck der Anlage, nämlich die einheitliche Zeitangabe, unerfüllt blieb. Erst durch die Entwicklung von Nebenuhrwerken, die nur auf Stromstöße wechselnder Richtung ansprechen (polarisierte Nebenuhrwerke), war das Problem der elektrischen Uhrenanlage zufriedenstellend gelöst. Hieraus ergibt sich die Notwendigkeit der vorgenannten Wechselkontakt-Einrichtung an der Hauptuhr. Im übrigen braucht die Hauptuhr in keiner Weise »elektrisch« zu sein, d. h. jede Wand- oder Standuhr mit Gewichts- oder Federantrieb könnte Hauptuhr sein, sofern nur ihre Antriebskraft groß genug ist, um die zusätzliche Wechselkontakt-Einrichtung zuverlässig zu betätigen. Daß man darüber hinaus auch an ihre Ganggenauigkeit hohe Ansprüche stellt, ist selbstverständlich, hängt doch hiervon die richtige Zeitangabe sämtlicher Nebenuhren ab.

Viele vorzügliche Eigenschaften hat die elektrische Uhrenanlage. An oberster Stelle steht die einheitliche Zeitangabe durch eine Vielzahl von Nebenuhren, also die Versorgung beliebig großer Bezirke mit richtiger und infolgedessen übereinstimmender Uhrzeit. Dazu kommt die wesentlich vereinfachte Überwachung und Instandhaltung, da die elektrische Nebenuhr äußerst anspruchslos ist und unter Umständen jahrelang ohne jede Pflege ihren Dienst tut. Auch das Wegfallen des lästigen Aufziehens ist ein großer Vorteil; denn es gestattet, Uhren in großer Höhe anzubringen, ohne auf leichte Zugänglichkeit Rücksicht nehmen zu müssen (gute Sichtweite). Weiter sind die mannigfachen Möglichkeiten zur Erfüllung von allen möglichen Sonderaufgaben von Bedeutung, z. B. der Motorbetrieb von Großuhren (Turmuhren) als elektrische Nebenuhren, Zeitsignaleinrichtungen, z. B. für Arbeitsbeginn und -schluß, Pausensignale und dergl., astronomische Schaltuhren zur selbsttätigen Ein- und Ausschaltung von Beleuchtungsanlagen entsprechend dem jahreszeitlichen Dunkelheitskalender, selbsttätige Reguliereinrichtungen im Anschluß an öffentliche Zeitsignale usw. .

Auf Überseeschiffen sind elektrische Uhrenanlagen, die aus Haupt- und zahlreichen Nebenuhren bestehen können, deshalb von Bedeutung, weil es bei ihnen mittels besonderer Einrichtungen möglich ist, sämtliche Uhren übereinstimmend und fortlaufend auf diejenige Zeit einzustellen, die der Zeitzone entspricht, in die das in östlicher oder westlicher Richtung fahrende Schiff jeweils gelangt (eine Zeitzone = 15 Langengrade). Derartige elektrische Uhrenanlagen besitzt heute jedes bessere überseeische Fahrgastschiff.

Wir sehen also ein weites Gebiet vor uns, das der verhaltnismäßig so einfachen Haupt- und Nebenuhrentechnik im Laufe der letzten Jahrzehnte erschlossen wurde, so daß heute die elektrische Uhr — wie übrigens noch ein anderes Kind der Fernmeldetechnik, der Fernsprecher — aus dem Verkehrsleben unserer Zeit nicht mehr wegzudenken ist.

II. Hauptuhren

1. Allgemeines

Als Hauptuhren werden in der Regel Pendeluhren verwendet, die entweder mechanisch (durch Gewicht oder Feder) oder elektrisch angetrieben werden. Das Geh- und Zeigerwerk einer Hauptuhr unterscheidet sich von gewöhnlichen Uhren nur durch die Kopplung mit einem zusätzlichen Laufwerk, das seinerseits die Kontakteinrichtung — den sog. Geber — zum Betriebe von Nebenuhren betätigt. Es sei deshalb zunächst das — übrigens Jahrhunderte alte — Prinzip der Pendeluhr kurz erläutert.

Zwei Achsen (Wellen) sind durch Zahnräder in einem Übersetzungsverhältnis von 1:12 miteinander gekuppelt, d. h. wenn die eine Achse
eine volle Umdrehung macht, dann legt die andere deren 12 zurück. Die
langsame Achse wird zum Zwecke konzentrischer Zeigeranordnung gewöhnlich als Hohlachse (Stundenrohr) ausgebildet, durch die die schnelle
Achse hindurchgeführt wird. Erstere trägt den Stundenzeiger, letztere
den Minutenzeiger, die sich beide im Kreislauf über das Zifferblatt bewegen (s. Zeigerwerk).

Die Antriebskraft liefert ein Gewicht (in Ausnahmefällen eine Feder),
dessen Schwerkraft mittels Schnur oder Kette auf eine Trommel übertragen wird, die durch ein Zahnrad in das Laufwerk eingeschaltet ist,
wodurch dieses angetrieben und die beiden Zeigerachsen in Drehung versetzt werden.

Nun kommt es darauf an, den Ablauf des Räderwerks und damit die
Umdrehung der beiden Zeigerachsen zeitlich so zu regeln, daß eine volle
Umdrehung der schnellen Achse, Minutenwelle genannt, genau 1 Stunde
oder 60 Minuten oder 3600 Sekunden dauert. Dies geschieht durch die
sog. »Hemmung«, für die es zahlreiche Ausführungsformen gibt. Für
Hauptuhren kommt nur die Ankerhemmung in Betracht, deren zeitliche
Regelung (außer bei Schiffsuhren) durch das Pendel erfolgt.

Die Ankerhemmung (s. Fachausdrücke) besteht aus einem durch das
Pendel bewegten zweischenkligen Schwinganker a, der mit seinen bogen-
förmigen Schenkelenden, den sog. Ankerpaletten p und p_1, abwechselnd
in die Zahnlücken des Steigrades einschwingt. Letzteres sitzt fest auf
einer Welle, die mittels eines Triebes mit hoher Übersetzung in das Räderwerk eingeschaltet ist und infolgedessen unter dem Einfluß der Antriebskraft (Gewicht oder Feder) das Bestreben hat, schnell abzulaufen. Durch
den schwingenden Anker wird aber das Steigrad nur schrittweise freigegeben, so daß sein Ablauf tatsächlich durch die Pendelschwingungen
zeitlich geregelt wird. Dabei besteht zwischen den Steigradzähnen und
den beiden Ankerpaletten bei jedem Schritt eine vorübergehende kraftschlüssige Verbindung derart, daß beim Weiterdrehen des Steigrades der
jeweils freiwerdende Zahn an der freigebenden, in einem bestimmten
Winkel abgeschrägten Palettenfläche (h und h_1, die sog. Hebflachen) entlang gleitet und hierdurch Anker und Pendel einen kurzen Antriebsimpuls erteilt, durch den das Pendel in Schwingungen erhalten bleibt
(s. Grahamgang).

Ist das Pendel 994 mm lang[1]), dann dauert jede Schwingung (vom
Beginn bis zum Ende einer Schwingungsrichtung) genau 1 Sekunde,
weshalb man ein Pendel dieser Länge als $1/1$ Sekundenpendel bezeichnet
(es gibt auch $3/4$ und $1/2$ Sekundenpendel, die entsprechend kürzer sind).

----

[1]) Die Länge ist abhängig von der geographischen Breite seines Standortes.

Beim $^1/_1$ Sekundenpendel hat das Steigrad 30 Zähne, die von den Paletten des schwingenden Ankers abwechselnd freigegeben werden, wobei sich das Steigrad jedes Mal um eine halbe Zahnteilung weiter dreht, so daß nach 60 Ankerschwingungen (= 60 Pendelschwingungen = 60 Sekunden oder 1 Minute) das Steigrad eine volle Umdrehung vollendet hat. Ein auf der Steigradachse sitzender Zeiger, der über einem Zifferblatt mit 60er Teilung kreist, ist der Sekundenzeiger, an dem ohne weiteres abzulesen ist, wieviel Sekunden jeweils bis zum Ablauf einer vollen Minute noch fehlen.

2. Das Pendel

Für Hauptuhren werden in der Regel $^3/_4$ oder $^1/_1$ Sekundenpendel verwendet. Das letztere besitzt die größere Ganggenauigkeit, die außerdem von seiner Ausführungsart abhängig ist. Man unterscheidet im allgemeinen drei Arten (Güteklassen), für deren Wahl die Ansprüche maßgebend sind, die man in bezug auf Ganggenauigkeit an die Hauptuhr stellt, und die naturgemäß auch im Preis erhebliche Unterschiede aufweisen, nämlich

a) das Holzpendel mit Pendellinse für normale Ansprüche,
b) das Nickelstahlpendel mit zylinderförmigem Pendelgewicht und Kompensationseinrichtung für höhere Ansprüche,
c) das Riefler-Pendel, ebenfalls ein Nickelstahlpendel mit Kompensationseinrichtung für höchste Ansprüche.
    b und c sind sog. Präzisionspendel.

Für die Ganggenauigkeit einer Penduluhr spielt der Ausdehnungskoeffizient des Pendelstangenmaterials eine entscheidende Rolle, weil die Schwingungsdauer abhängig ist von der Pendellänge. Die Pendellänge wird zwischen dem Aufhängepunkt, richtiger der Schwingungsachse, und dem Schwingungsmittelpunkt gemessen, der praktisch identisch ist mit dem Schwerpunkt des Pendelgewichts (Linse oder Zylinder). Zieht sich in der Kälte die Pendelstange zusammen, dann verschiebt sich das Pendelgewicht nach oben, d. h. das Pendel wird kürzer und schwingt schneller, dehnt sie sich in der Wärme aus, dann verschiebt sich das Pendelgewicht nach unten, d. h. das Pendel wird langer und schwingt infolgedessen langsamer.

Je kleiner der Ausdehnungskoeffizient der Pendelstange ist, desto geringer sind die Schwankungen in der Schwingungsdauer bei wechselnder Temperatur. Für Holzpendel eignet sich Tannenholz wegen seines geringen Ausdehnungskoeffizienten, während sich für Präzisionspendel hoher und höchster Ganggenauigkeit eine Legierung aus Nickel und Stahl als das beste Pendelstangenmaterial erwiesen hat.

Zur Pendelaufhängung dient eine besondere Vorrichtung (Bild 1), bestehend aus dem oberen und unteren Pendelfederkörper a u. a_1, das

sind je zwei Klemmplatten, zwischen denen zwei feine Blattfedern ein-
gespannt sind, die beide Pendelfederkörper miteinander verbinden. Das
Oberteil wird in einen konsolartigen Träger der Werkplatine eingehängt
und verschraubt, während auf einen beiderseits herausragenden Trag-
stift im Unterteil das Pendel mit einem gabelförmigen Haken eingehängt
wird, der den oberen Abschluß
der Pendelstange bildet. Das Pendel hängt und schwingt demnach
an zwei dünnen Blattfedern, wobei die Schwingungsachse im oberen Drittel der Blattfederlänge
liegt, die, in gedachter Verlängerung, mit der Ankerachse zusammenfällt.

Der untere Teil der Pendelstange geht durch das Pendelgewicht hindurch und ist mit
einem feinen Gewinde und zwei
verstellbaren Muttern versehen
(Mutter und Gegenmutter), auf
denen das Pendelgewicht aufsitzt,
das infolgedessen durch Verstellen
der Muttern auf und abgeschoben werden kann (grobe
Regulierung).

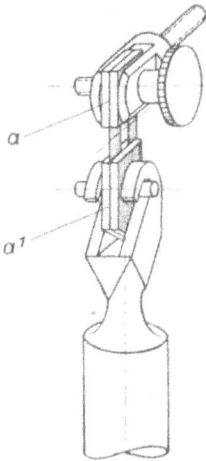

Bild 1 Pendelaufhängung

Bild 2 Pendelgabel

Die Verbindung zwischen Pendel und Anker vermittelt die sog. Anker- oder Pendelgabel (Bild 2).
Schönberg verwendet statt der Gabel einen fest auf der Ankerwelle
sitzenden langen Hebel, der an seinem unteren Ende rechtwinklig umgebogen oder mit einem Mitnehmerstift versehen ist, der in die Schwin-
gungsbahn des Pendels hineinragt und nur in der einen Schwingungsrichtung vom Pendel mitgenommen wird. Beim Zurückschwingen folgt
der Hebel dem Pendel unter dem Einfluß eines auf der Ankerwelle
sitzenden Gegengewichts. Die Mitnahme erfolgt nicht unmittelbar durch
das Pendel, sondern durch eine auf der Pendelstange sitzende und
mittels Rändelschraube verstellbare Blattfeder zu dem Zwecke einer
genauen Einstellung des Ankerabfalls. Diese Anordnung gestattet nicht
nur ein leichtes Herausnehmen und Wiedereinsetzen des Gehwerks, wobei das Pendel an seinem Platz verbleibt (vgl. S. 27, konstruktiver
Aufbau), sondern auch die Anbringung selbsttätiger Reguliereinrichtungen (s. NZ-Regulierung).

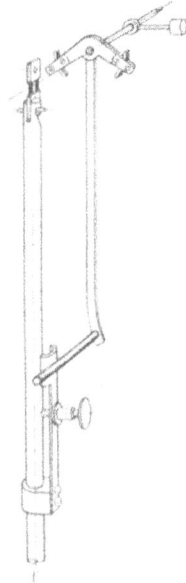

Das Nickelstahlpendel besitzt außer der groben Regulierung durch
Verschieben des Pendelgewichts mittels Mutter und Gegenmutter eine
Kompensationseinrichtung, durch welche die geringen durch Tempera-
turschwankungen hervorgerufenen Längenänderungen durch entgegen-

gesetzte Schwerpunktsverschiebungen des Pendelgewichts ausgeglichen (kompensiert) werden zu dem Zwecke, Beeinflussungen der Ganggenauigkeit infolge von Temperaturschwankungen auf ein Mindestmaß herabzudrücken.

Das Prinzip der Kompensation beruht auf der Verschiedenheit der Ausdehnungskoeffizienten zweier Metalle (oder Metallegierungen) z. B. von Nickelstahl und Messing; ersterer hat einen kleinen, letzteres einen großen Ausdehnungskoeffizienten. Wie Bild 3, eine von S. Riefler erstmalig angegebene Anordnung, zeigt, sitzt das Pendelgewicht *b* nicht unmittelbar auf der Stellmutter *d* auf, sondern auf einem Zwischenrohr *c* aus Messing, das seinerseits auf der Stellmutter ruht und zwecks Grobregulierung durch Rechts- oder Linksdrehen der Stellmutter gehoben oder gesenkt werden kann, wobei das Pendelgewicht mitgeht. Verlängert sich bei Wärme die Pendelstange, wobei sich das Pendelgewicht senken würde, dann dehnt sich gleichzeitig auch das Messingrohr aus, und zwar stärker nach oben als nach unten, wo seine Ausdehnung durch die Stellmutter begrenzt wird, und hebt infolgedessen das Pendelgewicht, womit sich die Wirkung der verlängerten Pendelstange, d. i. Schwingungsverlangsamung, selbsttätig ausgleicht, nämlich durch Verlagerung des Schwingungsmittelpunktes nach oben, was Schwingungsbeschleunigung zur Folge hat. Praktisch bleibt demnach der Schwingungsmittelpunkt unverändert.

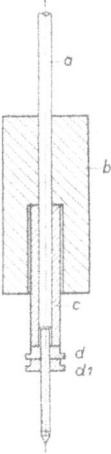

Bild 3
Kompensations-
einrichtung
nach Riefler

Verkürzt sich dagegen bei Kälte die Pendelstange, was eine Verschiebung des Pendelgewichts nach oben zur Folge hat, dann verkürzt sich gleichzeitig auch das Messingrohr, und zwar — infolge des größeren Ausdehnungskoeffizienten — in stärkerem Maße als die Pendelstange, so daß sich das Pendelgewicht senkt, der Schwingungsmittelpunkt also praktisch wiederum unverändert bleibt. Selbstverständlich müssen Länge und sonstige Abmessungen des Ausgleichsrohres *c* auf den Ausdehnungskoeffizienten der Pendelstange abgestimmt sein.

Die Grobregulierung mittels Stellmutter ist von der Gewindesteigung und der Stellmutterdrehung abhängig; dabei ist die Verschiebung des Pendelgewichts nach oben oder unten hinsichtlich ihrer Wirkung auf Beschleunigung oder Verlangsamung der Pendelschwingungen genau berechnet. Der Stellmutterumfang besitzt eine 15-teilige Gradeinteilung mit von fünf zu fünf numerierten Teilstrichen, während das auf der Stellmutter aufsitzende Ausgleichsrohr (das gegen Verdrehung gesichert ist) mit einem Markierstrich versehen ist, so daß das Ausmaß der jeweiligen Mutterverstellung leicht ablesbar ist. Die Gewindesteigung ist so bemessen, daß eine Mutterverstellung um beispielsweise 15 Teilstriche — das ist eine volle Umdrehung — eine Gangänderung von 33 Sekunden in einem Zeitraum von 24 Stunden bewirkt, und zwar als Beschleunigung, wenn die Mutter rechts herum, als Verlangsamung, wenn sie links herum gedreht wird.

Zur Feinstregulierung besitzt das Nickelstahlpendel eine zusätzliche Einrichtung in Gestalt eines auf einer federnden Manschette sitzenden Tellers, der so auf die Pendelstange aufgeschoben wird, daß zwischen Schwingungsachse und Tellerfläche ein bestimmter, genau berechneter Abstand besteht. Der Teller dient zur Aufnahme von kleinen, ebenfalls genau berechneten stäbchenförmigen Gewichten, durch die eine Schwerpunktsverlagerung nach oben, mithin eine Gangbeschleunigung verursacht wird. Beispielsweise bewirkt das Auflegen des kleinsten Stäbchens von 0,075 g eine Gangänderung von $+ 0,1$ Sekunde innerhalb 24 Stunden. Ein Stäbchen von 0,29 g beschleunigt um 0,5 Sekunden, ein solches von 0,53 g um eine Sekunde, immer innerhalb von 24 Stunden.

Einrichtungen, durch die das Auflegen und Abnehmen derartiger Feinregulierungsgewichte selbsttätig beim Vergleich mit einem elektrischen Zeitzeichen erfolgt (MEZ-Regulierung), werden S. 66 beschrieben.

3. Der elektrische Aufzug

Bei gewöhnlichen Uhren erfolgt der Aufzug von Hand etwa alle 24 Stunden, wenn das Gewicht in einer Tiefststellung angekommen ist. Bei einer Hauptuhr, von deren ungestörtem Fortgang zahlreiche Nebenuhren abhängig sind, verläßt man sich nicht auf den Handaufzug, sondern man hat selbsttätige elektrische Aufzugsvorrichtungen in den verschiedensten Ausführungen entwickelt. Eine der bekanntesten ist der Schwungradaufzug von Schönberg, der sich neben seiner einfachen Bauart durch kleine Übersetzung, kleines Gewicht, geringe Reibung und große Betriebszuverlässigkeit auszeichnet. Charakteristisch für alle selbsttätigen elektrischen Aufzugsvorrichtungen ist, daß man den Aufzugsvorgang in verhältnismäßig kurzen Zeitabständen fortlaufend wiederholt, so daß das Antriebsgewicht immer nur eine kurze Strecke abwärts geht, um die es bei jedem Aufzug zurückgeholt wird. Hierdurch ist es möglich, den jedesmaligen Gewichtsaufzug mit einem Ankeranzug eines Elektromagneten zu bewerkstelligen.

Anordnung und Wirkungsweise des Schönbergschen Schwungradaufzugs ist in Bild 4 dargestellt.

Schwungrad und Schnurrolle drehen sich lose auf der Aufzugswelle, auf der außerdem fest das Aufzugsrad sitzt (Zahnrad mit Schaltklinkenverzahnung und Sperrklinke). Die kraftschlüssige Verbindung zwischen Schwungrad und Aufzugsrad vermittelt die auf der Schwungradspeiche sitzende Stoßklinke, die die Schwerkraft des sinkenden Gewichts auf die Aufzugswelle überträgt Von hier wird sie weiter aufs Gehwerk über-

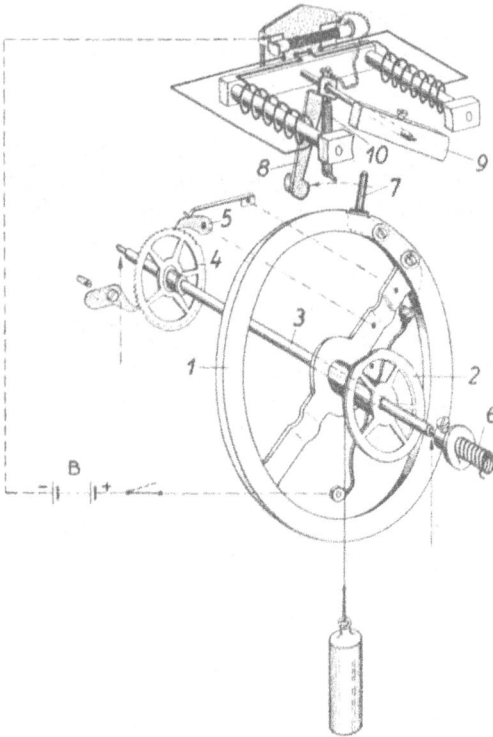

Bild 4 Elektrischer Aufzug nach Schonberg

1 Schwungrad,   6 Kupplungsfeder.
2 Schnurrolle.   7 Kontaktstift
3 Aufzugswelle.   8 Kontakthebel
4 Aufzugsrad mit Sperrklinke.   9 Anker.
5 Stoßklinke   10 Zugfeder.

tragen, und zwar über eine Kupplungsfeder, deren Torsionsspannung den Gehwerksantrieb während des Aufziehens übernimmt.

Mit dem sinkenden Gewicht dreht sich außer der Schnurrolle auch das Schwungrad, und zwar solange, bis ein in seinem Umfang sitzender Kontaktstift einen Kontakthebel berührt. Hierdurch wird der Stromkreis für einen Elektromagneten geschlossen, der infolgedessen einen drehbaren Anker anzieht, auf dessen Achse der Kontakthebel befestigt ist. Beim Ankeranzug versetzt der Kontakthebel dem Schwungrad einen kräftigen Stoß, so daß es samt der Schnurrolle weit ausschwingt, wobei das Gewicht zurückgeholt, also »aufgezogen« wird. Dabei entfernt sich auch der Kontaktstift wieder vom Kontakthebel, wirkt also wie ein Selbstunterbrecher und macht den Elektromagneten wieder stromlos, so daß Anker und Kontakthebel unter dem Einfluß einer Zugfeder in ihre Ruhelage zurückkehren. Je nach der Kraft des Stoßes, der das Schwungrad fortschleudert und die vom Zustand der Aufzugsbatterie abhängig ist, wiederholt sich dieser Aufzugsvorgang etwa alle vier bis fünf Minuten.

4. Der Geber (Kontakteinrichtung)

Die Eigenschaft einer Hauptuhr erhält die vorbeschriebene Uhr erst durch den Geber, der die Aufgabe hat, alle Minuten, in neuzeitlichen Anlagen auch alle halbe Minuten, einen Gleichstromstoß in stets wechselnder Richtung in die Linienleitung zu entsenden, durch den die angeschlossenen Nebenuhren im Gleichschritt fortgeschaltet werden.

Der Schönbergsche Geber, eines der wichtigsten Teile einer elektrischen Uhrenanlage, gelangte in jahrzehntelanger Entwicklung durch

Scharfsinn und Erfahrungen zu hoher Vollkommenheit. Sein Problem liegt darin, daß — wie so oft bei technischen Problemen — die zu erfüllenden Anforderungen sich gegenseitig beeinträchtigen, so daß es darauf ankommt, den zur größtmöglichen Vollkommenheit führenden »goldenen Mittelweg« zu finden.

Verlangt wird, daß

1. die Kontaktgabe so zuverlässig wie möglich,
2. die zum Betrieb der Kontakteinrichtung erforderliche mechanische Antriebskraft so klein wie möglich ist, damit die Ganggenauigkeit der Hauptuhr möglichst nicht beeinträchtigt wird.

Die Forderung zu 1. bedingt reichliche Abmessungen der Kontaktfedern und starke Kontaktdrücke, während die Forderung zu 2. das Gegenteil erheischt.

Das Schaltungsprinzip des dem Geber zugrunde liegenden Stromwechselkontaktes zeigt Bild 5.

Zwei Kontaktfedern a und b stützen sich mit Vorspannung auf ein Mittelstück c, das mit dem Pluspol der Batterie verbunden ist. An den Kontaktfedern liegt die Linienleitung mit den Nebenuhren. Auf einer, durch ein nicht dargestelltes Laufwerk angetriebenen Achse sitzt ein Schaltarm d; er ist mit dem Minuspol der Batterie verbunden und dreht sich zwischen den beiden Kontaktfedern, und zwar macht er nach jeder minutlichen oder halbminutlichen Laufwerksauslösung einen Weg von 180°, d. h. eine halbe Umdrehung. Dabei wird jedesmal in der einen Bewegungsphase die Feder b, in der anderen die Feder a zunächst berührt, dann vom Mittelstück abgehoben und zuletzt wieder aufgesetzt.

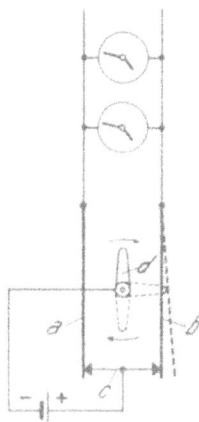

Bild 5. Geber-Prinzip

Aus der Zeichnung ist nun leicht zu ersehen, daß der Schaltarm bei jeder halben Umdrehung abwechselnd über die a- und b-Feder einen Stromimpuls in die Uhrenlinie entsendet und daß sich dabei die Stromrichtung jedesmal umkehrt. Ferner sieht man, daß die Uhrenlinie während der Ruhezeit des Gebers durch das Mittelstück kurzgeschlossen ist; das ist wichtig, weil hierdurch die Nebenuhren gegen etwaige Fremdströme (z. B. Induktionsströme) unempfindlich gemacht sind (vgl. S. 82).

Die vom Laufwerk geregelte Geschwindigkeit, mit der sich der Kontaktarm dreht, beträgt etwa eine Sekunde je halbe Umdrehung. Die Auslösung erfolgt alle Minuten (in manchen Anlagen alle halbe Minuten) durch das Gehwerk der Hauptuhr. Aus Bild 5 ist aber weiter zu ersehen, daß der Arm d bei jeder halben Umdrehung zweimal die Batterie für einen kurzen Moment kurzschließt, nämlich erstmalig dann, wenn er die Kontaktfeder berührt, da diese dann noch nicht vom Mittelstück abgehoben ist, und zum zweiten Male dann, wenn sich die Kontaktfeder wieder auf das Mittelstück aufsetzt, was der Fall ist, bevor der Kontaktarm die Feder verlassen hat. Wenn es sich dabei auch jedesmal nur um eine Kurzschlußdauer von wenigen Millisekunden handelt, so würde sie dennoch genügen, um starke Kontaktverbrennungen hervorzurufen, so daß eine besondere Schutzmaßnahme erforderlich ist, die aus Bild 6 hervorgeht.

In die Stromzuführung zu Schaltarm d ist ein Schutzwiderstand w eingeschaltet, der das Entstehen eines schädlichen Kurzschlußstromes verhindert. Da dieser Widerstand aber gleichzeitig den Betriebsstrom für die Nebenuhren in unerwünschter Weise schwächen würde, ist folgende Hilfseinrichtung vorgesehen:

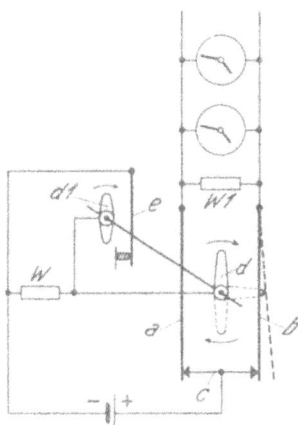

Bild 6   Geber mit Schutzwiderstand und Kurzschlußarm

Auf derselben Achse wie Arm d ist ein zweiflügliger Hilfsarm d_1 angeordnet, in dessen Bereich eine Kontaktfeder e liegt. An diese ist ein Abzweig, der vor dem Widerstand, und an den Hilfsarm ein Abzweig, der hinter dem Widerstand abzweigt, angeschlossen, so daß, wenn Hilfsarm und Kontaktfeder in Berührung sind, der Widerstand kurzgeschlossen ist. Der Abstand zwischen Hilfsarm und Kontaktfeder e ist so bemessen, daß eine Berührung zwischen beiden erst dann eintritt, wenn Arm d seine Kontaktfeder (a oder b) bereits vom Mittelstück c abgehoben hat, und wieder aufhört, bevor die jeweils abgehobene Kontaktfeder sich wieder auf das Mittelstück aufsetzt.

Somit hat die Hilfseinrichtung zur Folge, daß

1. kein schädlicher Kurzschlußstrom entsteht,
2. der Stromstoß für die Uhrenlinien nicht geschwächt, sondern lediglich in zwei Stufen sowohl ein- wie ausgeschaltet wird.

Der zwischen Feder a und b liegende Ausgleichswiderstand w_1 hat den Zweck, die bei Stromschließung und -öffnung entstehenden Induktionsstromstöße abzufangen, womit Funkenbildung an den Kontakten sowie fehlerhaftes Fortschalten der Nebenuhren verhindert wird. Zur Vermeidung induktiver Belastungen bestehen die Widerstände w und w_1 nicht aus Drahtwindungen sondern aus Kohlestaben.

Wie bereits erwähnt, wird der Geber durch ein Laufwerk betätigt, das, seinerseits vom Gehwerk der Hauptuhr — also von einem gemeinsamen Gewicht — angetrieben, minutlich oder halbminutlich ausgelöst und selbsttätig wieder stillgesetzt wird, nachdem die Kontaktarme jeweils ihre halbe Umdrehung zurückgelegt haben. Die mechanischen Zusammenhänge zeigt sehr anschaulich das schematische Bild 7, in welchem das Kontaktlaufwerk und der Geber durch gestrichelte Umrahmungen vom Gehwerk abgegrenzt sind.

Das Bindeglied zwischen Gehwerk und Laufwerk bildet das Planetengetriebe (Differentialgetriebe) 9, das erforderlich ist, weil das Lauf-

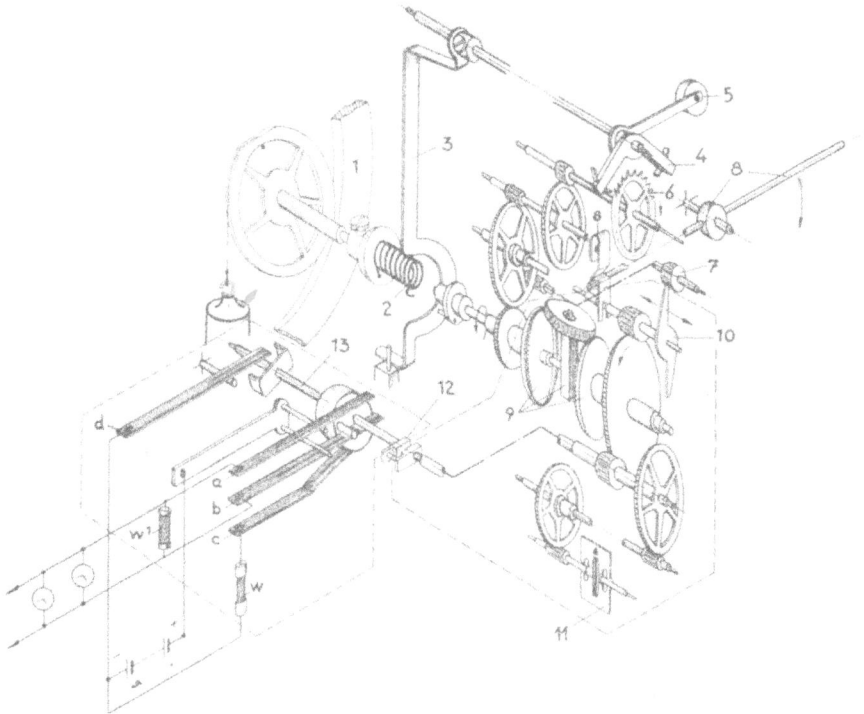

Bild 7   Hauptuhr nach Schonberg (schematisch).

1 Aufzug-Schwungrad.	9 Differentialgetriebe
2 Kupplungsfeder.	10 Auslosefahne,
3 Pendelgabel,	11 Windfang,
4 Anker,	12 Mitnehmer,
5 Ankergegengewicht,	13 Geber,
6 Steigrad.	w. w₁ Widerstande,
7 Auslosetrieb.	a—d Schleiffedern.
8 Daueransloser	

werk nur mit Unterbrechungen und mit einer anderen Geschwindigkeit wie das Gehwerk abläuft. Die Auslösung (Bild 8) erfolgt durch die zweiflüglige Auslösefahne 10. Jeweils einer der beiden Flügel befindet sich ähnlich dem Zahn eines Zahnrades im Eingriff mit dem zum Gehwerk gehörigen Trieb 7, das sich langsam dreht und infolgedessen den Flügel nach einer gewissen Zeit freigibt. Hierdurch kommt das Laufwerk zum Ablauf so lange, bis der zweite Flügel, der sich mit dem ablaufenden Laufwerk dreht, nach einem Weg von 180° in eine Zahnlücke des Triebes 7 einfällt, wodurch das Laufwerk zum Stillstand kommt, bis der Flügel

2*

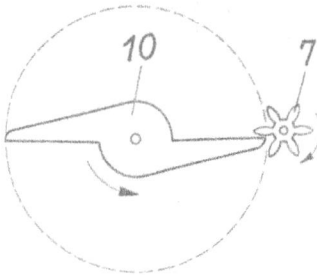

Bild 8. Auslösefahne und -trieb

erneut freigegeben wird, worauf sich das Spiel wiederholt, und zwar entsprechend der Umdrehungszeit des Triebes 7 in Zwischenräumen von einer oder einer halben Minute.

Die Kupplung (13) zwischen Laufwerk und Geber stellt der Mitnehmer 12 her. Die Ablaufgeschwindigkeit des Laufwerks und damit die Drehgeschwindigkeit· des Gebers und damit ferner die für eine zuverlässige Fortschaltung der Nebenuhren wichtige Kontaktdauer regelt die Luftbremse 11 (s. Windfang).

5. Die Präzisionsauslösung

Die vorstehend beschriebene Auslösung durch Trieb und Fahne hat die Eigentümlichkeit, daß der Linienimpuls nicht sekundengenau gegeben wird, was in kleineren Anlagen mit Nebenuhren, die minutlich fortgeschaltet werden, ohne Bedeutung ist. In Großanlagen mit Uhrenzentrale muß dagegen wegen des selbsttätigen Wechsels von der Haupt- zur Reservehauptuhr (vgl. S. 85) die Impulsgabe sekundengenau erfolgen, weshalb die Hauptuhren mit einer Präzisionsauslösung ausgerüstet werden, die in Bild 9 schematisch dargestellt ist. Ihr Hauptmerkmal liegt darin, daß der Auslösevorgang in drei Zeitabschnitte zerlegt wird, nämlich:

1. die vorbereitende Auslösung (durch Trieb und Fahne),
2. die sekundengenaue Auslösung zur Impulseinschaltung und, zwei Sekunden später,
3. die ebenfalls sekundengenaue Auslösung zur Impulsausschaltung.

Ausgangspunkt für 2 und 3 ist ein Nocken auf der Steigradwelle (»Sekundennocken«). Aus dieser Anordnung ergibt sich ein weiterer wesentlicher Vorteil, nämlich die Verlängerung des Impulses auf zwei Sekunden (vgl. S. 33 Fanghebel).

Die Hauptbestandteile der Präzisionsauslösung sind

1. das Auslösetrieb im Gehwerk,
2. auf der ersten Laufwerkswelle die zweiflügelige Auslösefahne, im Bild 9 nicht dargestellt,
3. auf der zweiten Laufwerkswelle der zweiarmige »Stopper« mit dem Exzenter,
4. der zweiarmige Auslösehebel mit Stop-Palette u. Stufennase,
5. der halbmondförmige Sekundennocken auf der Steigradwelle,
6. der Dauerauslöser.

Der Auslösevorgang vollzieht sich folgendermaßen:

Rund 5 Sekunden vor Vollendung jeder vollen Minute wird die Auslösefahne vom Auslösetrieb freigegeben, so daß Laufwerk und Stopper zu laufen beginnen. Dabei macht letzterer aber nur eine kurze Drehung von etwa 12°, weil er sich sofort wieder an der Stop-Palette fängt. Der Auslösehebel liegt jetzt mit seiner Stufennase so auf dem Sekundennocken, daß der Hebel genau mit der 60. Sekunde einfällt, wodurch der Stopper freigegeben wird, der sich infolgedessen dreht. An der Stop-Palette fängt er sich aber nach Vollendung einer halben Umdrehung (180°), die mit Übersetzung 2:1 auf den Geber übertragen wird. Dieser macht infolgedessen eine Drehung um 90° und schaltet hierdurch den

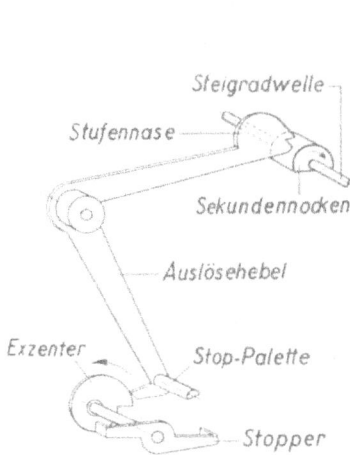

Bild 9 Präzisionsauslösung
(schematisch)

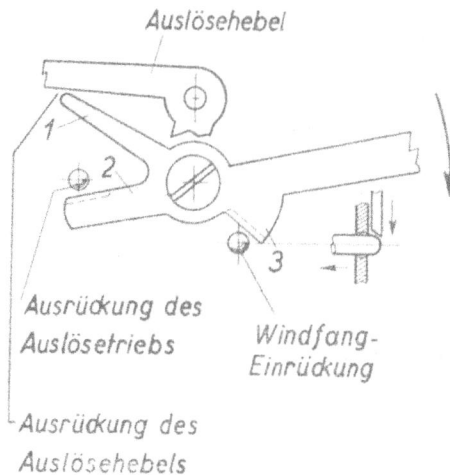

Bild 10 Dauerauslöser

Impuls ein. Nach zwei Sekunden gibt der Sekundennocken den Auslösehebel erneut frei, so daß sich der Stopper wieder, diesmal um nicht ganz 180° und der Geberschaltarm um nicht ganz 90° drehen, wodurch der Impuls ausgeschaltet wird. Stillsetzung erfolgt durch die Auslösefahne, die mit dem entgegengesetzten Flügel wieder in das Auslösetrieb einfällt.

Der Dauerauslöser (Bild 10) ist ein mit drei wirksamen Ansätzen versehener Hebel, der beim Niederdrücken von Hand drei Funktionen ausübt, nämlich:

mit Ansatz 1: Betätigen des Auslösehebels,
mit Ansatz 2: Ausrücken des Auslösetriebes,
mit Ansatz 3: Einrücken eines Windfangs,

so daß das Laufwerk mit durch den Windfang geregelter mäßiger Geschwindigkeit abläuft und dabei den Geber in schneller Folge betätigt (vgl. S. 100).

6. Die Gangreserve

. Wenn 'der elektrische Aufzug etwa infolge aufgebrauchter Batterie versagt, würde die Hauptuhr und mit ihr sämtliche Nebenuhren stehen bleiben. Mit dieser Möglichkeit ist z. B. zu rechnen, wenn die Batterie aus Primärelementen besteht, die nicht mit der nötigen Sorgfalt gewartet werden. Will man das Aussetzen der Hauptuhr nicht ohne weiteres in Kauf nehmen, dann stattet man sie mit einer Gangreserve aus, die den Zweck hat, die, HU bei Versagen des Aufzugs eine Zeitlang — z. B. 12 Stunden — durch eine Speicherkraft weiter in Gang zu halten. Die Aufgabe kann auf verschiedene Weise gelöst werden, z. B. durch ein Federzugwerk, das sich bei Inbetriebnahme der Hauptuhr in voll aufgezogenem Zustand befindet und, solange die Batterie in Ordnung ist, in kurzen Zwischenräumen (etwa alle 3 Minuten) durch den elektrischen Aufzug erneut aufgezogen wird, so daß die im Federzugwerk aufgespeicherte Kraft praktisch nicht zum Verbrauch kommt.

Das Unbrauchbarwerden einer Elementbatterie tritt nun nicht plötzlich sondern nach und nach ein und macht sich infolgedessen zuerst beim größten Kraftverbraucher, nämlich beim Aufzug, bemerkbar, während für die Nebenuhren der Strom zunächst noch ausreichen würde. Setzt die Aufzugseinrichtung infolge Strommangels aus, dann geht die Hauptuhr mit Gangreserve ungestört weiter, weil sie von der gespeicherten Kraft des Federzugwerks in Gang gehalten wird. Dabei tritt aber eine selbsttätige mechanische Sperrung des Geberlaufwerks ein, so daß jede weitere Impulsgabe zu den Nebenuhren aufhört, diese also stehen bleiben, woran man erkennt, daß die Batterie erneuert werden muß.

Der Hauptgrund für die Impulssperrung liegt aber in folgendem:

Nicht alle Nebenuhren haben den gleichen Strombedarf, was teils auf ihre verschieden langen Anschlußleitungen (verschiedene Leitungswiderstände), teils auf ihre verschiedene Größe (verschiedene Zeigergewichte usw.) zurückzuführen ist. Infolgedessen könnte es bei absinkender Batteriespannung leicht vorkommen, daß Uhren mit geringem Strombedarf noch ansprechen, solche mit hohem Strombedarf aber versagen, d. h. die Uhren würden durcheinander laufen. Nichts fürchtet aber der Uhrmacher mehr als das, weil es in größeren Anlagen außerordentlich mühevoll und zeitraubend ist, alle Uhren wieder auf gleichen Zeiger- und Phasenstand zu bringen (vgl. Fußnote auf S. 99). .

Die Sperrung des Kontaktlaufwerks hat aber noch den weiteren Zweck, das Federzugwerk während der Inanspruchnahme der Gangreserve nicht unnötig zu belasten, sondern seine Speicherkraft allein für eine möglichst lange Reservegangzeit auszunutzen.

Ist die verbrauchte Batterie ausgewechselt, dann tritt sofort die Aufzugseinrichtung wieder in Tätigkeit, und zwar zunächst ohne Unterbrechung so lange, bis das Federzugwerk, das ja während der Stromlosigkeit den Betrieb der Hauptuhr allein aufrecht erhielt, die dabei abgegebene Kraft wieder aufgespeichert hat, d. h. bis es wieder voll aufgezogen ist. Von da ab läuft der Betrieb wieder normal, d. h. es erfolgt etwa alle 5 Minuten ein Aufzug. Die Wiederingangsetzung des Kontaktlaufwerks geschieht von Hand durch Betätigung des Dauerauslösers, wobei die Kontakteinrichtung solange läuft, bis die angeschlossenen Nebenuhren wieder mit der Hauptuhr übereinstimmen, worauf der Dauerauslöser abgestellt wird und der Betrieb in normaler Weise weitergeht (vgl. S. 100).

Über den praktischen Wert der Gangreserve sind die Ansichten geteilt. In Uhren-Großanlagen beispielsweise mit Haupt- und Reserve-Hauptuhr hat sie keinen Sinn, weil hier die Stromversorgung durch selbsttätige Überwachungseinrichtungen usw. so gesichert ist, daß ein Versagen des selbsttätigen Aufzugs, noch dazu gleichzeitig an beiden Hauptuhren, nicht in Betracht kommt (vgl. S. 91). Auch in sonstigen durch Sammlerbatterien gespeisten Anlagen ist die Stromversorgung, z. B. durch Dauerladegerate, und damit der selbsttätige Aufzug außerordentlich zuverlässig; ein Versagen des Aufzugs ist also dermaßen unwahrscheinlich, daß die Mehrkosten für die Gangreserve kaum gerechtfertigt erscheinen. Es bleiben also nur Anlagen mit Elementspeisung übrig, und deren Bedeutung ist im allgemeinen nicht so groß, als daß man, wenn schon bei aufgebrauchter Batterie sämtliche Nebenuhren zum Stillstand kommen, nicht auch das Stehenbleiben der Hauptuhr in Kauf nehmen könnte, ganz abgesehen davon, daß bei ordnungsmäßiger Wartung mit einem Versagen der Batterie überhaupt nicht gerechnet zu werden braucht.

Es sei aber hier noch eine andere Art der Gangreserve genannt, bei der der Gewichtsantrieb verwendet wird und die für netzgespeiste Anlagen von Interesse ist, wo mit einem vorübergehenden Ausbleiben des Netzstroms gerechnet werden muß. Mit Rücksicht darauf hat man die Gangreserve mit einer Nachlaufeinrichtung (vgl. S. 108) kombiniert, durch welche die bei Stromausfall stehengebliebenen Nebenuhren bei Wiedereinsetzen des Netzstromes selbsttätig richtiggestellt werden.

Das Gewicht besitzt einen genügend langen Fallweg, um, wenn der elektrische Aufzug mangels Strom versagt, die Hauptuhr trotzdem auf Stunden weiter in Gang zu halten.

Da der während der Reservegangzeit zurückgelegte Fallweg des Gewichts proportional der Zeit ist, während der die Nebenuhren still standen, und beim Wiedereinsetzen des Netzstroms das Gewicht durch ununterbrochene Aufzugsimpulse bis zu seinem Normalstand zurückgeholt wird, können durch gleichzeitige Stromwechselimpulse die stehengebliebenen Nebenuhren so lange fortgestellt werden, bis sie die Hauptuhr wieder eingeholt haben.

7. Der Sekundenkontakt

Öfters wird verlangt, daß die von der Hauptuhr gesteuerten Nebenuhren mit Sekundenzeiger ausgerüstet sind, was bedingt, daß diese Uhren
nicht von Minute zu Minute, sondern von Sekunde zu Sekunde fortgeschaltet werden müssen. Hierzu ist ein besonderer Stromwechselkontakt
erforderlich, der je Sekunde einen Stromimpuls in die Uhrenleitung entsendet. Sekunden-Nebenuhren müssen deshalb stets in einer besonderen
Schleife liegen.

Eine Sekunden-Kontakteinrichtung üblicher Bauart (Bild 11) besteht aus zwei isoliert an der Pendelaufhängung angeschraubten federnden Kontaktarmen mit einer gemeinsamen Stromzuführung durch eine

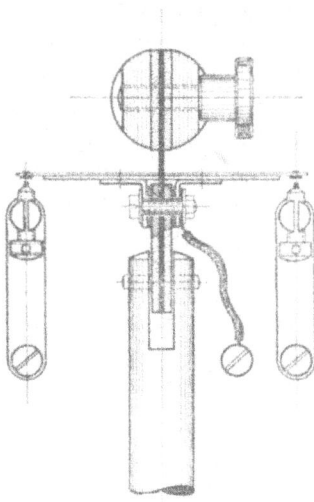

Bild 11. Sekundenkontakteinrichtung üblicher Bauart

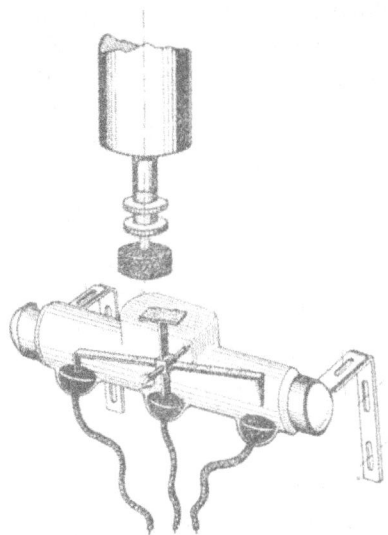

Bild 11a Neuartige Sekundenkontakteinrichtung, durch Tromalitmagnet gesteuert.

bewegliche Leitungsschnur. Bei schwingendem Pendel berühren die
Kontaktarme abwechselnd eine rechts und links angeordnete Kontakt-
schraube, wodurch sekundliche Stromimpulse wechselnder Richtung auf
das Linienrelais gegeben werden, das sie an die angeschlossenen Sekunden-Nebenuhren weitergibt (vgl. Bild 12 Fig. a und c).

Eine interessante neuartige Lösung des Sekunden-Kontaktproblems
zeigt Bild 11a. Eine aus Leichtmetall bestehende Kontaktwippe ist in
einem evakuierten Glaskolben drehbar gelagert; die Stromzuführung
erfolgt über drei Quecksilbernäpfe. Der Mittelteil der Wippe, der die
Drehachse trägt, ist nach oben und unten schaftartig verlängert; die
untere Verlängerung taucht in Quecksilber, die obere trägt ein Eisen-
plättchen, das im Kraftlinienbereich eines am Pendelende angeordneten

Tromalitmagneten liegt, so daß die Wippe mit magnetischer Kraft durch das hin- und herschwingende Pendel sekundlich in die jeweilige Gegenstellung gekippt wird.

Eine mechanische Verbindung zwischen Pendel und Kontakteinrichtung besteht demnach überhaupt nicht, sondern nur eine magnetische.

Der Kraftbedarf zum Hin- und Herkippen der Wippe ist außerordentlich gering, so daß auch die Beeinflussung der Pendelschwingungen

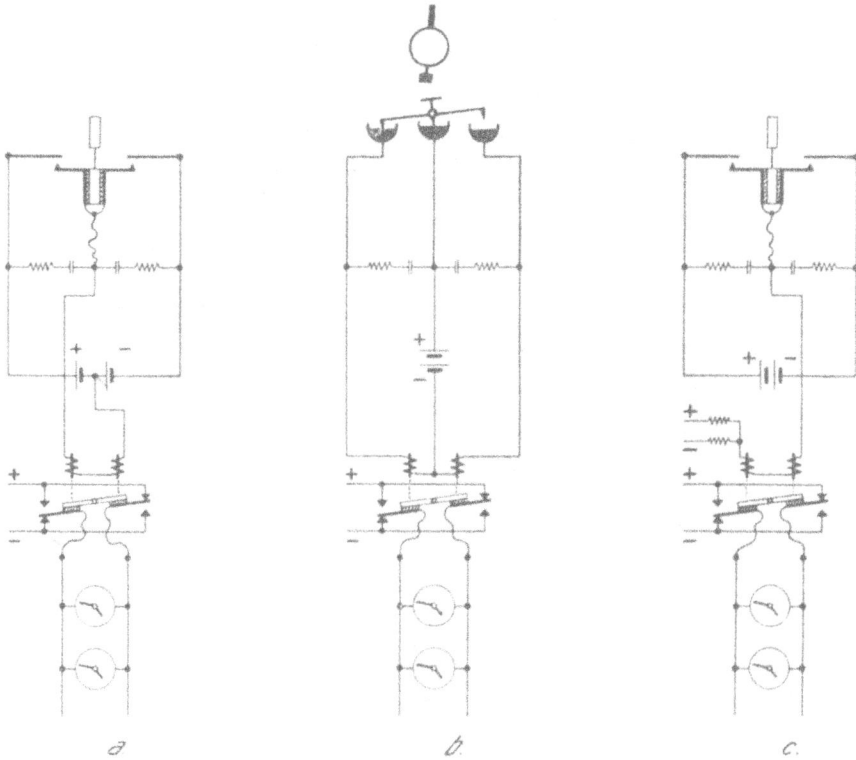

Bild 12 a b, c Schaltungsbeispiele für Sekundenkontakt und Sekundenrelais.

durch den Tromalitmagneten nur eine ganz geringe ist. Demgegenüber sind die Unempfindlichkeit der Quecksilberkontakte in bezug auf Kontaktverbrennungen und die leichte Auswechselbarkeit der gesamten Kontakteinrichtung, die eine in sich geschlossene Baueinheit bildet, unverkennbare Vorzüge dieser Anordnung. Ein abschließendes Urteil über ihre Brauchbarkeit kann allerdings heute noch nicht gegeben werden, weil Entwicklung und Prüfung durch den Krieg verzögert wurden.

Die Übertragung der Sekundenimpulse auf die Nebenuhren erfolgt über ein Linienrelais. Für die dabei zur Anwendung kommende Schaltung gibt es verschiedene Möglichkeiten, die deshalb von besonderer Be-

Bild 13. Zerlegbare Hauptuhr nach Schonberg

deutung sind, weil sie Einfluß auf die Lebensdauer dieser außerordentlich stark beanspruchten Kontakteinrichtung haben, die eine tägliche
Schaltleistung von 86400 Stromschließungen und -öffnungen zu bewäl-
tigen hat.

Bild 12 zeigt drei Schaltbeispiele:

a mit geteilter Batterie,
b »   »   Relaiswicklung,
c als sog. Potentiometerschaltung,

die dem neuesten Stand der Technik entspricht, während die beiden
ersteren ältere Ausführungsformen darstellen. Die je Kontakt aus Kon-
densator und Widerstand bestehende Funkenlöscheinrichtung ist bei
allen drei Ausführungen die gleiche.

8. Der konstruktive Aufbau

Aus den vorstehenden Beschreibungen geht hervor, daß die Hauptuhr aus einem mechanischen und einem elektrischen Teil besteht, die
zwar zusammen ein Ganzes bilden, aber ihrem Wesen nach völlig verschieden sind.

Der mechanische Teil besteht aus der eigentlichen Uhr, also dem
Gehwerk mit Pendel, und dem Laufwerk zur Kontaktbetätigung, der
elektrische Teil aus dem Aufzug und der Wechselkontakteinrichtung.

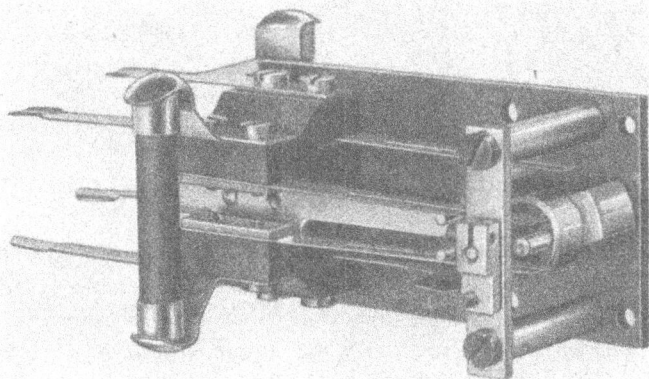

Bild 14   Geber nach Schonberg

Da jede Hauptuhr einer gewissen Überwachung und Pflege bedarf,
ist es wichtig, die einzelnen Teile in ihrem konstruktiven Aufbau so zu
gestalten und anzuordnen, daß sie möglichst übersichtlich und bequem
zuganglich sind. Die Schönbergsche Hauptuhr erfüllt diese Forderungen
in hohem Maße, indem der elektrische und der mechanische Teil so
angeordnet sind, daß der letztere ohne weiteres abgenommen werden
kann, wodurch der erstere in allen seinen Teilen bequem zuganglich wird
(Bild 13). Auch der elektrische Teil ist leicht herausnehmbar, wozu besonders beiträgt, daß sämtliche Stromzuführungen durch federnde Kon-
taktleisten erfolgen, so daß zum Herausnehmen des elektrischen Teils
keinerlei Leitungsdrähte abgeklemmt oder ausgelötet zu werden brauchen.

Der Geber (Bild 14) bildet ein in sich abgeschlossenes Bauelement,
das seine vier Stromzuführungen über feste Kontaktstifte und kräftige
Zuführungsfedern erhält und infolgedessen nach Lösen zweier Befesti-
gungsschrauben ohne weiteres herausgenommen werden kann.

Die Bedeutung dieser zweckmäßigen Anordnung für die laufende Wartung ist nicht zu unterschätzen; gestattet sie doch, daß z. B. bei Revisionen oder im Falle von Störungen der gestörte Teil bequem herausgenommen und am Werktisch untersucht und gegebenenfalls instandgesetzt werden kann, was ein weit zuverlässigeres Arbeiten ermöglicht, als wenn Eingriffe, womöglich von der Leiter aus, unmittelbar an der Uhr vorgenommen werden müssen. Auch die schnelle und mühelose Auswechslung eines gestörten Teils gegen einen Reserveteil wird durch die vorbeschriebene Anordnung wesentlich erleichtert, was in bezug auf Überwachung und Instandhaltung außerordentlich wichtig ist. Denn man muß sich dabei vergegenwärtigen, welche Mühe und Kosten entstehen, wenn beispielsweise bei Versagen des Gebers der Revisor die ganze Hauptuhr mitnehmen müßte.

III. Nebenuhren

1. Allgemeines

Elektrische Nebenuhren werden durch gepolte (polarisierte) Elektromagnete angetrieben. Das Prinzip ist das gleiche, wie es bei Wechselstromweckern angewandt wird; es beruht auf den bekannten zwei Grundgesetzen des Elektromagnetismus:

1. Die Polarität eines Elektromagneten ist abhängig von der Richtung, in der die Drahtwindungen vom Strom durchflossen werden; wird die Stromrichtung umgekehrt, dann kehren sich auch die Pole um.
2. Gleichnamige Pole stoßen sich ab, ungleichnamige ziehen sich an.

Die Nebenuhr besteht:

    a) aus dem Antrieb (gepolter Elektromagnet, Anker und Antriebsvorrichtung, z. B. Schrittschaltwerk oder Welle mit Trieb),
    b) aus dem Zeigerwerk, das sind die Stunden- und Minutenachse mit ihrer Zahnradübersetzung (1:12),
    c) aus Zeigern und Zifferblatt,
    d) aus dem Gehäuse.

a und b zusammen bilden das »Nebenuhrwerk«, für das je nach Größe der zu bewegenden Zeiger (die sich nach dem Zifferblattdurchmesser richtet) verschiedene Ausführungen für kleine, mittlere und große Zifferblattdurchmesser in Betracht kommen. Zifferblätter von 2 m Dmr. bilden im allgemeinen die Grenze für den Betrieb durch gepolte Nebenuhrwerke, wobei Voraussetzung ist, daß die Zeiger unter Glas gehen. Das ist notwendig, weil die begrenzte Antriebskraft des Nebenuhrwerks zur Bewegung großer Zeiger nur dann ausreicht, wenn keine zusätzlichen Widerstände zu überwinden sind, wie sie beispielsweise durch Winddruck entstehen können.

2. Die Antriebssysteme

Für den Antrieb durch gepolte Magnetsysteme kommen in der Hauptsache drei Ausführungsarten in Betracht, nämlich

    a) mit Schaukelanker (Schwinganker)
    b) mit Einfachdrehanker
    c) mit Zwillingsdrehanker.

a) Schaukelankersystem

Das Prinzip des Schaukelanker-Antriebs zeigt Bild 15. Die Pole des Elektromagneten werden durch einen am Joch angeschraubten Dauermagneten (permanenten Stahlmagneten) nordmagnetisch vormagnetisiert. Oberhalb der Polschuhe (NN) schwingt der zweischenklige Anker, der nahe am Südpol des Dauermagneten angeordnet und infolgedessen südmagnetisch vormagnetisiert ist. In der Ruhestellung steht er immer mit einem Schenkel innerhalb des einen Polschuhbereiches, mit dem anderen nahe dem Gegenpolschuh in dessen Anzugsbereich.

Wird die Kraftwicklung in entsprechender Richtung von Strom durchflossen, dann wird beispielsweise der rechte Polschuh verstärkt nordmagnetisch, der linke südmagnetisch, so daß der linke Ankerschenkel abgestoßen, der rechte angezogen wird, wodurch der Anker in die entgegengesetzte Stellung kippt. Beim nächsten Stromimpuls wiederholt sich das Spiel umgekehrt. Diese Schaukelbewegung des Ankers muß nun in die Drehbewegung eines Zahnrades umgesetzt werden, das, wenn die Elektromagnetwicklung beispielsweise alle Minuten einen Stromimpuls erhält, der Anker in der Stunde also 60 mal schaukelt, eine volle Umdrehung macht (Minutenrad).

Bild 15 Schaukelanker-Prinzip

Die Aufgabe kann auf verschiedene Art gelöst werden: Schönberg, der bei seinen Nebenuhren das Schaukelankersystem nur für bestimmte Sonderzwecke verwendet (für geräuschlose Nebenuhren und für Uhren mit Sekundenzeiger), benutzt zwei Schrittschaltklinken, die rechts und links am Anker angeordnet sind und abwechselnd mit einem Stift in die Zahnlücken eines 30 teiligen Steigrades einfallen, so daß der jeweils eingefallene Stift bei der nächsten Ankerbewegung das Steigrad um eine halbe Zahnteilung fortschaltet. Da das Steigrad demnach nach 60 Ankerbewegungen eine volle Umdrehung macht, kann es entweder als Mi-

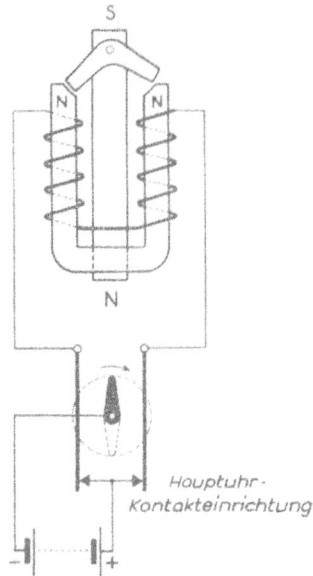

nutenrad oder — bei Sekunden-Nebenuhren — als Sekundenrad dienen (weitere Einzelheiten s. geräuschlose Nebenuhren und Sekundenuhren).

b) Einfachdrehanker-System

Das Prinzip des Einfachdrehankers zeigt Bild 16. Ein zweiflügliger auf einer Welle sitzender Anker dreht sich zwischen den Polen eines Elektromagneten, die durch einen Dauermagneten nordmagnetisch vormagnetisiert sind, während der Anker, der sich im Südpol des Dauermagneten befindet, südmagnetisch vormagnetisiert ist. In der Ruhelage steht jeweils einer der beiden Ankerflügel in einem der beiden Polbereiche. In betrieblicher Hinsicht besteht zwischen den beiden Ankerflügeln ein gewisser Unterschied insofern, als an der Drehbewegung des Ankers abwechselnd entweder nur der eine oder beide Ankerflügel beteiligt sind, je nachdem, ob der Anker aus der rechten oder der linken Ruhestellung anläuft. Steht der eine Ankerflügel im linken Polbereich, dann ragt er dabei infolge seiner Form mit dem Flügelende so weit über den Polbereich hinaus, daß dieses Ende bereits nahe am Bereich des anderen Pols steht. Sobald nun infolge eines entsprechenden Stromflusses in der Magnetwicklung der linke Elektromagnetpol schwach südmagnetisch, der andere stark nordmagnetisch wird, dann macht der Anker eine Viertelumdrehung (90°), weil der in den Polbereichen stehende Ankerflügel am einen Ende abgestoßen, am anderen angezogen wird. An dieser Bewegungsphase ist also nur der eine Ankerflügel beteiligt. In der folgenden Ruhestellung steht der eine Ankerflügel im rechten Polbereich, der andere ist dem linken genähert, so daß beim nächsten Stromfluß in entgegengesetzter Richtung der eine Flügel abgestoßen, der andere angezogen wird, also beide Flügel an der Vierteldrehung beteiligt sind.

Die Ankerwelle kann nun — und darin liegt ein grundsätzlicher Vorzug des Drehankersystems — unmittelbar zum Antrieb des Zeigerwerks, d. h. des Minutenrades benutzt werden, nur eine Übersetzung ist erforderlich, weil die Ankerwelle bei jedem Stromwechsel nur eine Viertelumdrehung, bei 60 also nur 15 Umdrehungen macht. Auf der Ankerwelle sitzt deshalb ein Zahnrad, das seinerseits die Minutenradwelle in einem Übersetzungsverhältnis von 1:15 antreibt.

Nach dem vorbeschriebenen Einfachdrehanker-Prinzip hat Schönberg ein sehr einfaches und billiges Nebenuhrwerk entwickelt, das für

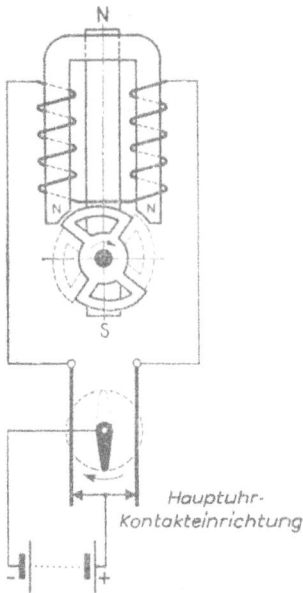

Hauptuhr-
Kontakteinrichtung

Bild 16. Einfachdrehanker-
Prinzip.

Nebenuhren bis zu 40 cm Zifferblattdurchmesser ausreicht (Bild 17). Es ist inzwischen durch eine neue Bauart verbessert worden. Der stabförmige Stahlmagnet wurde durch einen zylindrischen Tromalitmagneten[1]) ersetzt, durch den die Ankerwelle hindurchgeführt ist, so daß der Anker besonders nahe im Kraftlinienbereich des einen Magnetpols liegt und infolgedessen gut magnetisiert wird. Mit der anderen Polseite sitzt der Tromalitmagnet auf der eisernen Werkplatine, die an ihrem oberen

Bild 17. Nebenuhrwerk mit Einfachdrehanker und Stabmagnet nach Schonberg (alte Ausführung)

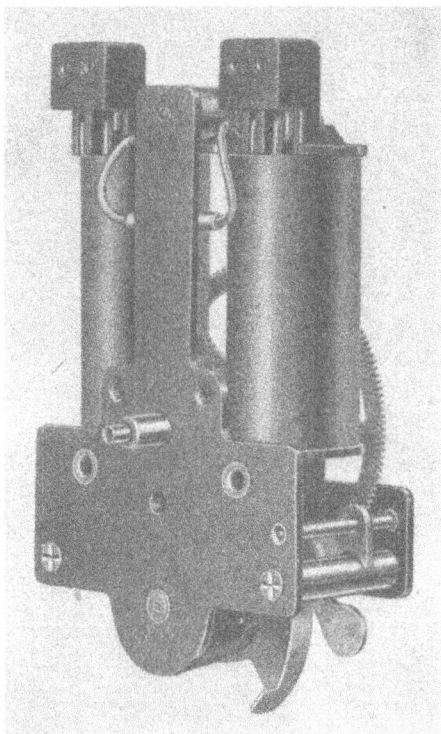

Bild 18 Nebenuhrwerk mit Einfachdrehanker und Tromalitmagnet neue Ausführung (Vorderansicht)

Ende mit dem Joch des lamellierten Elektromagneten verschraubt ist, so daß auch der Elektromagnet infolge der guten magnetschlüssigen Verbindung zwischen Tromalitmagnet und Joch wirksam vormagnetisiert wird. Die Anordnung ist aus Bild 18 (Vorderansicht) und Bild 19 (Ansicht von unten) deutlich zu erkennen.

Auch der Anker wurde verbessert, indem der verhältnismäßig schwere massive Anker durch eine leichtere gestanzte und gezogene Ausführung ersetzt wurde. Am Bewegungsprinzip hat sich nichts geändert,

[1]) S. Fachausdrucke.

auch die Zahnradübertragung von der Ankerwelle auf das Zeigerwerk und die Fanghebelanordnung blieben unverändert. Die neue Ausführung

Bild 19 Nebenuhrwerk mit Einfachdrehanker und Tromalitmagnet
(Ansicht von unten)

zeichnet sich durch weitgehende Spannungsunabhängigkeit und große Drehkraft aus.

c) Zwillingsdrehanker-System

Für größere Uhren wird das Zwillingsdrehanker-System verwendet, mit dem man gewissermaßen »zweispännig« fährt, also eine

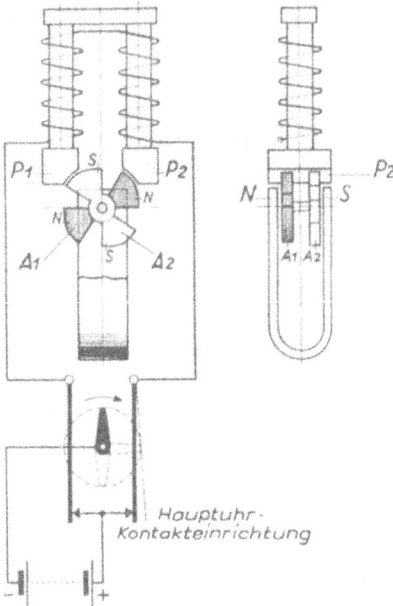

Bild 20. Zwillingsdrehanker-Prinzip

erheblich größere Kraft entwickelt als mit dem »einspännigen« Einfachdrehankersystem. Es wurde erstmalig von Grau angegeben und von Wagner weiter entwickelt und gehört zu den bewährtesten Antrieben elektrischer Nebenuhren mit großem Zifferblattdurchmesser. Sein Prinzip zeigt Bild 20.

Auf einer gemeinsamen Welle sitzen die um 90^0 gegeneinander verdrehten zweiflügligen Anker A_1 und A_2, die zwischen den Polen eines Dauermagneten angeordnet sind. Infolgedessen ist der eine Anker dauernd nordmagnetisch, der andere dauernd südmagnetisch. Die Anker drehen sich zwischen den Polschuhen P_1 u. P_2 eines Elektromagneten, die bei Stromfluß durch die Kraftwicklung in wechselnder Richtung abwechselnd nord- und südmagnetisch werden. Infolgedessen wird der im Polbereich stehende Flügel jedes Ankers abgestoßen, wobei der Flügel des einen gleichzeitig vom Gegenpol angezogen wird, während vom anderen — infolge der Gegeneinanderverdrehung um 90⁰ — der Gegenflügel angezogen wird, so daß tatsächlich beide Anker sowohl abgestoßen wie angezogen werden, woraus sich ein kräftiges Drehmoment ergibt. Bei jedem Stromwechsel drehen sich Anker und Welle um 90⁰. Mittels Wellentrieb und Zahnrad wird die Drehung so auf das Zeigerwerk übertragen, daß bei jedem Stromwechsel die Zeiger um eine Minute weiter rücken (vgl. Zeigerlaufwerk).

Infolge seiner großen Antriebskraft kann das Zwillingsdrehanker-System zum Betrieb von Nebenuhren bis zu 2 m Zifferblattdurchmesser verwendet werden. Außerdem ist es der gegebene Antrieb für alle möglichen Schalt- und Steuerwerke, z. B. bei Motorzeigerlaufwerken, Motorschlagwerken, bei selbsttätigen Überwachungseinrichtungen (Differentialrelais), Signalverteilern usw.

3. Bremse und Fanghebel

Alle Nebenuhr-Antriebe mit gepolten Elektromagneten und Ankern besitzen die Eigentümlichkeit, daß bei genügend langer Dauer des von der Hauptuhr gegebenen Impulses der Anker, sobald er seine neue Stellung eingenommen hat, stark elektrisch gebremst wird, was eine exakte Einstellung des Minutenzeigers zur Folge hat. Die Entstehung dieser Bremswirkung kann man sich z. B. aus Bild 20 leicht vergegenwärtigen, wenn man sich vorstellt, daß der vom Schaltarm des Gebers jeweils vermittelte Antriebsstrom noch fließt, wenn die Anker ihre neue Stellung eingenommen haben, denn dann stehen sich entgegengesetzt magnetisierte Eisenkörper gegenüber (Anker und Polschuhe), die sich anziehen, so daß die Anker in der neuen Lage gewissermaßen krampfhaft festgehalten werden. Erst bei Aufhören des Stromflusses löst sich der Krampf und wandelt sich beim nächsten Stromfluß in umgekehrter Richtung wieder in eine Antriebskraft.

Da es nun aber nicht immer möglich ist, die Kontaktgabe für den Antriebsimpuls so lange auszudehnen, daß die Bremswirkung zustande kommen kann, bedürfen die Drehanker-Systeme einer besonderen Einrichtung, durch die ein Schleudern der Anker verhindert wird. Diese Einrichtung besteht aus dem sog. Fanghebel, der nach jeder Ankerdrehung mit seiner Gabel zwischen vier in die Ankernabe eingebohrte Stifte einfällt, derart, daß nach jeder Ankerdrehung die Fanggabel sich zwischen zwei Stifte legt und damit ein Vor- oder Zurückschleudern des Ankers verhindert (s. Fanghebel).

4. Geräuscharme und geräuschlose Nebenuhrwerke

Nebenuhrwerke der vorbeschriebenen drei Antriebsarten laufen nicht geräuschlos, sondern es entsteht bei jeder Zeigerfortstellung, also

minutlich oder halbminutlich, ein mehr oder weniger starkes Geräusch, das vielfach, z. B. in Schlafzimmern, als störend empfunden wird. Das führte zur Konstruktion von geräuscharmen und geräuschlosen Nebenuhrwerken. Für die Konstruktion der letzteren waren besonders die Anforderungen maßgebend, die der Rundfunk an Nebenuhren für Senderäume stellt, die bekanntlich vollkommen frei von Nebengeräuschen sein müssen.

Bild 21. Geräuscharmes Nebenuhrwerk (Zwillings-drehankersystem mit Schneckenradübertragung.

Bild 21 zeigt ein geräuscharmes Nebenuhrwerk, bei welchem die Drehung der Ankerwelle durch eine Schnecke auf das Räderwerk der Uhr übertragen wird. Es ist ein Zwillingsdrehanker-System, das sich jedoch hinsichtlich seiner Ankeranordnung und Magnetpolung erheblich von dem Zwillingsanker-System nach Bild 20 unterscheidet.

Das Antriebsprinzip ist aus Bild 22 ersichtlich. Zwei U-förmige

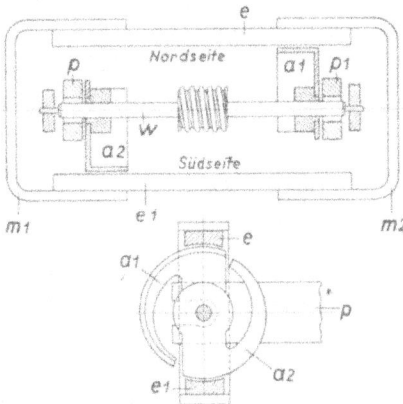

Dauermagnete m_1 und m_2 sind durch zwei Schienen aus Weicheisen e und e_1 so miteinander verbunden, daß ein geschlossener magnetischer Kreis mit einer Nordseite und einer Südseite entsteht. Innerhalb dieses Kreises dreht sich eine in Zapfen gelagerte Welle w, auf der zwei leichte trommelartige Anker a_1 und a_2 sitzen. Die Anker sind um 180^0 gegeneinander verdreht, so daß in der Ruhelage der eine im Bereich der Nordseite, der andere im Bereich der Südseite des magnetischen Kreises steht. Beide Anker stehen außerdem unter dem Einfluß der verlängerten Polschuhe p und p_1 eines nicht dargestellten Elektromagneten,

Bild 22. Konstruktive Anordnung des geräuscharmen Drehankersystems

a_1, a_2 Drehanker,
e, e_1 Weicheisenschienen,
m_1 m_2 Dauermagnete,
p p_1 Polschuhe.
w Ankerwelle.

dessen Kraftwicklung bei jedem Antriebsimpuls von einem Gleichstrom wechselnder Richtung durchflossen wird. Infolgedessen wird bei dem einen Stromfluß beispielsweise der Anker a_1 nordmagnetisch, der Anker a_2 südmagnetisch induziert, und beide Anker werden, da sie in gleichpoligen Bereichen innerhalb des magnetischen Kreises stehen, abgestoßen und gleichzeitig infolge ihrer flügligen Form von der Gegenseite angezogen, wodurch die bekannte Drehung um 180° erfolgt. Mittels Schnecke und Schneckenrad wird die Drehbewegung auf das Räderwerk der Uhr übertragen.

Bemerkenswert an diesem geräuscharmen Nebenuhrwerk ist seine Kleinheit, die teils durch die Verwendung eines einspuligen Elektromagneten, teils durch eine geschickte Ausnutzung der verlängerten Polschuhe als Träger der Ankerwellenlager, des Dauermagnetsystems und der Werkplatine erreicht wurde. Das Werk eignet sich deshalb besonders für kleine Einbau-Uhren, z. B. für Schreibtische, fahrbare Telefontische und dergl.

5. Die geräuschlose Sekunden-Nebenuhr (Bild 23)

Wie bereits erwähnt, kam vom Rundfunk die Forderung nach einer geräuschlosen Nebenuhr, die zugleich Sekundenuhr sein muß. Schönberg löste die Aufgabe unter Verwendung eines Schaukelanker-Systems, dessen Anker sekundlich in die jeweils entgegengesetzte Stellung kippt und hierbei mittels zweier Schaltklinken ein Steigrad fortschaltet, das in 60 Sekunden eine volle Umdrehung macht und dessen Welle den Sekundenzeiger trägt. Da das Steigrad nicht aus Metall, sondern aus Preßstoff besteht und die Angriffsflächen der Schrittschaltklinken sehr klein sind, arbeitet das Schaltwerk praktisch geräuschlos. Dagegen waren für den hin und her gehenden Anker besondere Maßnahmen erforderlich, um ein möglichst geräuschloses Arbeiten zu erreichen. Sie bestehen aus zwei filzgepolsterten Anschlägen (im Bild weggelassen), die die Ankerbewegung links und rechts begrenzen, ferner aus einer Luftdämpfung, unter deren Einfluß der Anker keine harten Schläge

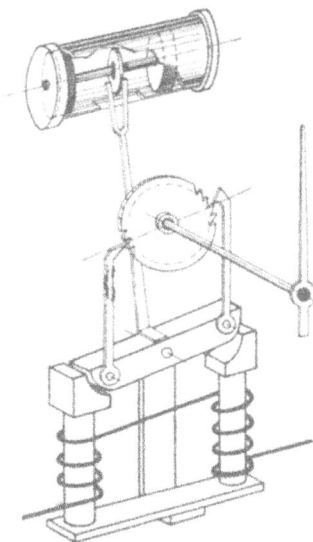

Bild 23. Prinzip der geräuschlosen Sekundennebenuhr.

ausführt, sondern sanft hin und her schwingt. Er trägt zu diesem Zweck einen Arm aus Leichtmetall, der bei jeder Ankerbewegung einen Doppelkolben in einem Luftzylinder hin und her schiebt. Dabei bildet sich in jeder Bewegungsrichtung vor dem Kolben ein Luftpolster, das

Bild 24. Geräuschlose Sekunden-
nebenuhr.

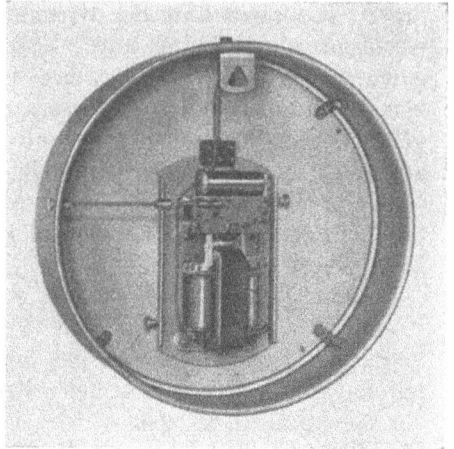

Bild 25. Geräuschlose Sekundennebenuhr, Ruckansicht (Werkschutzkappe abgenommen)

durch eine kleine einstellbare Öffnung im Zylinderdeckel langsam ent-
weicht, wodurch die Bewegungen des Ankers praktisch geräuschlos werden. Bild 24 und 25 zeigen die Uhr in ihrer wirklichen Gestalt mit
einem Zifferblattdurchmesser von 25 cm.

Bemerkenswert ist die Stelleinrichtung; sie besteht aus einer ver-
schiebbaren Achse, die seitlich mit einem Rändelknopf aus dem Gehäuse
herausragt und an ihrem anderen Ende ein Stirnrad trägt, das nach
Eindrücken der Achse mit einem auf der Minutenradwelle sitzenden
Trieb in Eingriff kommt, worauf durch Rechts- oder Linksdrehen des
Rändelknopfes die Uhr vor- oder zurückgestellt werden kann. Nach Los-
lassen entkuppelt sich der Eingriff selbsttätig unter der Einwirkung einer
Feder.

IV. Signaluhren

1. Allgemeines

Unter einer »Signaluhr« (Bild 26) versteht man eine Uhr mit einer
besonderen zusätzlichen Einrichtung, dem sog. Signalzusatz zum Ein-
und Ausschalten von »Signalen«, d. h. von elektrischen Läutewerken
oder Hupen — seltener von optischen Signalen — zu bestimmten nach
Bedarf einstellbaren Tageszeiten. »Elektrisch« ist der Signalzusatz nur
insofern, als er die Kontakte zur Ein- und Ausschaltung der Signalstromkreise betätigt, während die technischen Mittel hierzu typische
Uhrmacherprodukte sind.

Die Signaluhren spielen auf dem Gebiet der elektrischen Uhren eine
bedeutende Rolle, weil der Signalzusatz in Verbindung mit einer Haupt-
oder Nebenuhr zum Signalisieren des Beginnes und des Schlusses von

Arbeitszeiten (Pausen-Signalanlagen) in vielen elektrischen Uhrenanlagen Verwendung findet. Auch elektrische Einzeluhren werden mitunter mit Signalzusatz ausgerüstet, womit die Signaluhr als solche, unabhängig von einer elektrischen »Uhrenanlage«, in die Erscheinung tritt.

Beispiele für die Aufgaben der Signaluhr sind:

1. Das selbsttätige Ein- und Ausschalten von Pausensignalweckern zu feststehenden, die ganze Woche gleichbleibenden Zeiten,

2. die selbsttätige Außerbetriebsetzung der Pausensignale an Sonntagen (Sonntagsausschaltung),

3. Aufgabe wie unter 1., jedoch nicht die ganze Woche zu gleichbleibenden Zeiten, sondern an bestimmten Tagen, z. B. mittwochs und samstags, zu anderen Zeiten,

4. Ein- und Ausschalten von Pausensignalweckern in zwei oder mehr Stromkreisen, wobei die Wecker des einen Stromkreises zu anderen Zeiten läuten sollen als die des anderen, während zu wieder anderen Zeiten die Wecker aller Stromkreise gleichzeitig läuten sollen.

2. Der einfache Signalzusatz

Die im Signalzusatz vereinigten Hilfsmittel, durch deren Vermittlung der oder die Kontakte zur Ein- und Ausschaltung der Signalwecker gesteuert werden, sind

Bild 26. Anordnung eines Signalzusatzes.

a) das 24-Stundenrad (Signalrad),
b) das 5-Minutenrad,

sowie mehrere Hebel und ein oder mehrere Kontakt-Federsätze.

Bild 26a zeigt schematisch die kinetischen Zusammenhänge eines einfachen Signalzusatzes.

Die beiden Räder werden über entsprechende Zahnradübersetzungen derart mit dem Gehwerk der Hauptuhr (bei Nebenuhren mit dem Zeigerwerk) gekuppelt, daß das eine in 24 Stunden, das andere in einer Stunde eine volle Umdrehung macht.

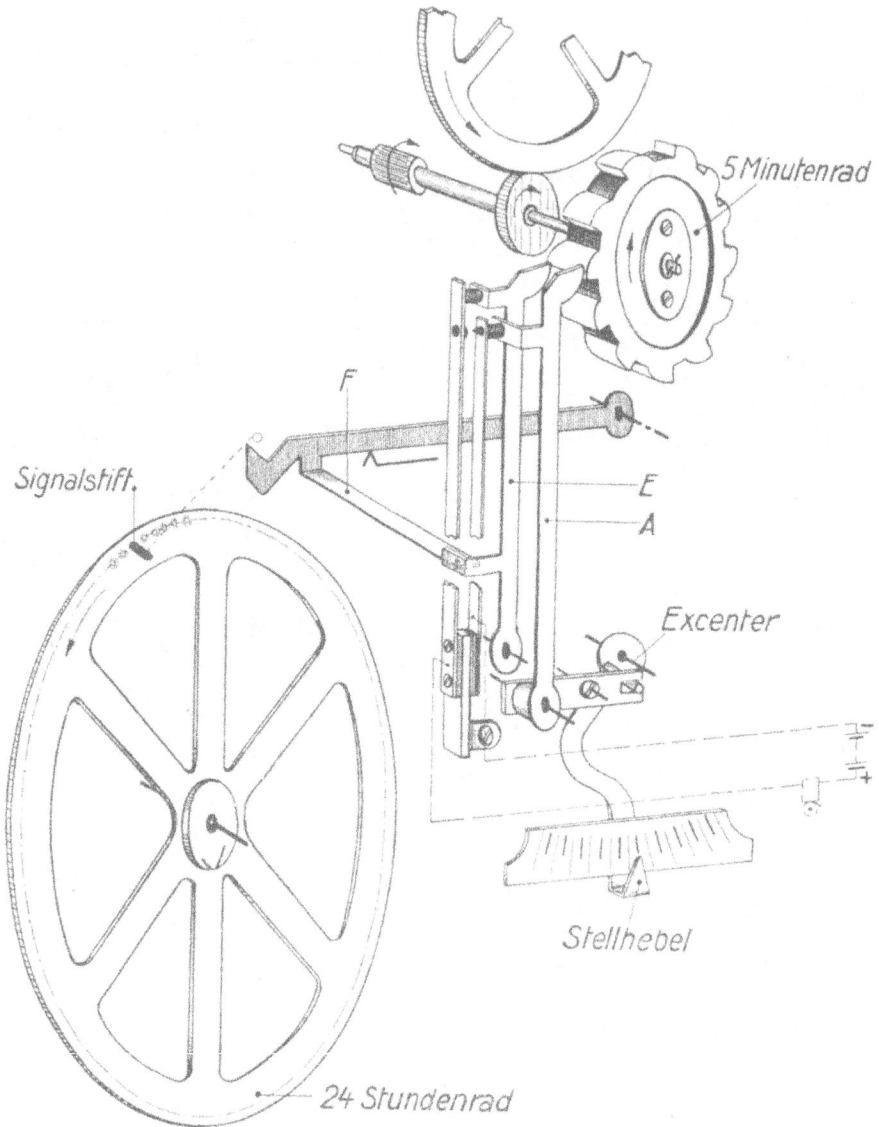

Bild 26a Einfacher Signalzusatz.

Das 24-Stundenrad ist mit 288 Gewindelöchern versehen, die in 288er Teilung auf einer Kreisbahn liegen und in die eine beliebige Anzahl kleiner Stifte (Signalstifte) eingeschraubt werden kann. Da das Rad zu einer Umdrehung 24 Stunden = 1440 Minuten benötigt, entspricht die Wegezeit von Gewindeloch zu Gewindeloch $\dfrac{1440}{288} = 5$ Minuten.

In der Bahn der Signalstifte liegt die Nase eines Hebels, der so lange nach unten gedrückt wird, wie ein Signalstift über die Nase hinweggleitet, was ungefähr drei Minuten dauert, und danach unter der Einwirkung einer Feder in seine Ruhelage zurückgeht.

Das sog. 5 Minutenrad ist kein eigentliches Rad, sondern eine 12 teilige Nockenscheibe mit 12 Nocken, die in 60 Minuten eine Umdrehung macht. Auf dem Nockenscheibenumfang schleifen unter leichtem Federdruck zwei Nasenhebel, die von fünf zu fünf Minuten in eine Nockenlücke einfallen, etwa zwei Minuten in der Einfallstellung verbleiben, dann von der nächsten Nocke wieder gehoben werden, bis sie nach genau fünf Minuten in die nächste Nockenlücke einfallen. Der eine der beiden Nasenhebel steht etwas höher, so daß er immer etwas später in die Nockenlücke einfällt als der andere. Er ist außerdem in seiner Höhenlage durch einen besonderen Stellhebel mit Exzenter verstellbar, so daß der Zeitunterschied des Einfallens der beiden Nasenhebel in die Nockenlücke, der die Signaldauer bestimmt, zwischen 6 und 30 Sekunden beliebig eingestellt werden kann. Zur Erleichterung einer genauen Einstellung ist der Stellhebel am unteren Ende um eine Skala gekröpft und zeigerartig ausgebildet, so daß der Zeiger über der Skala steht. Wird er nach rechts verschoben, dann verlängert sich die Signaldauer, während sie sich umgekehrt verkürzt.

Die beiden Nasenhebel wirken derart auf den Arbeitskontakt eines Federsatzes, daß der zuerst einfallende Hebel den Kontakt schließt, der zuletzt einfallende ihn öffnet. Deshalb nennt man den einen Hebel »Einschalthebel«, den anderen »Ausschalthebel« oder kurz *E*-Hebel und *A*-Hebel.

Der *E*-Hebel ist nicht selbständig, sondern er wird durch einen weiteren Hebel verriegelt, kann also nur dann in eine Nockenlücke einfallen, wenn er vorher entriegelt ist, weshalb der weitere Hebel »Freigabehebel« oder kurz *F*-Hebel genannt wird.

Der *F*-Hebel liegt, wie bereits erwähnt, mit seiner Nase in der Bahn der in das Signalrad eingesetzten Signalstifte und wird infolgedessen, sobald ein Signalstift die Nase erreicht hat, nach unten gedrückt, wodurch der angewinkelte Verriegelungsarm den *E*-Hebel freigibt, der nun seinerseits genau nach Vollendung einer fünften Minute in die Nockenlücke einfällt, wodurch der Federsatz-Kontakt geschlossen und der Signalwecker in Tätigkeit gesetzt wird. Nach 6 bis 30 Sekunden — je nach Einstellung — fällt der *A*-Hebel ein, öffnet den Federsatz-Kontakt und schaltet damit den Signalwecker wieder aus, der also je nach Einstellung des *A*-Hebels 6 bis 30 Sekunden geläutet hat. Innerhalb der nächsten drei Minuten werden *E*- und *A*-Hebel durch die nächste Nocke wieder gehoben; inzwischen hat auch der Signalstift die Nase des *F*-Hebels wieder verlassen, der infolgedessen wieder nach oben geht und hierdurch den *E*-Hebel aufs neue verriegelt, womit eine erneute Einschaltung des Signalweckers verhindert ist. Sie kann erst dann erfolgen, wenn der nächste Signalstift den F-Hebel aufs neue niederdrückt, womit der E-Hebel wieder entriegelt wird.

Sitzt also beispielsweise ein Signalstift in dem Gewindeloch, das die F-Hebelnase kurz vor 9 Uhr passiert, und ein weiterer Signalstift drei Löcher weiter, dann ertönt der Signalwecker einmal um 9 Uhr und das andere Mal um 9,15 Uhr (Frühstückspause).

Diese ganze auf den ersten Blick etwas umständlich erscheinende Art der Signaleinschaltung durch zwei mechanische Hilfsmaßnahmen, eine vorbereitende (Signalstift und F-Hebel) und eine vollendende (Nockenscheibe und E-Hebel) ist aus folgendem Grunde wichtig:

Die Nockenscheibe, die in 60 Minuten eine volle Umdrehung macht, dreht sich demnach 24 mal schneller als das Signalrad. Hieraus ergibt sich, daß das Einfallen des E-Hebels in eine Nockenlücke praktisch genau mit dem Ablauf einer fünften Minute zusammenfällt, was eine große Zeitgenauigkeit zur Folge hat, mit der das Läuten der Signalwecker einsetzt. Dies ist aber eine wichtige Bedingung, die an derartige selbsttätige Zeitsignaleinrichtungen gestellt werden muß.

3. Signalzusatz mit Mehrfachschaltung

Der Signalsatz nach Bild 26a löst nur die eingangs unter 1. genannte Aufgabe (selbsttätige Ein- und Ausschaltung der Pausensignalwecker zu während der ganzen Woche gleichbleibenden Zeiten). Die Anforderungen der Praxis liegen aber nur selten so einfach; gewöhnlich wird mehr von der Signaluhr verlangt.

Als Beispiel seien die Erfordernisse einer Schule angenommen, wo die Signaluhr Beginn und Schluß des Unterrichts sowie Anfang und Ende der Pausen durch elektrische Läutewerke zu signalisieren hat. Dabei muß berücksichtigt werden, daß an bestimmten Wochentagen, z. B. mittwochs und samstags, die Zeiten anders liegen als an den übrigen Tagen. Darüber hinaus wird verlangt, daß über Sonntag die Signalwecker außer Betrieb bleiben, um die Umgebung der Schule nicht durch unnötige Weckersignale zu stören.

Ein Signalzusatz, der diese Bedingungen erfüllt, ist schematisch in Bild 27 dargestellt. Das Prinzip der Signal-Ein- und Ausschaltung bleibt das gleiche, es kommen jedoch folgende Ergänzungseinrichtungen hinzu:

a) Auf der gleichen Achse wie der F-Hebel sitzen zwei weitere Nasenhebel k_1 und k_2, die von verschieden langen Signalstiften betätigt, d. h. niedergedrückt werden, wenn ein Signalstift über die Hebelnasen hinweggleitet. Die Anordnung ist so getroffen, daß ein kurzer Signalstift (k-Stift) nur den F-Hebel, ein Signalstift mittlerer Länge (m-Stift) den F-Hebel und den k_1-Hebel, ein langer Signalstift (l-Stift) alle drei

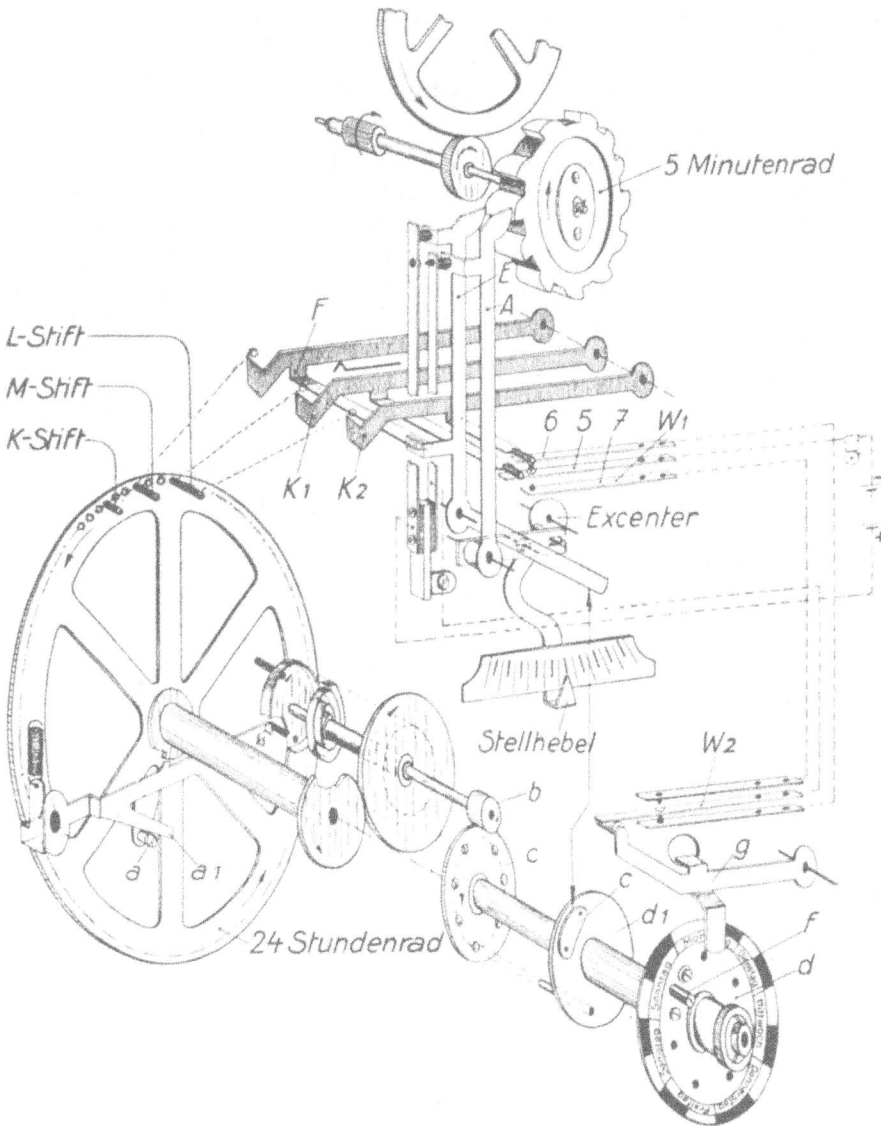

Bild 27. Signalzusatz mit Sonntagsaus- und Wochentagsumschaltung.

Hebel erfaßt. k_1 schaltet den Wechselkontakt eines Federsatzes w_1 um, während k_1 und k_2 gemeinsam alle drei Federn des Federsatzes zusammenschließen.

b) Das Wochentags-Schaltwerk. Es dient dazu, eine 7teilige Scheibe vom Signalrad aus jeweils nach 24 Stunden um eine Teilung weiter zu drehen, und zwar momentan, d. h., nachdem die Scheibe um eine Teilung weitergeschaltet ist, bleibt sie stehen, bis nach 24 Stunden die nächste Weiterschaltung erfolgt.

Dieser Vorgang vollzieht sich auf folgende Weise:

Ein auf der Signalradwelle sitzendes Trieb betätigt einen aus Zahnrad, Spiralfeder und Federtrommel bestehenden Aufzug dergestalt, daß die Feder in 24 Stunden aufgezogen wird. Kurz nach 24 Uhr hebt ein am Signalrad sitzender Arm a einen Auslösehebel a_1, der die Federtrommel freigibt, die infolgedessen unter Einwirkung der gespannten Spiralfeder sich um 180° dreht. Ein auf der Trommelachse sitzendes Trieb b, das in entsprechendem Übersetzungsverhältnis mit einem Zahnrad c in Eingriff steht, dreht infolgedessen dieses, in Siebener-Teilung mit sieben Löchern versehene Zahnrad um $1/_7$.

Auf die Welle des Lochzahnrades ist eine Hohlachse geschoben, auf der die Wochentagsscheibe d sitzt. An ihrer Rückseite liegt eine mit einem Kupplungsstift versehene zweite Scheibe (Kupplungsscheibe) d_1, die mit dem Lochzahnrad derart gekuppelt werden kann, daß der Kupplungsstift in eines der sieben Löcher des Lochzahnrades geschoben wird.

Diese Anordnung hat den Zweck, die Wochentagsscheibe bei Inbetriebsetzung der Signaluhr auf den betreffenden Wochentag einzustellen.

Die Kupplungsscheibe ist mit einem herausstellbaren Nocken n versehen, der sich, sobald die Scheibe die entsprechende Tagesstellung eingenommen hat (Sonntag), unter den Arm des E-Hebels stellt, womit in den nächsten 24 Stunden jede Signalabgabe unterbunden ist. Die Wochentagsscheibe ist in sieben Abschnitte geteilt, und jeder Abschnitt ist mit einem Wochentag (Sonntag, Montag, Dienstag usw.) bezeichnet. Außerdem besitzt sie sieben Gewindelöcher (in jedem Wochentagsabschnitt eines), in die Schaltstifte f eingesetzt werden können. In der Bahn dieser Stifte liegt ein Hebel g, der von demjenigen Stift, der der Wochentagsstellung der Scheibe entspricht, angehoben wird und hierdurch den Wechselkontakt eines Federsatzes w_2 umschaltet. Die Umschaltung bleibt volle 24 Stunden bestehen und wird erst wieder aufgehoben, wenn die Wochentagsscheibe um 24 Uhr in die nächste Tagesstellung geht, wobei ja auch der in der Scheibe sitzende Stift mitwandert und den Umschalthebel wieder freigibt.

Wir haben also bei dem Signalsatz nach Bild 27 dreierlei zusätzliche mechanische Hilfsmittel zu unterscheiden, nämlich:

a) kurze, mittlere und lange Signalstifte,
b) zwei Kontakthebel k_1 und k_2,
c) die durch das Wochentagsschaltwerk betätigte Wochentagsscheibe d mit Schaltstiften f.

Durch diese Hilfsmittel werden die beiden Wechselkontaktfedersätze w_1 und w_2 zu bestimmten Zeitpunkten so beeinflußt, daß die Signalwecker zu den jeweils eingestellten Zeiten ertönen. Nur die Sonntags-Ausschaltung arbeitet rein mechanisch, indem vom Wochentagsschaltwerk aus der E-Hebel einfach gesperrt wird (durch den Nocken n auf der Kupplungsscheibe d_1).

Die Prinzipschaltung des Signalstromkreises zeigt Bild 28.

a ist der vom E-Hebel betätigte Arbeitskontakt zur Signaleinschaltung,

w_1 ist der von Hebel k_1 und k_2 beeinflußte Wechselkontakt,

w_2 ist der von den Schaltstiften der Wochentagsscheibe beeinflußte Wechselkontakt.

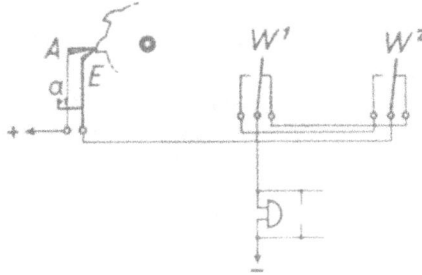

Bild 28. Prinzipstromlauf des Signalstromkreises.

Sobald der F-Hebel durch einen Signalstift niedergedrückt wird, wird der E-Hebel entriegelt, fällt infolgedessen in die nächste Nockenlücke und schließt hierdurch a, so daß die Signalwecker so lange ertönen, bis a durch den A-Hebel wieder geöffnet wird.

Betriebsbeispiel. Angenommen, in einer Schule sollen Beginn und Schluß des Unterrichts zu den aus der Tabelle Bild 29 ersichtlichen Zeiten durch elektrische Läutewerke signalisiert werden (die Pausensignale, die selbstverständlich in gleicher Weise wie Beginn- und Schlußsignale gegeben werden, sind der Einfachheit halber weggelassen). Ferner soll jeweils fünf Minuten vor Unterrichtsbeginn ein Vorsignal ertönen.

Wie aus der Tabelle ersichtlich, sind Mittwoch und Samstag Ausnahmetage, weil der Unterrichtsschluß statt 13 Uhr 13,45 Uhr ist und

		Vorsignal	Stift	Beginn	Stift	Schluß	Stift
Montag	V	7 55	l	8 00	l	13 00	k
	N	13 55	k	14 00	k	16 00	k
Dienstag	V	7 55	l	8 00	l	13 00	k
	N	13 55	k	14 00	k	16 00	k
Mittwoch	V	7 55	l	8 00	l	13 45	m
	N	–		–		–	
Donnerstag	V	7 55	l	8 00	l	13 00	k
	N	13 55	k	14 00	k	16 00	k
Freitag	V	7 55	l	8 00	l	13 00	k
	N	13 55	k	14 00	k	16 00	k
Samstag	V	7 55	l	8 00	l	13 45	m
	N	–		–		–	
Sonntag	V	–		–		–	
	N	–		–		–	

Bild 29. Signalzeiten-Tabelle.

nachmittags der Unterricht ausfällt. Demgegenüber gelten die übrigen Tage mit Vor- und Nachmittagsunterricht als Normaltage.

Wie aus der Tabelle weiter hervorgeht, erfolgt die Signaleinschaltung zu den Zeiten, die nur an den Normaltagen in Betracht kommen, ... durch kurze Stifte, zu den Zeiten, die an Normal- und Ausnahmetagen in Betracht kommen, . . . durch lange Stifte, zu den Zeiten, die nur an den Ausnahmetagen in Betracht kommen, . . . durch mittl. Stifte.

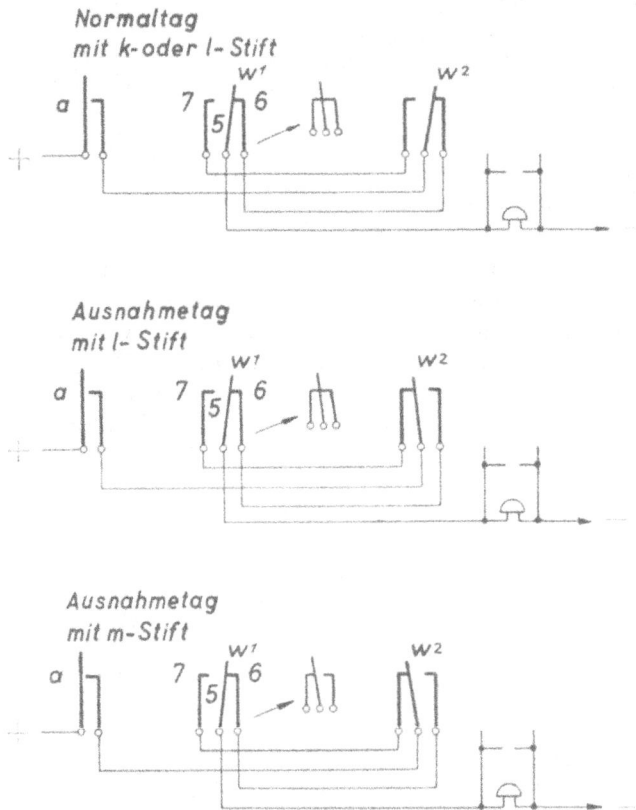

Bild 32. Signalstromlauf mit m-Stift.

Die Beziehungen zwischen den drei Stiftlängen und den Signalzeiten ergeben sich aus Bild 30, 31 und 32.

Bild 30 zeigt den Schaltungszustand an einem Normaltag. Die beiden Wechselkontakte w_1 und w_2 bleiben in Ruhe, die Signaleinschaltung erfolgt lediglich durch den Arbeitskontakt a, zu dessen Auslösung ein kurzer Stift genügt.

Bild 31 zeigt den Schaltungszustand an einem Ausnahmetag, z. B. Mittwoch. Durch den im »Mittwoch-Loch« sitzenden Stift in der Wochentagsscheibe ist der Wechselkontakt w_2 24 Stunden lang umgeschaltet. Zur Einschaltung aller Unterrichtsbeginn-Signale, die zeitlich mit den gleichen Signalen an Normaltagen übereinstimmen, ist je ein langer Stift erforderlich, der den Wechselkontakt w_1 in der Weise beeinflußt, daß bei Ansprechen des Kontakthebels k_2 alle drei Kontaktfedern miteinander verbunden werden. An sich würde die einfache Wechselschaltung, durch die Feder 5 und 7 verbunden werden, zur Signaleinschaltung genügen, wozu nur ein m-Stift erforderlich wäre; da aber das Unterrichtsbeginn-Signal auch an Normaltagen zu der gleichen Zeit eingeschaltet werden muß, was bei nicht umgeschaltetem w_2-Federsatz nur möglich ist, wenn am w_1-Federsatz Feder 5 und 6 in Berührung sind, so ist für alle an Normal- und Ausnahmetagen gleich liegenden Signale ein l-Stift erforderlich, der alle drei Federn zusammenschließt.

Auch Bild 32 zeigt den Schaltungszustand an einem Ausnahmetag, an welchem die nur für diesen Tag in Betracht kommenden Signale durch einen m-Stift vermittelt werden, der den Federsatz w_1 umschaltet.

Mit dem Wechselkontakt w_1 läßt sich aber auch die unter 4. genannte Aufgabe (Wecker in zwei Stromkreisen, teils zu verschiedenen, teils zu gleichen Zeiten läutend) leicht lösen, wie aus Bild 32 ohne weiteres ersichtlich ist.

4. Der Signalzusatz mit 2½ Minutenabstand

Die langsame Drehung des Signalrades (eine Umdrehung in 24 Stunden) und die große Anzahl der auf dem Teilkreis liegenden Gewindelöcher (288) haben zur Folge, daß der Mindestzeitabstand zwischen dem Beginn zweier Signale fünf Minuten beträgt. Für Pausensignalanlagen gewisser Fabrikbetriebe ist dieser Zeitabstand zu groß, nämlich dann, wenn den Pausen- und Schlußsignalen ein Vorsignal vorangeschickt werden muß, weil z. B. automatische Werkzeugmaschinen eine sofortige Stillsetzung nicht immer zulassen. Würde das Vorsignal fünf Minuten vor dem Hauptsignal ertönen, dann könnte dies u. U. eine unerwünschte Produktionsbeeinträchtigung zur Folge haben; aus diesem Grunde wird öfters in derartigen Anlagen eine 2½ minutliche Signalgebung gefordert.

Die Forderung wird mit dem gleichen Signalzusatz erfüllt, wie er in Bild 27 dargestellt ist, nur muß das Signalrad anders übersetzt werden; es muß statt in 24 in 12 Stunden eine volle Umdrehung machen, wodurch sich dann allerdings auch der Signalbereich nur auf 12 Stunden, z. B. von 6 bis 18 Uhr, erstreckt. Innerhalb dieses Zeitraumes sind die gleichen Signalmöglichkeiten gegeben wie nach Aufgabe 1 bis 4, nur mit dem Unterschied, daß die Mindestzeitspanne zwischen zwei Signalen (z. B. Vor- und Hauptsignal) 2½ statt 5 Minuten beträgt und auch mit dieser Einheit gestuft werden kann.

Wird jedoch verlangt, daß sich der Signalbereich auf 24 Stunden erstreckt (was z. B. notwendig ist, wenn in dem Betrieb, dem die Signaluhr dienen soll, in drei Schichten gearbeitet wird,) dann läßt sich auch diese Forderung und zwar mit Hilfe von Schaltstiften in der Wochentagsscheibe erfüllen.

Da das Signalrad in 24 Stunden zwei Umdrehungen macht, wird das Wochentagsschaltwerk so übersetzt, daß die Fortschaltung der Wochentagsscheibe täglich auf zweimal erfolgt, zweckmäßig um 6 Uhr und um 18 Uhr. Die Wochentagsabschnitte an der Scheibe sind deshalb für jeden Tag zur Hälfte weiß, zur anderen Hälfte schwarz markiert, woran man ohne weiteres erkennt, ob die jeweilige Stellung der Tages- oder der Nachtstellung entspricht (s. Bild 27). Unter jedem Wochentagsabschnitt, und zwar immer unter dem weißen Teil, befindet sich ein Gewindeloch mit einem Umschaltstift, der, sobald die Wochentagsscheibe in eine Tagstellung geht, den w_2-Federsatz umschaltet. Bei der nächsten Fortschaltung der Scheibe, d. h. beim Übergang in die Nachtstellung (18 Uhr) wird der Umschalthebel freigegeben, so daß der w_2-Federsatz wieder in die Ruhelage geht. Dieser Wechsel in der Stellung des w_2-Federsatzes wird dazu benutzt, um während der Tagzeit (von 6 Uhr bis 18 Uhr) die Signale durch m-Stifte auszulösen, während in der Nachtzeit (von 18 Uhr bis 6 Uhr) die Signale durch k-Stifte betätigt werden. Wenn Signale in der Tag- und in der Nachtzeit gleich liegen, also z. B. um 12 Uhr und um 24 Uhr, dann wird das betreffende Gewindeloch im Signalrad mit einem l-Stift versehen.

Mit Hilfe der Wochentagsscheibe ist also die Bedingung erfüllt, daß innerhalb des vollen 24 Stundenbereiches Signale zu jeder beliebigen Zeit gegeben werden können. Darüber hinaus kann durch Herausstellen eines entsprechend geformten Nockens in der Wochentagsscheibe die Signalabgabe am Sonntag unterbunden werden (Sonntagsausschaltung). Nicht möglich ist es indessen, an bestimmten Tagen die Signalzeiten selbsttätig zu wechseln; hierfür sind Sondereinrichtungen erforderlich, auf die im übernächsten Abschnitt (6) eingegangen wird.

5. Der Nebenuhr-Signalzusatz

Die Signalzusätze nach Bild 26a und 27 sind geeignet zur Kupplung mit selbständigen Einzeluhren oder mit Hauptuhren und kommen vielfach in Schulen und kleinen Betrieben zur Anwendung.

In Anlagen, an deren Hauptuhren in bezug auf die Ganggenauigkeit hohe Ansprüche gestellt werden (Präzisions-Sekundenpendel), vermeidet man die Belastung der Hauptuhr durch einen Signalzusatz, sondern man kuppelt ihn mit einer Nebenuhr.

Der Nebenuhrzusatz entspricht im Prinzip und in seinen Leistungen (Aufgabe 1 bis 4) dem Hauptuhrzusatz nach Bild 26a und 27, jedoch mit einer Abweichung, die sich auf die Signalausschaltung bezieht. Beim Hauptuhrzusatz erfolgt sie durch den in die Nockenlücke einfallenden A-Hebel (durch dessen Auf- und Abwärtsverstellbarkeit außerdem die Signaldauer zwischen 6 und 30 Sekunden einstellbar ist). Die Voraussetzung hierfür ist jedoch, daß das 5-Minutenrad (Nockenscheibe) »schleicht« und nicht »springt«, wie es beim Nebenuhrantrieb minutlich — in manchen Anlagen auch halbminutlich — der Fall ist. Das ist der Grund, weshalb der A-Hebel zum Ausschalten eines Signals, das im Höchstfall 30 Sekunden dauern soll, nicht mehr in Betracht kommen kann.

Die Unterbrechung des Signalstromkreises erfolgt statt dessen, wie Bild 33 zeigt, durch ein Relais, dessen Wirksamwerden von einem Thermorelais abhängig ist. Letzteres liegt im Nebenschluß zum Weckerstromkreis, wird also mit eingeschaltet, sobald der Signalstromkreis durch Einfallen des E-Hebels geschlossen wird. Nach einer gewissen, durch einen vorgeschalteten Widerstandsregler einstellbaren Erwärmungszeit schließt das Thermorelais seinen Kontakt, wodurch das Ausschalterelais angereizt wird, das sich über seinen Arbeitskontakt hält, mit seinem Ruhekontakt aber den Signalstromkreis öffnet und dabei gleich-

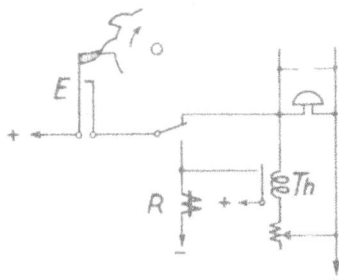

Bild 33. Prinzipstromlauf des Signalstromkreises (Nebenuhr).

zeitig das Thermorelais ausschaltet. Letzteres kühlt sich ab und öffnet infolgedessen nach einiger Zeit seinen Kontakt wieder. Inzwischen hat aber der E-Hebel, den die nächste Nocke aus seiner Einfallstellung herausgehoben hat, den Signalkontakt wieder geöffnet und damit das Ausschalterelais wieder stromlos gemacht.

6. Signalverteiler

Der Antrieb des Signalzusatzes durch eine Nebenuhr eröffnet dem Uhren-Fernmeldetechniker fast unbegrenzte Möglichkeiten zur Erfüllung von allen möglichen Sonderansprüchen, wie sie heute mehr denn je von Großbetrieben gestellt werden. In solchen Fällen kann der elektrischen Signaluhr große Bedeutung zukommen. Fällt ihr doch die verantwortungsvolle Aufgabe zu, gleichsam wie ein Chordirigent den Rhythmus des gesamten Arbeitsablaufes Tag für Tag und auf die Minute genau vollkommen selbsttätig zu regeln.

Ein Beispiel hierzu ist die in Bild 34 dargestellte Signaluhr mit Stiftwalze, die unter dem Namen »Signalverteiler«, abgekürzt SV-Uhr (früher »Signalrelais«) im Handel ist.

Ein gepoltes Nebenuhrwerk mit kräftigem Zwillings-Drehanker-System und kleinem Kontrollzifferblatt treibt statt eines Signalrades eine

Bild 34. Signalverteiler mit 10 Signalstromkreisen
(¼ nat. Größe.)

Walze an, auf deren Umfang zehn 288-teilige Stiftkreise nebeneinander liegen und die in 24 Stunden eine volle Umdrehung macht. Die in die Gewindelöcher eingeschraubten Signalstifte betätigen im Vorbeiwandern einfache Schließkontakte für 10 Signalstromkreise. Zwischen den Stiftkreisen sind zur besseren Übersicht Stundenstriche 1 bis 24 mit dazwischen liegenden Halbstundenstrichen eingraviert; die Wegezeit von Gewindeloch zu Gewindeloch beträgt auch hier fünf Minuten (eine Stunde = 12 Gewindelöcher).

Zum Signalwerk gehört ferner das bekannte 5-Minutenrad mit E- und A-Hebel; ersterer schließt, letzterer öffnet den Signalkontakt. (Der A-Hebel hat in diesem Falle jedoch nur sekundäre Bedeutung, weil die zeitgerechte Öffnung des Signalstromkreises unter Einhaltung einer einstellbaren Signaldauer über eine Relais-Kombination erfolgt; er ist infolgedessen auch nicht einstellbar, sondern von vornherein so angeordnet, daß er jeweils beim nächstfolgenden Minutensprung in die Nockenlücke einfällt zu dem Zweck, das zu der nachstehend beschriebenen Relais-Kombination gehörige II-Relais nicht länger als nötig unter Strom zu halten).

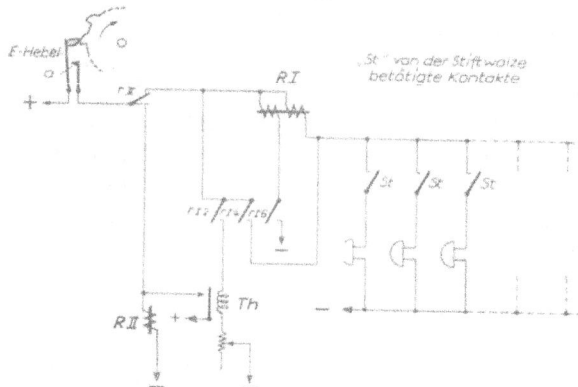

Bild 35. Prinzipstromlauf zu Bild 34.

Zur zeitgerechten Ausschaltung der Signale dienen 2 Relais (I u. II) und ein Thermorelais, deren Zusammenspiel aus Bild 35 ersichtlich ist. Die Einschaltung des Signals wird zunächst vorbereitet durch die von der Stiftwalze betätigten Kontakte *st*; genau nach Vollendung der fünften Minute fällt der *E*-Hebel ein und schließt *a*, so daß das *R* I-Relais über seine Hauptwicklung anspricht.

Stromlauf

$+, a, r,$ II, — Hauptwicklung von R I, *st*, Signalwecker, —

> *r* I_6 schließt einen Haltestromkreis
> *r* I_4 überbrückt die Hauptwicklung von R I
> *r* I_2 schaltet das Thermorelais ein.

Das letztere, dessen Ansprechzeit durch einen regelbaren Vorschalt-Widerstand etwa zwischen 6 und 30 Sekunden einstellbar ist, schaltet das *R* II-Relais ein, das mit *r* II den Signalstromkreis öffnet (womit *R* I und *Th* wieder stromlos werden und die Signale aufhören) und sich über den gleichen Kontakt hält. Da der *E*-Hebel erst nach etwa drei Minuten von der nächsten Nocke wieder gehoben wird, erfolgt die Öffnung des *a*-Kontaktes durch den in der Zeichnung nicht dargestellten *A*-Hebel, der bereits nach etwa 30 Sekunden einfällt und *a* öffnet, womit auch das *R* II-Relais wieder stromlos wird.

Mit der SV-Uhr lassen sich also in 10 verschiedenen Stromkreisen Weckersignale zu beliebigen Zeiten mit einem Mindestabstand von fünf zu fünf Minuten geben, wobei jeder Stromkreis seine eigenen Signalzeiten haben kann.

Da die von der Stiftwalze betätigten Kontakte nur eine Schaltleistung von 3 Watt besitzen, müssen die einzelnen Signalstromkreise durch Relais, z. B. Quecksilberrelais, eingeschaltet werden, was den Vorteil mit sich bringt, daß man in bezug auf Signalerzeuger (z. B. Stark-

Bild 36. Signalverteiler mit 5 umschaltbaren Doppelstromkreisen. (¼ nat. Große.)

stromwecker) und Stromspeisung (z. B. durch Transformatoren) freie Hand hat.

Ein weiteres Beispiel für die zahlreichen Variationsmöglichkeiten ist die in Bild 36 dargestellte SV-Uhr. Sie unterscheidet sich von der vorbeschriebenen zunächst durch das angebaute Wochentagsschaltwerk, dessen Antrieb grundsätzlich der gleiche ist, wie in Bild 27 dargestellt. Statt der Wochentagsscheibe besitzt es jedoch eine Wochentagswalze zur Aufnahme von Schaltstiften, durch welche Wechselkontakt-Federsätze betätigt werden dergestalt, daß jeweils an bestimmten Wochentagen bestimmte Federsätze umgeschaltet werden.

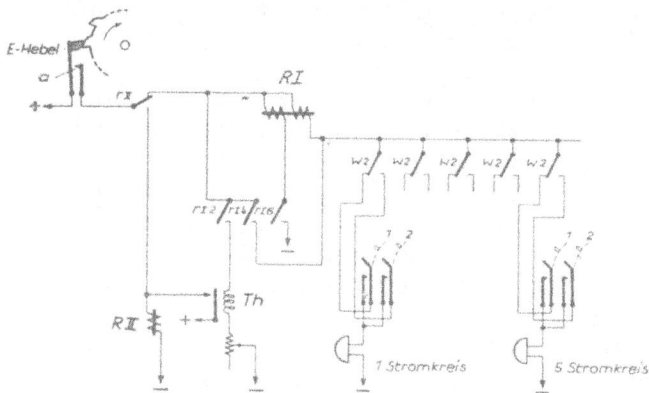

Bild 37   Prinzipstromlauf zu Bild 36.

Die große Stiftwalze, die in diesem Falle nur bis zu fünf Signalstromkreise bedienen kann, enthält je Stromkreis zwei Federsätze mit Arbeitskontakt sowie zwei Stiftkreise. Durch die Wechselkontakte des Wochentagsschaltwerks kann nun die Signalgabe so gesteuert werden, daß an bestimmten Tagen die Stifte des einen, an anderen Tagen die Stifte des anderen Stiftkreises wirksam sind. Das bedeutet, daß an bestimmten Tagen die Signalzeiten in einzelnen oder allen Stromkreisen beliebig wechseln.

Das Schaltungsprinzip ergibt sich aus Bild 37.

V. Die astronomische Schaltuhr, Bild 38

Unter den zahlreichen elektro-uhrentechnischen Apparaten, die von einem NU-Werk angetrieben und von einer HU zeitgeregelt werden, bietet die astronomische Schaltuhr ein besonders reizvolles Beispiel der sinnreichen Kombination von Uhrmacherkunst und Elektrotechnik.

Dieser Schaltapparat dient zur selbsttätigen Ein- und Ausschaltung hauptsächlich von elektrischen Beleuchtungsanlagen entsprechend dem jahreszeitlichen Dunkelheitskalender (ohne Berücksichtigung der Mondphasen). Der Apparat kann z. B. die Straßenbeleuchtung einer ganzen Stadt selbsttätig in dem Sinne regeln, daß bei abnehmenden Tagen die Einschaltung von Tag zu Tag früher, die Ausschaltung von Tag zu Tag später erfolgt, bei zunehmenden Tagen umgekehrt. Dabei braucht die Ausschaltung nicht jahreszeitabhängig zu sein, sondern sie kann auch nach Bedarf, also auf einen beliebigen Zeitpunkt, einstellbar sein. Auch

Bild 38   Astronomische Schaltuhr.

für die Einschaltung ist es in manchen Fällen erwünscht, sie unabhängig von der Jahreszeit, also nach Bedarf einstellbar zu machen, während die Ausschaltung selbsttätig nach dem Dunkelheitskalender erfolgt. Die jahreszeitabhängige Betätigung der Schalter bezeichnet man als »astronomische« Ein- und Ausschaltung, und den Schaltapparat als »astronomische Schaltuhr«.

1. Prinzip der astronomischen Schalterbetätigung

Das Prinzip einer »astronomischen« Schalterbetätigung zeigt Bild 39 schematisch. A ist eine Scheibe, die, durch ein nicht dargestelltes Uhrwerk angetrieben, in 24 Stunden eine Umdrehung macht. Auf der

4*

Scheibe ist ein drehbar gelagerter Hebel h angeordnet, der mit seinem freien Ende, in dem ein Schaltstift sitzt, etwas über den Scheibenumfang hinausragt, so daß die Zacken eines Sternrades st in der Stiftbahn liegen. Da sich die Scheibe in 24 Stunden einmal dreht, stößt der Schaltstift täglich zu einer bestimmten Zeit gegen einen Zacken des Sternrads und schaltet es im Weitergehen um einen Zacken weiter, wodurch ein nicht dargestellter Quecksilberschalter betätigt wird.

Der Hebel stützt sich mit einer Nase unter Einwirkung einer Zugfeder auf den Umfang einer herzförmigen Kurvenscheibe g, die einen Scheitelpunkt und, gegenüberliegend, eine Einbuchtung besitzt. Sie wird von dem gleichen Uhrwerk, das die Scheibe antreibt, in 365 Tagen einmal gedreht und heißt deshalb Jahresscheibe. Der Hebel h sei im nachstehenden »Kalenderhebel« genannt, denn er verändert, wie aus der Zeichnung ohne weiteres hervorgeht, seine Lage dauernd entsprechend der Jahreszeit (infolge Drehung der Jahresscheibe). Vom Scheitelpunkt ab fällt er zunächst so lange, bis die Hebelnase in der Einbuchtung angelangt ist, von da ab steigt er wieder bis zum Scheitelpunkt. Hieraus ergibt sich, daß er während der Fall-Periode den Schaltstern von Tag zu Tag etwas früher, während der Steigperiode von Tag zu Tag etwas später betätigt. Werden nun Uhrwerk und Jahresscheibe so eingestellt, daß die Nase des Kalenderhebels am 21. Juni auf dem Scheitelpunkt der Jahresscheibe steht, dann wird sie am 21. Dezember in der Einbuchtung angelangt sein, woraus sich dann zwangsläufig die »astronomische« Betätigung des Schaltsterns ergibt.

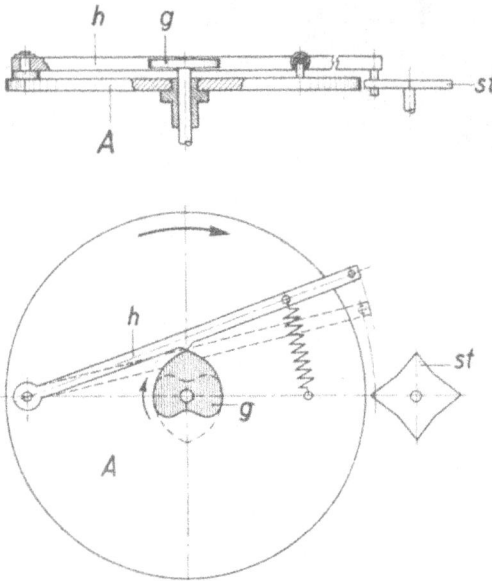

Bild 39. Prinzip der astronomischen Schalterbetätigung.
A 24-Stundenscheibe,   g Jahresscheibe,
h Kalenderhebel,   st Schaltstern.

2. Die Jahresscheiben-Übersetzung

Mit Vorstehendem ist lediglich der Grundgedanke einer astronomischen Schaltuhr gezeigt, dessen praktische Anwendung in Verbindung mit einer NU die Lösung einiger zusätzlicher Probleme erfordert, die auf konstruktionstechnischem Gebiet liegen. Hierzu gehört in erster Linie eine zweckmäßige Übersetzung zwischen NU-Werk und Jahresscheibe, die auf ebenso einfache wie sinnreiche Weise durch ein zweistufiges Differentialgetriebe erreicht wird und in Bild 40 schematisch dargestellt ist. Der **Ausgangspunkt** ist die Minutenwelle a der NU, die in 60 Minuten eine Umdrehung macht. Sie endet als Trieb mit sechs Zähnen, das zwei konzentrische Zahnräder b und c antreibt, die sich unabhängig voneinander drehen, indem Rad b lose und Rad c fest auf der Welle d sitzen. Ebenfalls fest auf d sitzt das Trieb e, das mit einem weiteren Zahnrad f in Eingriff steht. Dieses sitzt fest auf der Welle f_1, die drehbar im Zahnrad b gelagert ist, durch das sie hindurchgeht und auf ihrem anderen Ende die Kurvenscheibe (Jahresscheibe) g trägt. Sie macht eine Umdrehung in der Zeit, in der die Minutenwelle a 8760 Umdrehungen macht.

Wie kommt diese außerordentliche Übersetzung von

$$8760:1$$

zustande?

Das Trieb a hat sechs und das Rad b 144 Zähne, woraus sich ein Übersetzungsverhältnis von 24:1 ergibt. Rad b ist also nichts anderes als das uns bereits aus der Signaluhr-Technik bekannte 24-Stundenrad, das in 24 Stunden eine Umdrehung macht. Das Rad c, das ebenfalls von a angetrieben wird, besitzt

Bild 40. Übersetzungsgetriebe 8760:1.

a Minutenwelle mit Trieb, e Trieb,
b loses 24-Stundenrad, f Planetenzahnrad,
c festes 24-Stundenrad, f_1 Welle,
d Welle, g Jahresscheibe.

nun aber nicht 144, sondern 146 Zähne, bleibt infolgedessen bei jeder vollen Umdrehung von b um zwei Zähne zurück, woraus sich ergibt, daß, wenn b 73 Umdrehungen gemacht hat, c in der gleichen Zeit nur 72 zurückgelegt hat, also um eine volle Umdrehung zurückgeblieben ist. Das gleiche gilt von dem auf derselben Welle sitzenden Trieb e, um das das Zahnrad f »wie ein Planet« kreist entsprechend den Umdrehungen des Zahnrades b, das ja der Träger des Zahnrades f und seiner Welle f_1 ist. Bleibt e gegen den Umlauf von f zurück, dann wird f unabhängig von seinem Planetenumlauf um seine eigene Achse gedreht. Da das Übersetzungsverhältnis zwischen e und f 5:1 beträgt, hat das Zahnrad f

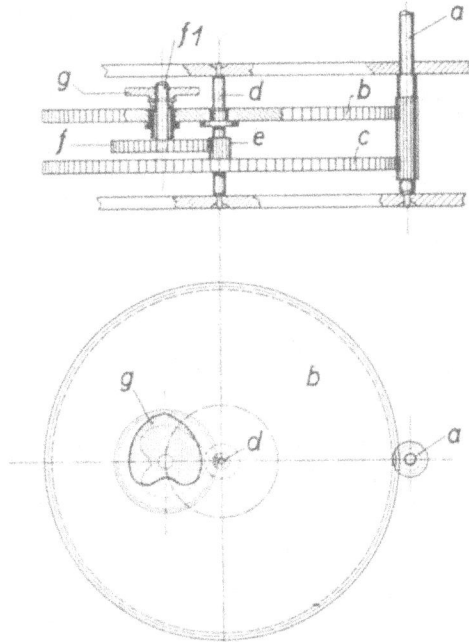

immer dann, wenn c und e gegenüber b um eine volle Umdrehung zurückgeblieben sind, was nach jedem 73. Tag der Fall ist, eine $^1/_5$ eigene Umdrehung zurückgelegt, braucht demnach zu einer vollen Umdrehung 5 mal 73 = 365 Tage. 365 Tage sind aber 365 mal 24 = 8760 Stunden = 8760 Umdrehungen der Minutenwelle a. Damit hat aber auch die auf der Welle f_1 sitzende Jahresscheibe eine volle Umdrehung zurückgelegt, womit das Geheimnis der Übersetzung 8760:1 gelöst ist.

3. Die Schalthebel-Übersetzung

Gemäß Bild 39 stützt sich der Kalenderhebel auf die Kurve der Jahresscheibe und verändert infolgedessen seine Lage dauernd entsprechend der fortschreitenden Drehung der Jahresscheibe. Diese Lageveränderung ist nun aber in Wirklichkeit zu klein, um durch sie eine veränderliche und dazu in gewissen Grenzen noch besonders einstellbare Schalterbetätigung zu bewirken; sie muß deshalb durch eine Übersetzung stark vergrößert werden. Die hierfür getroffene Anordnung zeigt schematisch Bild 41. Der Kalenderhebel h endet in einem Zahnkranz und sei deshalb von jetzt ab als »Kalenderrechen« bezeichnet. Er steht in Eingriff mit einem Zahnrad, auf dem der Schalthebel s sitzt. Das Übersetzungsverhältnis zwischen Kalenderrechen und Zahnrad beträgt 1:3, so daß die Bewegungen des Rechens um das Dreifache vergrößert auf den Schalthebel übertragen werden, der bei zunehmenden Tagen nach rechts, bei abnehmenden nach links geschwenkt wird, so daß der im Schalthebel sitzende Schaltstift st bei seinem täglichen Umgang entweder von Tag zu Tag früher (bei abnehmenden Tagen) oder von Tag zu Tag später (bei zunehmenden Tagen) auf eine Zacke des Schaltsterns trifft und ihn um einen Schritt weiter schaltet, d. h. den Quecksilberschalter betätigt.

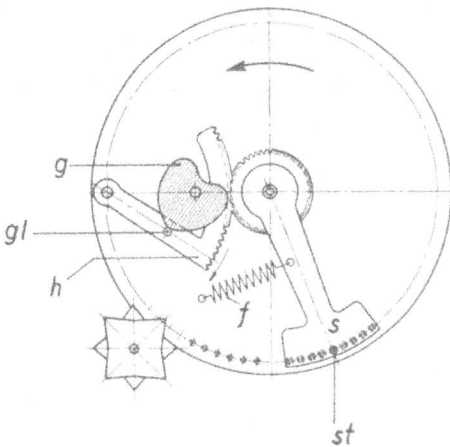

Bild 41. Schalthebelübersetzung.

g Jahresscheibe,   s Schalthebel
h Kalenderrechen,   st Schaltstift.
gl Gleitstift,

Der Schalthebel s, der unter der Einwirkung einer Zugfeder f steht, ist am Ende als Kreisausschnitt mit mehreren in der Kreisbahn liegenden Gewindelöchern ausgebildet, in die der Schaltstift st nach Belieben eingeschraubt werden kann. Dadurch ist es möglich, den Zeitpunkt der Einschaltung in gewissen Grenzen zu verändern zu dem Zweck, den Beginn der Beleuchtung nicht allein von der Jahreszeit abhängig zu machen, sondern ihn erforderlichenfalls den wirklichen Bedürfnissen anpassen zu können. Sitzt der Schaltstift im mittleren Loch, dann erfolgt die Schalterbetätigung genau der Jahreszeit entsprechend; wird er nach links versetzt, dann erfolgt die Schalterbetätigung früher, wird er nach rechts versetzt, dann erfolgt sie später, als es der Jahreszeit entspricht. Dabei beträgt der Zeitunterschied von Gewindeloch zu Gewindeloch 15 Minuten, so daß, da rechts und links des Mittellochs je vier weitere Löcher vorgesehen sind, die Schaltzeit bis zu einer Stunde früher oder später gegenüber der astronomischen Schaltzeit eingestellt werden kann.

Die Zugfeder f sorgt dafür, daß sich der Kalenderrechen mit seinem Gleitstift gl stets mit leichtem Druck auf die Kurve der Jahresscheibe g stützt, so daß er bei der langsamen Drehung der Jahresscheibe mit vollkommener Sicherheit gesteuert wird.

4. Das Schaltwerk

Zur Betätigung des Quecksilberschalters dient ein gut ausgedachtes Schaltwerk, das sich besonders durch seine Einfachheit auszeichnet und in Bild 42 schematisch dargestellt ist. Es besteht im wesentlichen aus dem Kipphebel a mit der Quecksilberröhre, der durch eine Zugfeder in der »Aus«-Stellung gehalten wird. Dabei stützt er sich mit einem Stift auf die Nockenscheibe b, die mit 4 Nocken versehen ist. Weitere Bestandteile sind die beiden vierzackigen Schaltsterne E und A (für Ein- und Ausschaltung) und der mit einer Gleitrolle versehene Rastenhebel c, durch den die von den Schaltstiften st langsam eingeleiteten Schaltbewegungen der Sterne schlagartig vollendet und diese in ihrer Endstellung fixiert werden, womit gleichzeitig eine exakte Momentschaltung des Quecksilberschalters bewirkt wird. Nockenscheibe und Schaltsterne sitzen fest auf gemeinsamer Achse, so daß mit jeder Schaltbewegung der Sterne auch die Nockenscheibe gedreht wird, die dabei, wie aus der Zeichnung leicht ersichtlich, bei der ersten Achtelumdrehung den Kipphebel in die »Ein«-Stellung drückt und darin hält, während bei der nächsten Achtelumdrehung der Kipphebel durch die weiterwandernde Nocke freigegeben wird und infolgedessen wieder in die »Aus«-Stellung kippt.

Bei der Schalterbetätigung ist also zu unterscheiden

die Einschaltung und

die Ausschaltung,

die grundsätzlich durch getrennte Einrichtungen, den E-Stern und den A-Stern, erfolgen. Sie werden durch getrennte Schaltstifte betätigt, wobei man zu unterscheiden hat

a) astronomische Betätigung (mit beschränkter Einstellbarkeit)

b) Betätigung zu beliebig einstellbaren Zeiten.

In ersterem Falle sitzt der Schaltstift in dem durch den Kalenderrechen beeinflußten Schalthebel, in letzterem Falle im 24-Stundenrad,
das ähnlich der bekannten Signalrad-Ausführung mit 96 Gewindelöchern
in der Kreisbahn versehen ist. Da jedes Gewindeloch einen Zacken
des *A*-Sterns zu einer ganz bestimmten Zeit passiert, kann durch Ein-

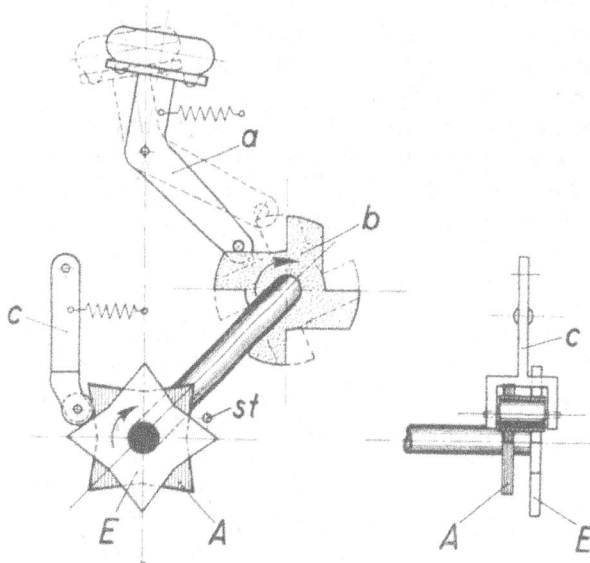

Bild 42. Schalterbetätigung durch Schaltsterne
a Kipphebel mit Quecksilberrohre   st Schaltstift,
b Nockenscheibe.   A Schaltstern zum Ausschalten,
c Rastenhebel mit Gleitrolle,   E Schaltstern zum Einschalten.

setzen des Schaltstifts in das entsprechende Gewindeloch die Ausschaltung des geschlossenen Quecksilberschalters auf jeden beliebigen
Zeitpunkt eingestellt werden, allerdings nur in ¼-Stunden-Stufung[1]).

Wir sehen also, daß

die astronomische Schalterbetätigung vom Schalthebel,
die beliebige Schalterbetätigung vom 24-Stundenrad
ausgeht.

5. Astronomische Ein- und Ausschaltung

Sollen sowohl Ein- wie Ausschaltung astronomisch erfolgen, dann
sind, wie Bild 43 schematisch zeigt, zwei Schalthebel erforderlich, der

---

[1]) Das ergibt sich aus folgender Rechnung:
Anzahl der Gewindelöcher 96.
Umdrehungszeit des Signalrades 24 h = 1440 min.

Wegezeit von Loch zu Loch $\frac{1440}{96} = 15$ min.

E_2-Hebel, dessen Schaltstift (*st*) in den Abendstunden, und der A_2-Hebel, dessen Schaltstift in den Morgenstunden wirksam wird. Da demnach, beispielsweise bei abnehmenden Tagen, der E_2-Stift von Tag zu Tag etwas früher, der A_2-Stift dagegen von Tag zu Tag etwas später wirksam werden muß, muß die kalendermäßige Verstellung der beiden Schalthebel

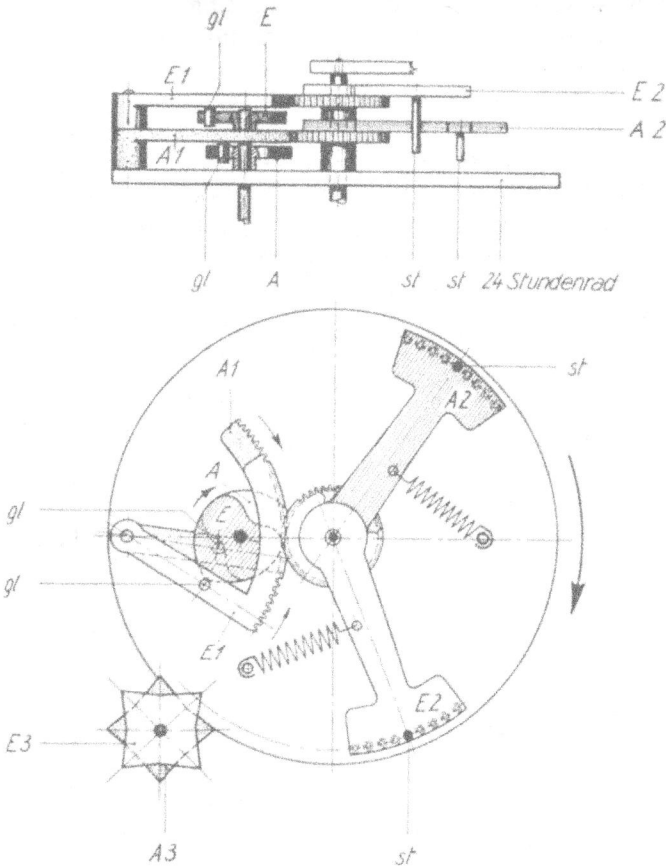

Bild 43. Gegenläufige Schalthebelübersetzung.

gl Gleitstifte,	E_1 Kalenderrechen zum Einschalten,
st Schaltstifte,	A_2 Schalthebel zum Ausschalten,
A Jahresscheibe zum Ausschalten,	E_2 Schalthebel zum Einschalten,
E Jahresscheibe zum Einschalten,	A_3 Schaltstern zum Ausschalten,
A_1 Kalenderrechen zum Ausschalten,	E_3 Schaltstern zum Einschalten.

gegenläufig erfolgen. Dies geschieht in der Weise, daß jedem Schalthebel seine eigene Jahresscheibe E und A mit eigenem Kalenderrechen (E_1 und A_1) zugeordnet wird. Die beiden Jahresscheiben sind um etwa 165⁰ [1]) gegeneinander verstellt, was zur Folge hat, daß der eine Kalenderrechen (E_1) entsprechend den Sonnenuntergangszeiten, der andere

---

[1]) Der Verstellwinkel richtet sich nach der geographischen Breite.

(A_1) entsprechend den Sonnenaufgangszeiten steigt bzw. fällt. Hieraus ergibt sich die entsprechende gegenläufige Verstellung der beiden Schalthebel.

Einstellung bei Inbetriebnahme. Selbstverständlich muß die Schaltuhr bei Inbetriebnahme zeitgerecht, d. h. auf Jahreszeit sowie auf Stunde und Minute der Inbetriebsetzung eingestellt werden. Erfolgt die Inbetriebnahme z. B. im Oktober, dann muß die Jahresscheibe bzw. müssen die Jahresscheiben in die entsprechende Stellung gebracht werden. Sie sitzen deshalb auf der Jahreswelle mit der in der Uhrentechnik häufig angewendeten »Verreibung« (Friktionsverbindung) und tragen auf einem nach oben verlängerten Schaft eine Rändelscheibe, die wir als »Monatsscheibe« bezeichnen wollen (vgl. Bild 38). Auf ihr sind in zwölf durch Teilstriche abgeteilten Abschnitten die Monatsbezeichnungen Januar bis Dezember eingraviert; außerdem ist jeder Monatsabschnitt durch zwei weitere Teilstriche in drei Unterabschnitte unterteilt, so daß jeder Unterabschnitt einem Zeitraum von rund 10 Tagen entspricht. Richtpunkt für die Monatsscheibeneinstellung ist der Drehpunkt der Kalenderrechen, deren nach oben verlängerte Achse dicht neben der Rändelscheibe liegt und auf ihrer Stirnfläche einen Markierstrich besitzt. Durch Drehen der Monatsscheibe von Hand werden auch die Jahresscheiben gedreht (selbstverständlich ohne Veränderung ihres gegenseitigen Verstellwinkels). Erfolgt die Inbetriebnahme beispielsweise am 20. Oktober, dann dreht man die Monatsscheibe so, daß der zweite Teilstrich des Oktober-Abschnitts auf den Markierstrich der Kalenderachse zeigt. Ist der Inbetriebsetzungstag kein Dekadentag, z. B. der 25. Oktober, dann muß die richtige Stellung der Monatsscheibe geschätzt, also in dem vorliegenden Falle so gestellt werden, daß der Markierstrich der Kalenderachse etwa auf die Mitte zwischen zweitem und drittem Oktober-Teilstrich zu stehen kommt.

Für die Stunden-Einstellung ist das 24-Stundenrad maßgebend, das zu diesem Zweck ein 24-Stunden-Zifferblatt mit Halbstundenteilung trägt. Richtpunkt für seine Einstellung ist der in den Lochkreis hineinragende Zacken des E-Stern. Erfolgt die Inbetriebsetzung beispielsweise um 10,45 Uhr, dann wird das 24-Stundenrad so gestellt, daß die Zacke des E-Sterns auf der Mitte der Halbstundenteilung vor 11 Uhr steht.

Zuletzt erfolgt die Minuten-Einstellung durch Drehen der Minutenwelle, die zu diesem Zweck mit einem Rändelknopf und einem Zeiger über einem Minutenzifferblatt versehen ist.

6. Schlußbetrachtungen

Wie schon eingangs erwähnt, kann die astronomische Schaltuhr die selbsttätige Ein- und Ausschaltung der städtischen Straßenbeleuchtung steuern. Dabei wird man die Anordnung im allgemeinen so treffen, daß die Einschaltung astronomisch, die Ausschaltung zu einer nach Bedarf einstellbaren Zeit erfolgt, wozu eine Schaltuhr mit nur einem Schalthebel erforderlich ist.

Mannigfaltiger sind die Anforderungen auf dem Gebiet der Schaufenster-Beleuchtung, wo es z. B. vorkommen kann, daß nicht die Ein-

Bild 44 Astronomisches Universal-Schaltwerk.

schaltung, sondern die Ausschaltung astronomisch erfolgen soll. Ein typisches Beispiel hierfür ist das folgende:

Die Schaufenster eines Kaufhauses in einem Bergwerksort sollen im Winter in den frühen Morgenstunden (zur Zeit des Schichtwechsels, zu der starker Straßenverkehr herrscht) erleuchtet sein; dagegen soll die Ausschaltung der Beleuchtung nach eingetretener Tageshelligkeit, also astronomisch, erfolgen.

In diesem Falle schaltet der Schaltstift im 24-Stundenrad, der beispielsweise in das Gewindeloch 5,30 Uhr eingesetzt wird, die Schaufenster-Beleuchtung ein, während der Schaltstift im Schalthebel die Ausschaltung bewirkt.

Ein weiteres typisches Beispiel für die praktische Anwendung der astronomischen Ein- und Ausschaltung ist die Zifferblattbeleuchtung von Turmuhren.

Verzichtet man auf die unmittelbare Betätigung des Quecksilberschalters und verwendet statt dessen Hilfskontakte, die, von den Schaltstiften betätigt, ihrerseits Schwachstrom-Starkstrom-Relais einschalten, dann kann die Schaltuhr zu einem Universal-Schaltwerk ausgebildet werden, das Ein- und Ausschaltung nach Belieben astronomisch oder nach Bedarf einstellbar vermitteln kann. Das Schaltwerk besitzt dann drei Kontaktfedersätze, von denen der eine im Bereich des 24-Stundenrades, die beiden anderen im Bereich der astronomischen Schalthebel liegen. Ihre Anordnung läßt Bild 44 erkennen.

Eine wichtige Grundbedingung muß indessen jede astronomische Schaltuhr erfüllen, nämlich sie muß richtig gehen. Am zuverlässigsten wird diese Bedingung von der als NU ausgebildeten Schaltuhr erfüllt, deren Ganggenauigkeit von einer guten HU geregelt wird, während von einem Synchron-Uhrwerk oder gar von einem billigen Federzugwerk angetriebene Schaltuhren zwar billiger, aber dafür weniger zuverlässig sind.

VI. Die MEZ-Regulierung
MEZ = Mitteleuropäische Zeit

1. Allgemeines

Uhren, die die richtige Zeit anzeigen, sind zur glatten Abwicklung des Eisenbahnverkehrs unentbehrlich. Aus diesem Grunde übermittelt die Deutsche Reichsbahn den deutschen Eisenbahnstationen einmal täglich ein elektrisches (telegrafisches) Zeitzeichen, nach welchem die im Verwaltungsbereich der DRB betriebenen Uhren auf richtige Zeit eingestellt werden. In der überwiegenden Mehrzahl handelt es sich dabei um die Einstellung von Hauptuhren, deren Nebenuhren dann ja ohne weiteres richtig gehen.

Die tägliche Einstellung auf richtige Zeit, wobei es sich — infolge der von Haus aus hohen Ganggenauigkeit der Hauptuhren — immer nur um Korrekturen von wenigen Sekunden handelt, erfolgt rein selbsttätig; die dazu erforderlichen Einrichtungen werden unter dem Sammelbegriff »MEZ-Regulierung« zusammengefaßt.

Das Zeitzeichen kommt dergestalt auf einer Ruhestrom-Telegraphenleitung an (Bild 45), daß kurz vor 8 Uhr der Ruhestrom unterbrochen und genau um 8 Uhr wieder geschlossen wird[1]). Der Anker des in der Morseleitung liegenden Ruhestromrelais fällt infolgedessen ab und schal-

[1]) Die Regelzeiten des von Berlin gegebenen Zeitzeichens sind 7 Uhr 59′ 10″ Beginn; 8 Uhr 0′ 0″ Schluß.

tet hierdurch einen Lokalstromkreis ein, in welchem die Magnetwicklung des Moreschreibers und, in Hintereinanderschaltung, das zur MEZ-Regulierung gehörige C-Relais liegen. Punkt 8 Uhr setzt der Ruhestrom

in der Telegrafenleitung wieder ein, das Morserelais spricht infolgedessen wieder an, wodurch der Lokalstromkreis geöffnet, Morseschreiber und C-Relais also wieder stromlos werden. Diese Vorgänge werden benutzt, um die Hauptuhr mit der richtigen Zeit sekundengenau in Übereinstimmung zu bringen.

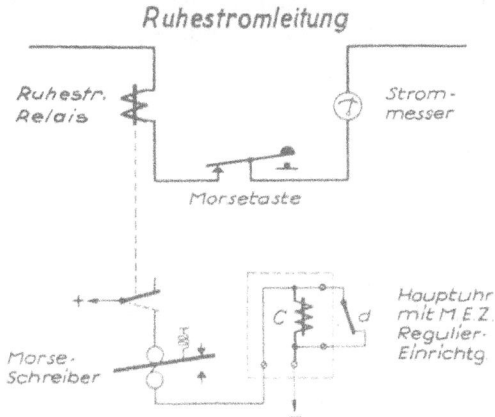

Bild 45. Prinzipstromlauf des MEZ-Zeichens.

Dabei müssen Vorkehrungen getroffen werden, daß durch das Schlußzeichen, welches dem Zeitzeichen unmittelbar folgt und aus mehreren schnell aufeinander folgenden Stromunterbrechungen besteht, der Gang der Hauptuhr nicht beeinträchtigt wird; auch durch das etwaige Ausbleiben des Zeitzeichens oder sonstige Störungen darf die Hauptuhr nicht beeinflußt werden.

Zwei Arten der MEZ-Regulierung sollen im nachstehenden behandelt werden, nämlich:

a) die mechanische Richtigstellung (Vor- oder Zurückstellung) der Hauptuhr von der Steigradwelle aus,

b) Feinregulierung durch selbsttätiges Ab- oder Zusetzen von Reguliergewichten am Pendel.

2. Mechanische Richtigstellung der Steigradwelle

Am einfachsten ist das Problem zu lösen, indem man die Hauptuhr auf Voreilung reguliert, sie in dem Moment, wo sie 8 Uhr anzeigt (wobei der Sekundenzeiger auf Null stehen muß), elektromechanisch anhält (z. B. durch Abfangen des Pendels am Ende einer Schwingung) und bei Schluß des Zeitzeichens, also Punkt 8 Uhr richtiger Zeit, zum Weitergehen freigibt. Diese vielfach angewendete Anordnung hat jedoch den Nachteil, daß die Hauptuhr vor Eintreffen des Zeitzeichens effektiv falsch, nämlich vor geht, und daß sich bei Ausbleiben des Zeitzeichens dieser Fehler fortlaufend vergrößert. Ein weiterer Nachteil liegt darin, daß im Falle des Auftretens eines Dauerstroms in der Regulierleitung die Hauptuhr und mit ihr alle angeschlossenen Nebenuhren stehen bleiben, weil das Pendel nicht wieder freigegeben wird.

Zweckmäßiger sind deshalb Reguliereinrichtungen, bei denen der Sekundenzeiger durch das Zeitzeichen auf Null gestellt wird, einerlei, ob die Uhr vor- oder nachgegangen ist, der Sekundenzeiger also je nach Bedarf vor- oder zurückgestellt werden kann. Denn dann kann die Hauptuhr von Haus aus auf höchstmögliche Ganggenauigkeit reguliert werden,

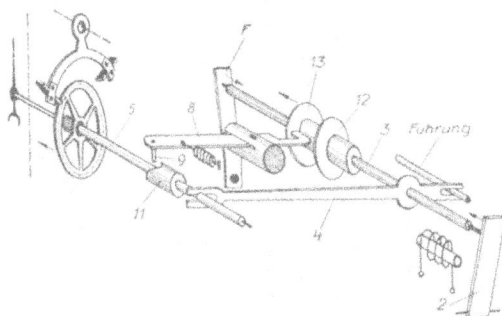

Bild 46. Einrichtung zum Vor- und Zurückstellen der Steigradwelle.

so daß durch das Zeitzeichen Korrekturen von nur wenigen Sekunden nötig werden und bei etwaigem Ausbleiben des Zeitzeichens nur geringfügige Gangfehler bestehen bleiben.

Die beliebige Vor- oder Zurückstellung des Sekundenzeigers, der selbstverständlich das ganze Gehwerk samt Minuten- und Stundenzeiger folgen muß, erfordert eine Entkupplung zwischen Steigrad und Anker. Die hierfür in Betracht kommenden kinetischen Vorgänge läßt das schematische Bild 46 erkennen.

Die Steigradwelle (5) ist achsial verschiebbar gelagert, so daß bei eintretender Verschiebung das Steigrad den Bereich der Ankerpaletten verläßt. Auf der Steigradwelle sitzt ein zylindrischer Körper (11), dessen eine Stirnseite kurvenförmig ausgebildet ist. Ein nach der Entkupplung vorübergehend auf die Kurvenfläche drückender Stift (9) gibt der Welle eine kurze Drehung links oder rechts herum, je nachdem, ob der Stift vor oder hinter dem Scheitelpunkt der Kurve auftrifft. Die Drehung ist beendet, sobald der Stift im Tiefpunkt der Kurve angekommen ist. In dieser Stellung steht der auf der Steigradwelle sitzende Sekundenzeiger auf Null. Der Druckstift sitzt in dem einen Arm eines drehbar gelagerten zweiarmigen Hebels (8) und wird, sobald der andere Hebelarm durch Verschieben der Anschlagscheibe (13) freigegeben wird, durch eine Feder gegen den Kurvenzylinder gedrückt, womit zunächst ein »Durchgehen« des Laufwerks — das eintreten würde, sobald das Steigrad die Ankerhemmung verläßt — unterbunden ist.

Die Anschlagscheibe sitzt auf einer Schubstange (3), die durch den Anker eines Elektromagneten (2), sobald dieser Strom erhält, verschoben wird und dabei am anderen Ende eine Blattfeder (F) spannt. An der Schubstange ist ferner ein Schubarm (4) angeordnet, der mit seinem gabelförmigen Ende die Steigradwelle in einer Eindrehung umfaßt und sie bei Ansprechen des Elektromagneten mitnimmt, d. h. vorwärts schiebt, womit das Steigrad entkuppelt wird.

Eine zweite auf der Schubstange sitzende Anschlagscheibe (12) schlägt bei Wirksamwerden des Elektromagneten (2) gegen den Hebel (8) und drückt infolgedessen den Stift (9) fest gegen den Kurvenzylinder, wodurch sich die Einstellung des Sekundenzeigers auf Null schlagartig vollzieht, nachdem gleichzeitig die Entkupplung des Steigrades durch Verschieben der Steigradwelle erfolgt ist.

Sobald der Elektromagnet stromlos wird, kehrt die Schubstange unter Einwirkung der Blattfeder (F) in die Ruhelage zurück, wobei der

Bild 47. Anordnung des Reguliermagneten.

Schubarm (4) die Steigradwelle mit dem Steigrad wieder in die Anker-hemmung einrückt und gleichzeitig der Druckstift vom Kurvenkörper durch die Anschlagscheibe (13) wieder gelöst wird, so daß die Uhr von der Nullstellung des Sekundenzeigers aus weitergeht.

Ausgangspunkt des ganzen Reguliervorganges ist demnach der Elektromagnet (2), denn er entkuppelt das Steigrad, stellt den Sekunden-zeiger auf Null und spannt eine Feder (F), die sofort nach Stromlos-werden des Kraftmagneten das Steigrad wieder einrückt, wodurch die Uhr, nunmehr mit der richtigen Zeit, weitergeht. Der Kraftmagnet wird deshalb »Reguliermagnet« genannt. Seine Anordnung am Geh-werk zeigt Bild 47.

Die schaltungstechnischen Zusammenhänge gehen aus Bild 48 hervor, in welchem der elektrische Teil der MEZ-Regulierung dargestellt ist. Er besteht aus dem Arbeitskontakt 1, der in der Hauptuhr alle 24 Stunden einmal, und zwar kurz vor 8 Uhr, auf etwa 1 Minute geschlossen wird, ferner aus dem vorgenannten Reguliermagneten *RM* und vier Hilfsrelais *A*, *B*, *C*, *D*, davon eines (*B*) mit Abfallverzögerung. (Die An-

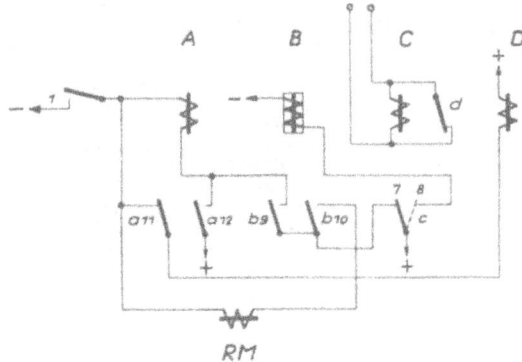

Bild 48   Prinzipstromlauf der MEZ-Regulierung.

ordnung der vier Hilfsrelais in der Hauptuhr zeigt Bild 49.) Durch Kontakt 1 wird die Reguliereinrichtung in Bereitschaft gestellt.

Relais *A* betätigt einen Ruhe- und einen Arbeitskontakt a_{11} und a_{12},
    »   *B* einen Doppelarbeitskontakt b_9 und b_{10},
    »   *C* einen Wechselkontakt $c_{7/8}$,
    »   *D* einen Ruhekontakt d.

Relais *C* liegt in dem durch den abfallenden Anker des Morserelais geschlossenen Lokalstromkreis (Regulierleitung vgl. Bild 45), bleibt aber zunächst untätig, weil es durch d kurzgeschlossen ist. Kurz vor 8 Uhr schließt sich Kontakt 1, hierdurch kommt *D* über a_{11} zum Ansprechen und öffnet mit d den Kurzschluß von *C*. Da der Regulierstromkreis zu dieser Zeit bereits geschlossen ist, spricht *C* an und schaltet über c_8 *B* ein.

B bereitet mit b_9 und b_{10} die Einschaltung von *A* und *RM* vor.

Punkt 8 Uhr wird *C* stromlos und schaltet über c_7 *RM* und *A* endgültig ein und gleichzeitig *B* aus, dessen Anker jedoch infolge der Abfallverzögerung erst nach einigen Millisekunden abfällt. Währenddessen wird durch *RM* die Uhr richtig gestellt.

A hält sich über a_{12} und unterbricht mit a_{11} die Stromzuführung zu *D*.

Nach einigen Millisekunden fällt *B* ab und macht mit b_{10} *RM* wieder stromlos, so daß die Hauptuhr nach erfolgter Richtigstellung ordnungsmäßig weitergeht. Der eigentliche Reguliervorgang vollzieht sich also in dem Zeitraum zwischen dem Schließen von c_7 und dem Öffnen von b_{10}, der durch die Abfallverzögerung von B bestimmt wird, und wenige Millisekunden beträgt.

b_9 öffnet die Stromzuführung zu A, das aber über seinen eigenen Haltekontakt (a_{12}) zunächst noch gehalten bleibt, so daß durch a_{11} auch die Stromzuführung zu D unterbrochen bleibt.

Die dem Zeitzeichen folgenden mehrmaligen Unterbrechungen der Ruhestromleitung (Schlußzeichen), die im Lokalstromkreis erneute Stromstöße auslösen, bleiben auf die Reguliereinrichtung ohne Einfluß, weil das C-Relais durch d kurzgeschlossen ist und infolgedessen nicht anspricht.

Sollte aus irgendwelchen Gründen der Ruhestrom in der Morseleitung nicht wieder einsetzen. dann hätte dies einen Dauerstrom im Regulierstromkreis zur Folge. In diesem Falle käme keine Regulierung zustande; lediglich das B-Relais würde so lange unter Strom bleiben, bis Kontakt 1 von der Hauptuhr wieder geöffnet wird, was nach etwa 1 min der Fall ist. Hierdurch wird D wieder stromlos, schließt mit d C kurz, dessen Anker infolgedessen abfällt und mit c_8 B ausschaltet.

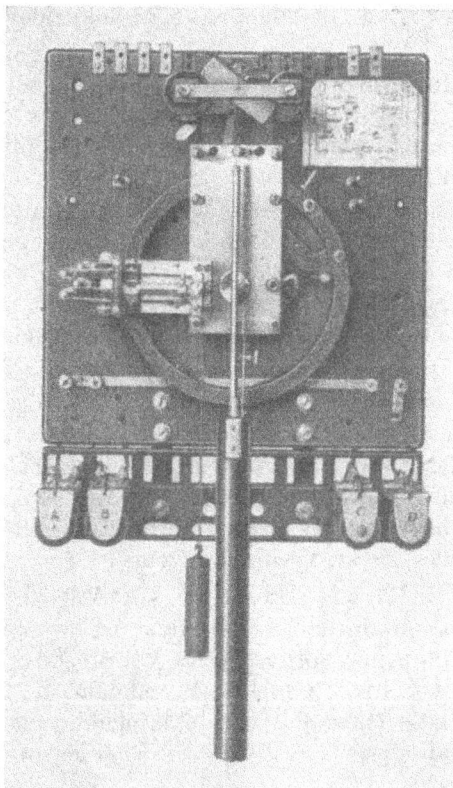

Bild 49.
Relaisanordnung an einer MEZ-Hauptuhr.

RM und A kommen infolge des bereits geöffneten Kontaktes 1 nicht mehr zum Ansprechen.

Trotz ihrer Vorzüge kann diese Art der MEZ-Regulierung nur als »Grobregulierung« bezeichnet werden, weil eine absolut genaue Uhreneinstellung in streng uhrentechnischem Sinne durch sie nicht möglich ist. Warum? Weil durch die Ansprech- und Abfallzeiten der Relais und des Reguliermagneten sowie durch das Wiedereinrücken des Steigrades unabhängig vom jeweiligen Schwingungsstand des Pendels veränderliche Abweichungen von der richtigen Zeit unvermeidlich sind, und zwar als Verlust bis zu einer vollen Pendelschwingung, was indessen für den praktischen Betrieb bedeutungslos ist.

Eine MEZ-Feinregulierung durch Zusatzgewichte, die höheren Ansprüchen gerecht wird, werden wir im folgenden Abschnitt kennenlernen.

3. Feinregulierung durch selbsttätiges Ab- oder Zusetzen von Reguliergewichten

Der Grundgedanke ist folgender:

Täglich um 8 Uhr (bei Wiedereinsetzen des Ruhestroms in der Morseleitung) wird selbsttätig geprüft, ob die Hauptuhr mit dem Zeitzeichen übereinstimmt oder ob sie zurückgeblieben oder vorgeeilt ist. Im ersteren Falle findet keine Regulierung statt; im Falle einer Minus-Differenz wird auf den Regulierteller des Pendels ein Reguliergewicht zugesetzt, was eine Gangbeschleunigung, im Falle einer Plus-Differenz wird ein Reguliergewicht abgehoben, was eine Gangverzögerung zur Folge hat. Die Gewichte sind so bemessen, daß ein zugesetztes oder abgehobenes Gewicht jeweils nach 6 h eine Beschleunigung oder Verzögerung von 2 s zur Folge hat (vgl. S. 15).

Die in Wirksamkeit getretene Gewichtsregulierung wird nach einer gewissen, von Hand einstellbaren Zeit, beispielsweise nach 6 h, selbsttätig wieder aufgehoben. Die richtige Zeit für die Wiederaufhebung der Gewichtsregulierung muß durch eine mehrtägige Beobachtung ermittelt werden, wobei sich aus dem Zeitvergleich des folgenden Tages ohne weiteres ergibt, ob die Gewichtsregulierung des Vortages zu lange oder zu kurz wirksam war.

Da die Hauptuhr ein Präzisions-Sekundenpendel mit Kompensationseinrichtung besitzt, ist — erschütterungsfreie Aufstellung der Hauptuhr vorausgesetzt — mit einer täglichen Gangdifferenz von mehr als 1 bis 2 s nicht zu rechnen, die bei sorgfältiger Einstellung durch Zeitzeichen und Gewichtsregulierung weiter verringert werden kann, so daß diese Art der MEZ-Regulierung auch hohen Ansprüchen gerecht wird.

Um nicht die Hauptuhr mit den zusätzlichen Einrichtungen der Zeitzeichen-Regulierung zu belasten — was eine Beeinträchtigung der Ganggenauigkeit zur Folge haben würde —, werden diese Einrichtungen einer Sekunden-Nebenuhr zugeordnet, die ihre Antriebsimpulse unmittelbar vom Hauptuhrpendel erhält (vgl. S. 24) und deren Ganggenauigkeit infolgedessen allein vom Pendel bestimmt wird.

Das Nebenuhrwerk treibt fünf Nockenscheiben, vier davon betätigen je einen Arbeitskontakt, die fünfte öffnet einen Ruhekontakt; sie sind wie folgt in das Nebenuhrwerk eingeschaltet (vgl. Bild 50, E bis J):

Nockenscheibe E sitzt auf der Sekundenwelle, macht also in 60 s eine Umdrehung. Sie besitzt eine Nockenlücke, die so gestellt ist, daß der einfallende Arbeitskontakt von der 50. bis zur 59. s geschlossen, sonst geöffnet, ist.

Nockenscheibe *F* wie *E*, jedoch mit dem Unterschied, daß der in die Nockenlücke einfallende Arbeitskontakt von der 1. bis zur 10. s geschlossen ist.

Nockenscheibe *G* sitzt auf der Stundenwelle, macht also in 60 min eine Umdrehung. Der Arbeitskontakt fällt jeweils nach der 60. min in die Nockenlücke ein und öffnet sich wieder nach etwa 1 min.

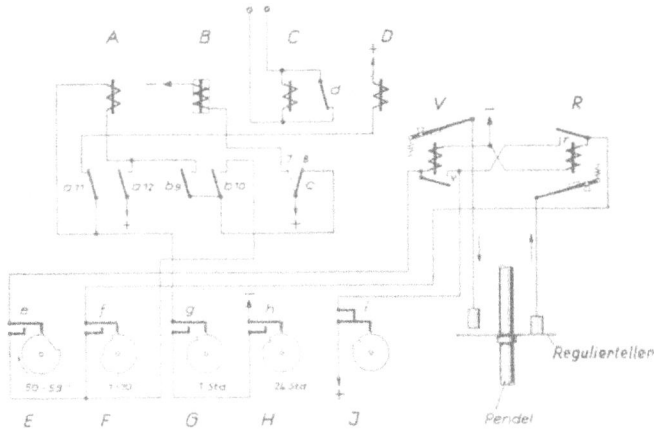

Bild 50. Prinzipstromlauf der MEZ-Feinregulierung.

Nockenscheibe *H* macht infolge besonderer Übersetzung in 24 h eine Umdrehung, worauf der Arbeitskontakt in die Nockenlücke einfällt und sich nach einiger Zeit wieder öffnet.

Nockenscheibe *J* ist von 2 zu 2 h besonders einstellbar. Sie ist mit einem Ruhekontakt versehen, der sich beim Einfallen in die Nockenlücke öffnet und nach einiger Zeit wieder schließt.

Die schaltungstechnischen Zusammenhänge gehen aus Bild 50 hervor. Die vier Relais *A*, *B*, *C*, *D* sind die gleichen, wie sie bei der vorher beschriebenen MEZ-Regulierung mit Zeigerstellung verwendet werden. Neu sind außer den vorgenannten fünf Nockenscheiben die beiden Reguliermagnete (Elektromagnete) *V* und *R* am Pendel, deren Anker je einen Hebel betätigen. Am *V*-Hebel hängt ein Reguliergewicht, das, wenn der *V*-Magnet Strom bekommt und seinen Anker anzieht, auf den Pendelteller aufgesetzt wird. Auch am *R*-Hebel hängt ein Reguliergewicht, jedoch so, daß es, wenn der *R*-Magnet Strom bekommt und seinen Anker anzieht, vom Pendelteller abgehoben wird. Demnach hat ein Ansprechen des *V*-Magneten eine Beschleunigung, ein Ansprechen des *R*-Magneten eine Verlangsamung der Pendelschwingungen zur Folge.

5*

Das C-Relais liegt in bekannter Weise in dem lokalen Regulierstromkreis, der sich bei Beginn des Zeitzeichens schließt (vgl. Bild 45).
Die Bereitschaft der Reguliereinrichtung vermitteln die beiden Nockenscheiben G und H, deren Arbeitskontakte um 7.59 Uhr beide geschlossen
sind, so daß D eingeschaltet ist und mit d den Kurzschluß von C aufgehoben hat.

Bei Beginn des Zeitzeichens (7 Uhr 59' 10'') spricht C an und schaltet
über c_7 B ein. B bereitet mit b_9 die Einschaltung von A und mit b_{10}
das Wirksamwerden der vorläufig noch offenen Nockenscheibenkontakte
e und f vor.

Punkt 8 Uhr wird (infolge Wiedereinsetzens des Ruhestroms in
der Morseleitung) C stromlos und schließt infolgedessen c_8 unter gleichzeitiger Öffnung von 7 (was aber infolge der Abfallverzögerung zunächst
ohne Wirkung auf B ist). Jetzt kommt es darauf an, ob die Hauptuhr
in diesem Moment entweder mit dem Zeitzeichen übereinstimmt (Fall 1),
oder nach (Fall 2), oder vor geht (Fall 3).

Dieser Feststellung dienen die beiden Sekunden-Nockenscheiben E
und F mit ihren Einfallücken zwischen der 50. und 59. und der 1. und
10. s, wobei also die 60. s lückenlos bleibt.

Hieraus ergibt sich, daß

im Fall 1 e und f geöffnet sind,
im Fall 2 e geschlossen ist,
im Fall 3 f geschlossen ist.

Das hat zur Folge, daß im Fall 1 keine
Regulierung erfolgt, im Fall 2 der Reguliermagnet V, im Fall 3 der Reguliermagnet R
eingeschaltet wird. Ersterer setzt ein Reguliergewicht zu und beschleunigt infolgedessen die
Pendelschwingungen, letzterer hebt ein Reguliergewicht ab und verlangsamt infolgedessen
die Pendelschwingungen, so daß sich die an sich
minimale Gangdifferenz selbsttätig wieder ausgleicht.

Stromlauf f. V:
plus — c_8 — b_{10} — e —
V — minus

Stromlauf f. R:
plus — c_8 — b_{10} — f —
R — minus

Sowohl V wie R schließen beim Ansprechen einen Haltestromkreis, der von der
Nockenscheibe J nach einer gewissen einstellbaren Zeit wieder geöffnet wird, womit der
jeweils eingeschaltet gewesene Reguliermagnet
stromlos wird und die Regulierung aufhebt.

Haltestromkrs. f. V:
plus — i — v — V —
minus

Haltestromkrs. f. R:
plus — i — r — R —
minus

Das Unwirksammachen des Schlußzeichens und von Störungen in
der Morse- oder Regulierleitung geschieht in der gleichen Weise wie
bei der MEZ-Regulierung mit Zeigerstellung.

VII. Die Normalzeit-Regulierung

1. Einführung

Bei der im vorigen Abschnitt beschriebenen nur für Eisenbahnbetriebszwecke verwendeten MEZ-Regulierung wird, von einer Berliner Zentralstelle sekundengenau gesteuert, der Ruhestrom in einer allgemeinen Ruhestromtelegraphenleitung täglich zu einer bestimmten Zeit und auf eine bestimmte Dauer unterbrochen, wobei sich an vielen Orten durch abfallende Ruhestromrelais Lokalstromkreise einschalten, die zur Richtigstellung aller falsch gehenden Uhren im deutschen Reichsbahn-Bereich benutzt werden.

Nach einem ähnlichen Prinzip arbeitet die sog. Normalzeit-Regulierung, die das gleiche innerhalb eines begrenzten Bezirks, z. B. innerhalb eines Stadtgebietes, bewirkt und die in zahlreichen deutschen Großstädten eine bedeutende Rolle bei der Belieferung öffentlicher und privater Uhren mit richtiger Zeit gespielt hat und noch spielt.

Das System der NZ-Regulierung wird z. B. in Städten mit zahlreichen Turmuhren mit Vorteil angewendet, weil es auf verhältnismäßig einfache Weise ermöglicht, die in bezug auf Ganggenauigkeit besonders eigenwilligen und für Rundfunk-Zeitansage und Zeitzeichen unempfänglichen Turmuhren unter einen Hut zu bringen. Wir wollen deshalb der NZ-Regulierung einen eigenen Abschnitt widmen, was sich auch schon deshalb lohnt, weil sie ein interessantes Beispiel des Zusammenwirkens von Uhrmacherkunst und Fernmeldetechnik bietet, das im bisherigen Schrifttum weder erschöpfend noch allgemein verständlich, meistens auch nicht besonders sachlich behandelt wurde.

Die genaueste Uhr, die es überhaupt gibt und nach der sämtliche Uhren der Erde eingestellt und reguliert werden, ist bekanntlich die Erde selbst, die sich innerhalb 24 h einmal um ihre eigene Achse dreht. Zur genauen Zeitablesung an dieser »Erduhr« sind aber besondere kostspielige Instrumente notwendig, über die im allgemeinen nur eine Sternwarte verfügt, und deshalb ist die Sternwarte die Bezugsquelle für astronomisch richtige Zeit, die man als »Normalzeit« bezeichnet.

Nun sind vor etwa 50 Jahren findige Köpfe auf den Gedanken gekommen, die Normalzeit wie eine Ware von der Sternwarte gewissermaßen »en gros« zu beziehen und sie an Interessenten »en detail« weiterzuverkaufen, d. h. zu verteilen. Die hierfür erforderlichen technischen Einrichtungen sind unter dem Sammelbegriff »NZ-Regulierung« zusammengefaßt und mit ihnen wollen wir uns nun etwas eingehender beschäftigen.

Der Grundgedanke ist folgender:

Eine Zentraluhr (ZU) von hoher Qualität und Ganggenauigkeit wird von einer Sternwarte aus durch irgendwelche besonderen Einrichtungen, z. B. durch eine Pendelsynchronisierung, stets auf wirklicher »Normalzeit« gehalten. Von der ZU gehen strahlenförmig eine Anzahl eindrähtiger Regulierleitungen aus, die beispielsweise ein ganzes Stadt-

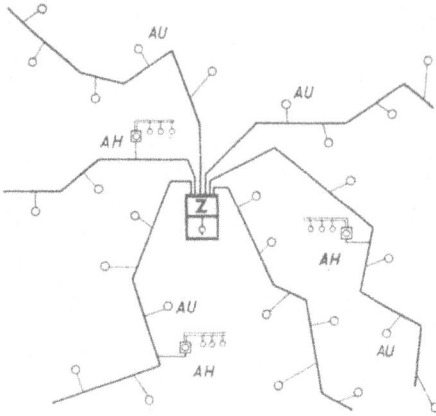

Bild 51. NZ-Uhrennetz.
AH Anschlußuhr als Hauptuhr,
AU gewöhnliche Anschlußuhr

gebiet, zweckmäßig unter Verwendung durchgeschalteter Adern der postalischen Fernsprechkabel, durchziehen können. Jeder, der »Normalzeit kaufen will«, erhält eine Anschlußuhr (AU), die mit einem Draht an die nächstliegende Regulierleitung angeschlossen wird, so daß ein Uhrennetz nach Bild 51 entsteht. Die AU ist eine selbständige Einzeluhr mit Pendelgang und selbsttätigem Gewichtsaufzug (Schönbergaufzug), der entweder aus zwei Trockenelementen oder aus dem Lichtnetz seinen Kraftstrom bezieht. Außerdem ist sie mit einer selbsttätigen Reguliereinrichtung versehen — wir werden sie spater beschreiben —, durch die sie von der ZU stets auf richtiger Zeit gehalten wird.

Die ZU begnügt sich aber nicht mit der Rolle des Warenverteilers, sondern sie wacht außerdem fortlaufend darüber, daß jeder einzelne von u. U. mehr als 1000 Kunden seine »Ware« in bester Qualität erhält, d. h. daß die Anschlußuhren auch wirklich reguliert werden und richtig gehen. Darüber hinaus kontrolliert sie auch noch vor jeder Lieferung, ob der Weg, auf dem die Ware dem Kunden zurollt, in gutem Zustand ist und schlägt Alarm, wenn dies nicht der Fall ist (Erdschlußüberwachung).

Aus dieser Grundanordnung ergibt sich zunächst der fundamentale Vorteil, daß sowohl im Falle des Versagens der ZU als auch im Falle einer Leitungsstörung sämtliche Anschlußuhren ungestört weitergehen; lediglich die Regulierung unterbleibt. Ein weiterer Vorteil ist die eindrähtige Netzleitung, die dadurch möglich ist, daß bei der Einfachheit des Reguliervorgangs ohne weiteres die Erde als allgemeine Rückleitung verwendet werden kann.

2. Der Reguliervorgang

Bevor wir ZU und AU in ihrer Mechanik und Kinematik beschreiben, wollen wir uns das Zustandekommen eines Reguliervorgangs an Hand der Prinzipschaltung Bild 52 klarmachen.

Die Regulierelemente in der ZU sind

1. die Linienbatterie LB,
2. eine Ortsbatterie OB,
3. ein vom Gehwerk gesteuerter Arbeitskontakt a,
4. das in der Regulierlinie liegende Vorbereitungsrelais V mit einem Arbeitskontakt v_4,
5. das Kurzschlußrelais K mit zwei getrennten Wicklungen und zwei Arbeitskontakten k_2 und k_6,
6. der Überwachungsmagnet $\ddot{U}$, der einen Streifenlocher StL (mit Stechnadeln) und einen Arbeitskontakt $\ddot{u}$ betätigt.

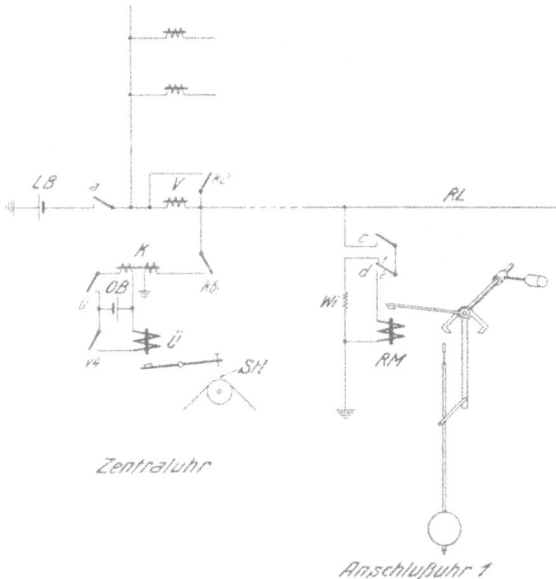

Bild 52. Prinzipstromlauf der NZ-Regulierung.

LB	Linienbatterie,	Stl	Streifenlocher,
a	Regulierkontakt (vom Gehwerk betätigt),	RL	Regulierlinie,
V	Vorbereitungsrelais,	c, d_{1-2}	mechanische Kontakte (vom Gehwerk betätigt),
OB	Ortsbatterie,		
$\ddot{U}$	Überwachungsmagnet,	RM	Reguliermagnet.

Die Regulierelemente in der AU sind

1. zwei vom Gehwerk gesteuerte Kontakte, 1 Arbeits-, 1 Wechsel-kontakt (c und d_{1-2}),
2. der Reguliermagnet RM, der die Gangsperre und Pendelentkupplung betätigt,
3. ein Ausgleichswiderstand wi.

Ein Reguliervorgang beansprucht einen Zeitraum von 4 min und vollzieht sich folgendermaßen:

Zu einem bestimmten Zeitpunkt, beispielsweise 2 min vor 12 Uhr, schließt sich in der ZU Kontakt *a*. Hierdurch wird das *V*-Relais vorbereitend an den Minuspol der Linienbatterie gelegt, die mit ihrem Pluspol dauernd an Erde liegt.

Von den an der Regulierlinie liegenden Anschlußuhren kann jeweils immer nur eine reguliert werden (was durch die Überwachungseinrichtung in der Zentrale bedingt ist). Da jede Regulierperiode 4 min beansprucht, können z. B. innerhalb 1 h 15 Anschlußuhren reguliert werden, und zwar

in der ersten Periode z. B. 11.58 bis 12.02 AU 1,
» » zweiten » 12.02 » 12.06 AU 2,
» » dritten » 12.06 » 12.10 AU 3

usw.

also in der letzten Periode der Stunde

12.54 bis 12.58 *A U* 15.

Die in der Prinzipschaltung dargestellte AU sei nach Vorstehendem die AU 1, so daß der um 11.58 Uhr von der ZU eingeleitete Reguliervorgang für sie bestimmt ist. Ihre Kontakteinrichtung *c*, d_{1-2} ist deshalb auf 12 Uhr eingestellt, d. h. daß sich ihr Kontakt *c* um 12 Uhr schließt. Da die Uhr jedoch von Haus aus auf geringe Voreilung reguliert ist, also etwa 10 s vorgeht, findet die Schließung bereits 10 s vor der r i c h - tigen 12-Uhr-Zeit statt.

Sobald sich *c* geschlossen hat, entsteht ein Stromweg von plus der Linienbatterie, Erde—Erde AU—*wi*—d_1—*c*—Regulierleitung—*V*— Kontakt *a* nach minus; *V* spricht an und schaltet mit v_4 den *ÜM* ein, so daß die Lochernadel in den Streifen ein Loch sticht, gleichzeitig wird durch *ü* das *K*-Relais eingeschaltet, das mit k_2 *V* kurzschließt, das infolgedessen abfällt und mit v_4 den *ÜM* wieder ausschaltet, so daß sich auch *ü* wieder öffnet. Mit k_6 hält sich jedoch *K* über seine an der Linienbatterie liegende zweite Wicklung, so daß *V* durch k_2 kurzgeschlossen bleibt. Diese Vorgänge spielen sich im Bruchteil 1 s ab, sobald sich *c* etwa 10 s v o r 12 Uhr (r i c h t i g e r Z e i t) in der AU geschlossen hat. Etwa 2 s später schaltet *d* von 1 auf 2 um, so daß nunmehr der *RM* vollen Strom (da *V* kurzgeschlossen ist) aus der *LB* erhält, mit seinem Anker die Gangsperre betätigt und das Pendel entkuppelt. Die Uhr bleibt infolgedessen auf 12 Uhr (etwa 8 s v o r der richtigen Zeit) stehen, während das Pendel frei weiterschwingt.

Punkt 12 Uhr r i c h t i g e r Z e i t öffnet sich in der ZU Kontakt *a*; infolgedessen wird der *RM* in der AU stromlos, sein Anker fällt ab, hebt die Gangsperre und die Pendelentkupplung auf, so daß die Uhr ab 12 Uhr r i c h t i g e r Z e i t weitergeht, womit der Reguliervorgang beendet ist.

12.02 beginnt die nächste Regulierperiode, durch die AU 2 reguliert wird; ihre Gangsperre und Pendelentkupplung tritt ein, wenn sie 12.04

anzeigt, das ist aber, da auch sie wie alle Anschlußuhren von Haus aus auf eine gewisse Voreilung reguliert ist, etwa 10 s vor der richtigen Zeit. Punkt 12.04 richtiger Zeit erfolgt Aufhebung der Gangsperre und Pendelentkupplung, so daß die Uhr nunmehr mit richtiger Zeit weitergeht. Der gleiche Vorgang wiederholt sich 12.08 für die AU 3, 12.12 für AU 4, 12.16 für AU 5 usw.

Da hiernach in jeder Stunde 15 Regulierungen möglich sind, sind es in 24 h $24 \cdot 15 = 360$, woraus sich ergibt, daß an eine Regulierlinie maximal 360 Anschlußuhren angeschlossen werden können, sofern man sich mit einer Regulierung je Uhr und Tag begnügt, was auch vollkommen ausreicht, weil es bei der hohen Qualität der Anschlußuhren keine Schwierigkeit bereitet, sie auf eine tägliche Voreilung von ungefähr 10 s — 50% mehr oder weniger spielen keine Rolle — zu regulieren und weil diese Plusdifferenz, noch dazu, wenn sie täglich einmal korrigiert wird, im praktischen Verkehrsleben bedeutungslos ist.

Dessenungeachtet kann man aber auch zweimal oder gar dreimal täglich regulieren, nur vermindert sich dann das Fassungsvermögen einer Regulierlinie auf die Hälfte bzw. ein Drittel von 360.

Da die ZU mindestens sechs Regulierlinien bedienen kann, ergibt sich bei täglich einmaliger Regulierung ein Fassungsvermögen von $6 \cdot 360 = 2160$ Anschlußuhren. Auch ein gemischter Betrieb ist ohne weiteres möglich, d. h. auf einzelnen Linien kann täglich einmal, auf anderen zwei- oder dreimal je Tag und Uhr reguliert werden.

3. Die NZ-Sondereinrichtungen

a) An der Zentraluhr

Aus den vorbeschriebenen Zusammenhängen ergeben sich folgende Probleme, die durch geschickte Anwendung bekannter Uhrmacher- und feinmechanischer Konstruktionselemente und auf Grund langjähriger Erfahrungen mustergültig gelöst wurden, wobei die Entwicklung unter Schönberg eine fortschreitende Verbesserung brachte.

Die ZU muß neben den normalen Eigenschaften einer Hauptuhr von hoher Qualität und Ganggenauigkeit folgende Sondereinrichtungen erhalten:

a) Eine Einrichtung zur sekundengenauen Ein- und Ausschaltung der Regulierlinien,
b) einen elektromagnetisch betätigten Streifenlocher zur Überwachung der Reguliervorgänge,
c) eine zuverlässige Erdschlußüberwachungseinrichtung.

Die Anschlußuhren, die an sich normale Pendeluhren mit $\frac{3}{4}$-Sekundenpendel und selbsttätigem elektrischen Aufzug sein können, müssen mit folgenden zusätzlichen Einrichtungen ausgerüstet werden:

a) Eine auf eine bestimmte Zeit einstellbare Einrichtung zur zeit-
genauen Steuerung der Regulierkontakte (Arbeitskontakt und
Wechselkontakt),

b) eine Sperreinrichtung, durch die jede Anschlußuhr gegen alle
nicht für sie bestimmten Regulierimpulse unempfindlich gemacht wird,

c) eine elektromagnetische Einrichtung zur Gangsperre und Pendelentkupplung.

Sekundengenaue Ein- und Ausschaltung der Regulier-
linien (Bild 53 u. 54). Auf einer Gehwerkswelle, die in 4 min eine volle
Umdrehung macht, sitzen zwei Nockenscheiben a und b, jede mit einem
Nocken versehen, die um 180° gegeneinander versetzt sind. Bei ent-

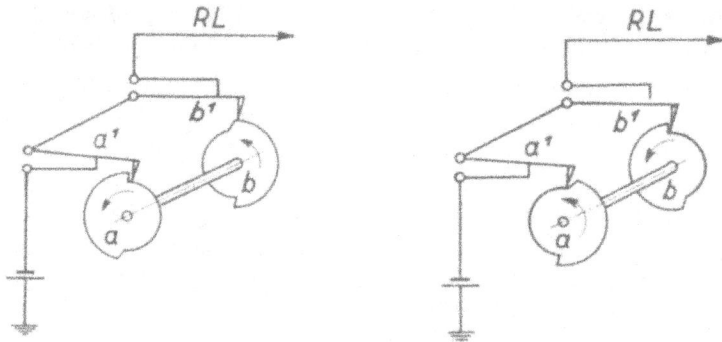

Bild 53 und 54. Kontakteinrichtung zur sekundengenauen Ein- und Ausschaltung der Regulierlinien.

Die Nockenscheiben a und b machen in 4 Minuten eine volle Umdrehung. Demnach fällt alle
4 Minuten a_1 ein und schließt die Regulierlinie, jeweils 2 Minuten später fällt b_1 ein und öffnet
die Regulierlinie. Die RL ist also immer 2 Minuten geschlossen und 2 Minuten geöffnet. Da sich
die Scheiben mit einer Geschwindigkeit von 1,5° in der Sekunde drehen, erfolgt die Schließung
von a_1 und die Öffnung von b_1 sekundengenau, während das Wiederausrucken des jeweils einge-
fallenen Kontakthebels durch das abgeschragte Nockenende nicht sekundengenau erfolgt, was
auch nicht nötig ist, da es zeitlich keine Rolle spielt.

sprechender Stellung fällt in die Nockenlücke a ein Kontakthebel a_1
ein, der einen Arbeitskontakt schließt, und in die Nockenlücke b ein
Kontakthebel b_1, der einen Ruhekontakt öffnet. Die Scheiben sind so
gestellt, daß jeweils nach Vollendung einer 4., 8., 12., 16. usw. Minute
der Hebel a_1, nach Vollendung einer 6., 10., 14., 18. usw. Minute der
Hebel b_1 einfällt. Die beiden Kontakte liegen in Hintereinanderschaltung
in der Regulierlinie; alles weitere ergibt sich aus Bild 53 und 54.

Der Streifenlocher. Durch eine vom Gehwerk mit bestimmter
Geschwindigkeit angetriebene Transportwalze wird ein etwa 50 mm
breiter Papierstreifen von einer Vorratstrommel abgewickelt und unter
sechs nebeneinander liegenden »Stechhebeln« entlang geführt. Zu jeder
Regulierlinie gehört ein Stechhebel mit Elektromagnet ($\ddot{U}$ in Bild 52).
Sobald der Elektromagnet Strom erhält, schlägt der Hebel nach unten

und sticht dabei mit seiner Nadel ein Loch in den Papierstreifen. Die Abwicklung erfolgt in der Weise, daß der Streifen durch zwei Rollenhebel gegen die Transportwalze gedrückt wird, die dabei auf etwa Viertelumfang vom Streifen umfaßt wird, so daß die sich drehende Walze den Streifen schlupflos mitnimmt. Demnach ist die Länge des in einer Zeiteinheit abgewickelten Streifenstücks gleich dem Umfang der Transportwalze, um den sich diese in der gleichen Zeiteinheit gedreht hat. Beträgt also der Durchmesser der Transportwalze beispielsweise 50 mm, und sie macht in 60 min eine Umdrehung, dann wird während dieser Zeit ein Streifenstück von (abgerundet) 157 mm Länge abgewickelt. Alle während dieser Zeit betätigten Stechhebel schlagen Löcher in den vorbeiwandernden Streifen. Weiß man Beginn und Ende der Stunde, dann kann man aus der Lage der Markierungen im Streifen den genauen Zeitpunkt der einzelnen Stechhebelbetätigungen ablesen, vorausgesetzt, daß der Streifen mit einer Stricheinteilung versehen ist, etwa dergestalt, daß die Entfernung von Strich zu Strich 1 min entspricht.

Außer dieser Stricheinteilung, die sich in Wirklichkeit nicht auf dem Papierstreifen selbst, sondern auf einem Glasstab befindet, der zwecks Auswertung der Streifenmarkierungen auf den Papierstreifen aufgelegt wird, erhält aber der Streifen eine Stundenmarkierung durch reliefartige Punkteindrücke, die unmittelbar von der Transportwalze durch kegelförmige Stahlspitzen in den Streifen geprägt werden. Diese Stahlspitzen sind sind in einer 15er Kreisteilung in die Walze eingelassen, so daß, wenn die Walze in der Stunde eine Umdrehung macht, die Wegezeit von Spitze zu Spitze 4 min beträgt. Im Papierstreifen erscheint also fortlaufend von 4 zu 4 min, d. h. alle 10,47 mm eine Punktmarke. Da aber in der Transportwalze die fünfzehnte Stahlspitze weggelassen ist, wird auch auf dem Streifen immer die 15. Punktmarke ausfallen, woran man erkennt, daß jeweils mit der nächstfolgenden die neue Stunde beginnt.

Durch diese Anordnung ist es möglich, für jede an der Regulierlinie liegende AU den Zeitpunkt festzustellen, zu dem sich die Uhr zum Empfang der Regulierung an die Linie angeschaltet hat. Wenn also beispielsweise in der Stunde von 11.00 bis 12.00 die Anschlußuhren Nr. 95 bis 110 der Linie 1 zu regulieren sind, dann muß der Papierstreifen auf der Bahn,

Bild 55. AuswerteGlasstab.

die den Stechhebel 1 passiert, rd. alle 4 min ein Stichloch aufweisen. Zum Ablesen und Auswerten der Stichlöcher dient ein Glasstab, Bild 55, auf dem der Zeitraum einer Stunde durch 15 durchgehende Querlinien abgeteilt ist, so daß der Zwischenraum zwischen zwei Querlinien einem Zeitraum von 4 min entspricht. Jeder Vierminutenzwischenraum ist außerdem durch eine gestrichelte Querlinie in 2 Zweiminutenhälften und die eine davon durch eine weitere gestrichelte Querlinie in 2 Einminutenhälften unterteilt.

Die gestrichelten Querlinien sind so angeordnet, daß ihre Striche sechs Bahnen bilden entsprechend den Stechhebelbahnen der sechs Regulierlinien. Wird nun der Glasstab so auf den Papierstreifen gelegt, daß sich die 0. bzw. 60. Querlinie mit einem ersten Stundenpunkt deckt, dann kann man die zeitliche Lage sämtlicher innerhalb dieser Stunde gegebenen Stichpunkte in jeder der sechs Regulierlinien ablesen; nur solche Anschlußuhren, die mehr als 2 min vorgegangen oder — wenn auch nur um Sekunden — gegen die Normalzeit zurückgeblieben sind, geben keinen Stichpunkt, woran man bei der Streifenauswertung erkennt, daß sie nicht an der Regulierung teilgenommen haben, also nicht in Ordnung sind und nachgesehen werden müssen.

Übrigens lassen sich aus der Lage des Stichloches zum Minutenstrich Zeitwerte von 5 bis 10 s leicht abschätzen, so daß aus dem Vergleich mehrerer Tage für jede Anschlußuhr festgestellt werden kann, ob die für die zuverlässige Regulierung erforderliche geringe Voreilung von beispielsweise 15 s pro Tag eingehalten wird.

Die Erdschlußüberwachung. Eine Regulierperiode dauert 4 min; jeweils während der ersten beiden Minuten ist die Regulierlinie stromlos und nur während der nächsten 2 min stromführend. Die Zeit der Stromlosigkeit wird benutzt zu einer periodischen Prüfung der Regulierlinien auf Erdschluß. Diese Prüfung findet stets innerhalb der 2. min der Stromlosigkeit statt, und zwar von der 20. bis zur 30. s dieser Minute; jeder Prüfvorgang dauert demnach 10 s und wiederholt sich alle 4 min (Bild 56).

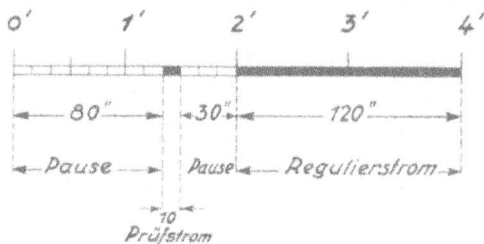

Bild 56. Zeiteinteilung der 4 minutigen Regulierperiode.

Das Ein- und Ausschalten des Prüfstroms erfolgt im Prinzip genau so wie das Ein- und Ausschalten des Regulierstroms, also durch zwei Nockenscheiben nach Bild 53—54, von denen die eine den Prüfstrom sekundengenau ein-, die andere sekundengenau ausschaltet. Dabei sind die Nockenscheiben, die ebenfalls in 4 min eine volle Umdrehung machen, so gestellt, daß die Schließung des Prüfkontaktes in der 20. s der 2. min, die Öffnung in der 30. s der 2. min erfolgt.

Bild 57. Normalzeit-Zentrale.

In jeder Regulierlinie liegt ein Milliampèremeter und ein Erdschluß-Relais. Im Falle eines groben Erdschlusses spricht das Erdschluß-Relais an, schaltet die betreffende Linie ab, und ein sicht- und hörbares Alarmzeichen ein, während ein feiner Erdschluß, der den Regulierbetrieb nicht zu beeinträchtigen braucht, am Ausschlag des Milliampèremeters erkennbar ist.

Die sechs Milliampèremeter sind übersichtlich auf einer Schalttafel angeordnet (Bild 57), die außerdem die für die Stromlieferungsanlage erforderlichen Überwachungsinstrumente enthält, nämlich zwei Kontaktvoltmeter für die selbsttätige Umschaltung der Linien- und Ortsbatterien bei beginnendem Spannungsabfall, ferner zwei Ladeampèremeter und ein Kontrollvoltmeter sowie verschiedene Handumschalter zum Umschalten der Wechselbatterien von Entladung auf Ladung usw.

b) An der Anschlußuhr

Die Steuerung der Regulierkontakte. Jede AU, deren Werkansicht Bild 58 zeigt, muß sich zwecks Einleitung des für sie

Bild 58. Werk einer Anschlußuhr als Hauptuhr mit Regulierkontakt.
Sperreinrichtung und Pendelentkupplungsmagnet.

bestimmten Reguliervorgangs zu einem bestimmten Zeitpunkt an die Regulierlinie anschalten, was durch Betätigung des Arbeitskontaktes c und kurz danach durch Umschalten des Wechselkontaktes von d_1 auf d_2 erfolgt (vgl. Bild 52). Die Betätigung dieser beiden Kontakte erfolgt durch zwei auf der Stundenwelle sitzende mit je einer Nockenlücke versehene Nockenscheiben. In jede Nockenlücke fällt bei entsprechender Stellung die Nase eines Hebels ein, wobei der betreffende Kontakt betätigt wird. Die beiden Nockenlücken sind um ein geringes gegeneinander versetzt, so daß zuerst der c-Hebel und etwa 2 s später der d-Hebel einfällt. Im übrigen werden die mit der üblichen Verreibung auf der Minutenwelle sitzenden Nockenscheiben von Hand so eingestellt, daß das Einfallen der Hebel zu einer bestimmten Minute erfolgt, nämlich zu dem Zeitpunkt, der der Uhr zur Regulierung zugewiesen ist (da jeder Reguliervorgang 4 min beansprucht, können in der Stunde nur bis zu 15 Uhren reguliert werden, und jede hat ihre bestimmte Regulierzeit, z. B. die 2., 6., 10., 14. usw. Minute).

Wie aus Bild 52 hervorgeht, wird, nachdem die Kontakte c/d betätigt sind, die Uhr angehalten und das Pendel ausgerückt und erst zur genau richtigen Zeit von der Zentraluhr aus wieder freigegeben.

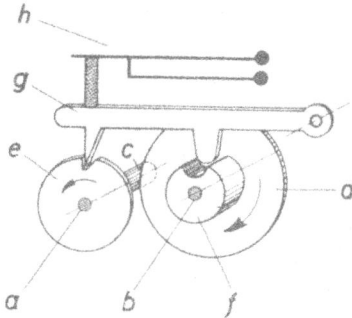

Bild 59 Sperrung.

a Stundenwelle (treibend),
b Hilfswelle (getrieben),
c Trieb ⎱ Übersetzung 4,8 : 1,
d Zahnrad ⎰
e Nockenscheibe,
f Sperrscheibe mit Einfallrast.
g Einfallhebel,
h Kontaktfedersatz.

Aus der Übersetzung 4,8 : 1 ergibt sich folgendes.

Wenn a eine Umdrehung macht, dann macht b eine Teilumdrehung von $\frac{1}{4,8}$ oder $\frac{10}{48} = \frac{5}{24}$.

Macht a 24 Umdrehungen, dann macht b $24 \cdot \frac{5}{24} = \frac{120}{24} = 5$ Umdrehungen.

Stehen bei Beginn der Drehung beide Scheiben e und f in der gezeichneten Stellung (die dem Einfallhebel g das Einfallen gestattet), dann drückt die Nockenscheibe e bei fortschreitender Drehung den Einfallhebel wieder aus der Einfallstellung heraus (so daß sich der Kontakt h wieder öffnet). Nach 60 Minuten passiert die Nockenlücke wiederum die Nase des Einfallhebels, der aber jetzt nicht einfallen kann, weil ihn die Sperrscheibe f daran hindert. Erst nach 24 Stunden (nachdem also die Nockenscheibe 24 und die Sperrscheibe 5 Umdrehungen gemacht hat) stehen Nockenlücke und Einfallrast wieder so, daß der Hebel einfallen kann Würde die Sperrscheibe statt einer drei um je 120° versetzte Einfallrasten besitzen, dann würde der Einfallhebel alle 8 Stunden einfallen. In Wirklichkeit sitzen auf der Stundenwelle a zwei Nockenscheiben e mit je einem Einfallhebel g. Die Nockenlücken sind um ein weniges gegeneinander versetzt, so daß die beiden Hebel nicht gleichzeitig, sondern mit einer zeitlichen Verschiebung von wenigen Sekunden einfallen. Der zuerst einfallende Hebel betätigt einen Schließkontakt, der andere einen Wechselkontakt. Die Bedeutung dieser beiden Kontakte ergibt sich aus Bild 52, c und d₁₋₂.

Die Sperrung (Bild 59). Nun kommt es darauf an, zu verhindern, daß die beiden Kontakthebel zu anderer als zu ihrer Regulierzeit in die Nockenlücken einfallen, die ja stündlich einmal an den Einfallnasen vorbeigehen. Das wird erreicht durch eine auf einer Hilfswelle sitzende Sperrscheibe mit einer Einfallrast, die in einem Übersetzungsverhältnis 4,8 : 1 von der Minutenwelle angetrieben wird (Sternbahnübersetzung). Nur wenn die Einfallrast dieser Scheibe und die Nockenlücken g l e i c h z e i t i g oben stehen, können c- und d-Hebel in ihre Nockenlücken einfallen, sonst bleiben sie gesperrt. Da diese Konstellation nur alle 24 h einmal eintritt, ist hiermit erreicht, daß die c-d-Kontakte nur zu der der betreffenden Uhr zugeordneten Regulierzeit betätigt werden.

Man kann auch die Sperrscheibe mit drei um je 120° versetzte Einfallrasten versehen; dann würde jeweils nach 8 h eine Konstellation eintreten, die dem c- und d-Hebel das Einfallen gestattet. Damit würde eine dreimalige Regulierung innerhalb 24 h stattfinden, was zur Folge hätte, daß die betreffende Regulierlinie nur maximal 120 Anschlußuhren aufnehmen könnte. Weiteres über die Sperrung s. Erläuterungen zu Bild 59.

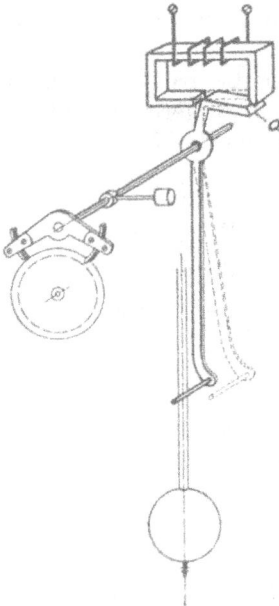

Gangsperre und Pendelentkupplung (Bild 60). Auf der Ankerwelle ist ein Elektromagnetanker a so im Kraftlinienfeld eines Elektromagneten angeordnet, daß er, sobald die Elektromagnetspule Strom erhält, angezogen wird und hierdurch den Ganganker mit der einen Ankerpalette in einer Steigrad-Zahnlücke festhält. Infolgedessen kommt die Uhr zum Stillstand; außerdem wird die Verbindung zwischen Ankergabel und Pendel unterbrochen, d. h. das Pendel wird entkuppelt und schwingt frei weiter. Durch diese Anordnung wird also sowohl das Stillsetzen wie das Weitergehen der AU von elektrischen Vorgängen abhängig gemacht, und zwar bewirkt das Stillsetzen die Uhr selbst (durch Umschalten des Wechselkontakts d in Bild 52), während das Weitergehen durch eine Fernsteuerung hervorgerufen wird, indem die Uhr im Augenblick des Stromloswerdens des Elektromagneten weitergeht.

Bild 60 Gangsperre und Pendelentkupplung.

Dieser Zeitpunkt wird von der Zentraluhr (durch Öffnung der Regulierlinie) bestimmt, worin die eigentliche Regulierung liegt. Denn in diesem Augenblick fällt der Elektromagnetanker ab, gibt dadurch den Ganganker frei und stellt die Verbindung zwischen Ankergabel und Pendel wieder her, so daß die Uhr nunmehr mit richtiger Zeit weitergeht.

c) Schlußbetrachtungen

Die große Bedeutung dieser eindrähtigen NZ-Regulierung liegt darin, daß mit ihr das Problem gelöst ist, innerhalb eines weiten Bezirks, beispielsweise in einem Großstadtgebiet, unbegrenzt viele Uhren in ihrer Zeitangabe in Übereinstimmung zu halten, d. h. mit richtiger Zeit zu versorgen und dauernd zentral zu überwachen. Daß dabei Differenzen von einigen Sekunden nicht zu vermeiden sind, schmälert den Wert der Einrichtung keineswegs, weil Sekunden-Abweichungen von der astronomischen Zeit im praktischen Verkehrsleben bedeutungslos sind.

Ein weiterer grundlegender Vorzug des Systems liegt in der Verselbständigung der Anschlußuhren, die lediglich »reguliert« werden, so daß im Falle von Leitungsstörungen oder sogar im Falle des Aussetzens der Zentraluhr der Uhrenbetrieb im gesamten Reguliergebiet ungestört weitergeht; nur die Regulierung fällt aus.

Was die Unbegrenztheit der Zeitverteilung betrifft, muß man sich vergegenwärtigen, daß die Anschlußuhren ihrerseits Hauptuhren elektrischer Uhrenanlagen sein können, an die Nebenuhren in beliebiger Zahl angeschlossen werden können.

Abgesehen davon können auch weitere NZ-Zentraluhren als Anschlußuhren in das System eingefügt werden, von denen weitere selbständige Regulierlinien ausgehen, woraus sich tatsächlich eine unbegrenzte Ausdehnungsfähigkeit ergibt.

VIII. Das Linienrelais (gepoltes Uhrenrelais)

Uhren-Großanlagen mit vielen Nebenuhren, z. B. Stadtuhrenanlagen, werden unterteilt in mehrere Linien (Stromkreise), deren jede bis zu etwa 80 Nebenuhren aufnehmen kann. Die einzelnen Linien erhalten ihre Minutenimpulse über Linienrelais, die ihrerseits unmittelbar von der Hauptuhr betätigt werden. Diese Unterteilung ist nötig, weil die Kontakteinrichtung der Hauptuhr eine so starke Belastung, wie sie der Betrieb von vielen Nebenuhren verursacht, nicht verträgt. Außerdem wird durch die Unterteilung die Betriebssicherheit erhöht, weil im Falle einer Leitungsstörung nur die Uhren der betreffenden Linie in Mitleidenschaft gezogen werden, während der ganze übrige Betrieb ungestört weitergeht. Auch Überwachung und Instandhaltung werden durch die Unterteilung in einzelne Stromkreise wesentlich erleichtert.

Das Linienrelais (Bild 61) ist ein gepoltes Relais, dessen Anker geteilt ist, wodurch zwei selbständige Kippanker a und b entstehen; je nach der Richtung des HU-Impulses wird entweder

Bild 61. Linienrelais nach Schonberg.

a oder *b* angezogen, wobei jeder Anker einen Wechselkontakt a_1 bzw. b_1 betätigt. Nach Aufhören des Impulses wird der jeweils betätigte Anker von einer Feder (Abreißfeder) in seine Ruhestellung zurückgezogen.

Das Schaltungsprinzip zeigt Bild 62, aus dem ohne weiteres hervorgeht, daß jeweils einer der beiden Wechselkontakte a_1, b_1 bei jedem Minutenimpuls einen Stromstoß wechselnder Richtung in die angeschlossene Nebenuhrlinie entsendet, wobei die Kontakte durch die punktiert eingezeichnete Funkenlöscheinrichtung vor Verbrennungen geschützt werden.

Das jedesmalige Zurückholen des betätigten Ankers in die Ruhelage nach Aufhören des Minutenimpulses durch die einstellbare Abreißfeder ist ein besonderes Merkmal dieser Schönbergschen Relaiskonstruktion. Hierdurch bleibt die Uhrenlinie im Ruhezustand kurzgeschlossen, was die Betriebssicherheit insofern erhöht, als die in der Linie liegenden Uhren infolge der kurzgeschlossenen Leitung

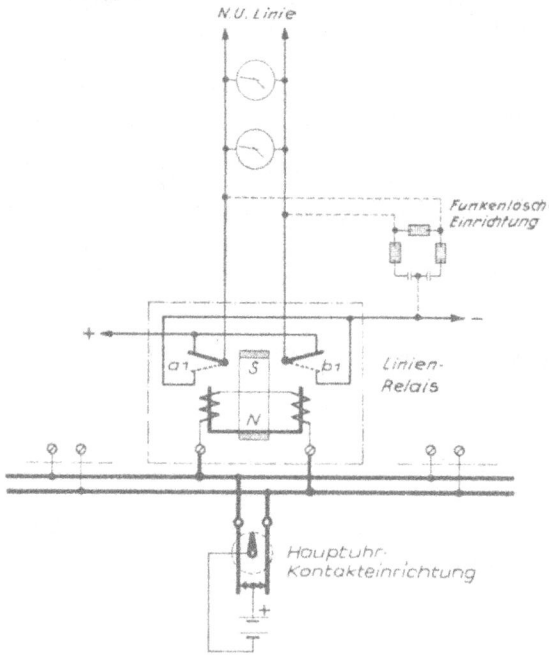

Bild 62. Prinzipstromlauf des Linienrelais.

gegen etwaige Fremdstöße unempfindlich sind (besonders wichtig in Orten mit Starkstrom-Freileitung).

Die kräftig ausgebildeten Wechselkontakte besitzen eine Schaltleistung von 25 W, womit theoretisch bis zu 100 Nebenuhren in der Linie betrieben werden könnten; aus praktischen Gründen geht man jedoch nicht über 80 hinaus.

Eine Abwandlung des Linienrelais ist das Sekundenrelais, das, wenn Sekundennebenuhren zu betreiben sind, zur Entlastung der feinen Pendelkontakte stets erforderlich ist. Es unterscheidet sich vom Linienrelais durch den ungeteilten Kippanker, der jedesmal, wenn er in die entgegengesetzte Stellung kippt, zwei Wechselkontakte umschaltet. Die hierdurch hervorgerufene Wirkung ist aus Bild 12 ersichtlich.

IX. Das Wechselrelais (Differential-Relais)

Es dient zur Überwachung und Umschaltung zweier Hauptuhren, wie sie zum Betrieb von Uhren-Großanlagen verwendet werden, in deren Nebenuhrlinien im Falle einer Hauptuhr-Störung keine Betriebsunterbrechung eintreten darf.

Hauptuhr I versieht normalerweise den Dienst, d. h. sie gibt die minutlichen Stromwechselimpulse an die Linienrelais, die sie ihrerseits in die Nebenuhrlinien weitergeben.

Hauptuhr II, deren Pendel von HU I synchronisiert wird, dient als Reserve. Sie ist wie die Hauptuhr dauernd in Betrieb, aber die von ihrer Kontakteinrichtung ausgehenden Stromwechselimpulse gehen, soweit sie nicht Überwachungszwecken dienen, ins Leere.

Tritt an der HU I irgendeine Störung auf, die ein Ausbleiben der minutlichen Stromwechselimpulse zur Folge hat, dann erfolgt selbsttätig eine Umschaltung, so daß nunmehr die HU II den Dienst versieht, ohne daß es in den angeschlossenen Nebenuhrlinien zu einer Störung kommt.

Außer dieser selbsttätigen Umschaltung vermittelt aber das Wechselrelais eine dauernde Überwachung der Reserveuhr einschließlich ihrer Kontakteinrichtung, wobei eine etwaige Störung selbsttätig angezeigt wird. Hierin liegt eine wesentliche Erhöhung der Betriebssicherheit, denn man hat hierdurch die Gewißheit, daß die HU II, wenn sie den Dienst übernehmen soll, auch tatsächlich betriebsfähig und nicht etwa selbst gestört ist.

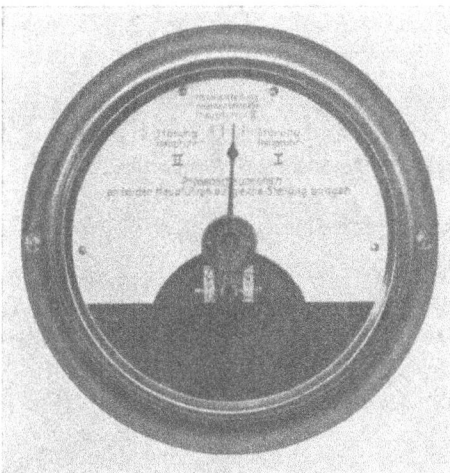

Bild 63. Wechselrelais (Differentialrelais) (¹/₄ nat. Größe.)

Bild 64. Wechselrelais, Rückansicht (¹/₄ nat. Größe.)

6*

Das Wechselrelais (Bild 63 u. 64) besteht aus zwei Zwillingsdreh-anker-Systemen, deren Antriebswellen über Zahnradübersetzungen und ein Differentialgetriebe eine Zeigerwelle dergestalt antreiben, daß sie von dem einen System links, vom anderen rechts herum gedreht wird. Der auf der Zeigerwelle sitzende Zeiger schlägt demnach, wenn die Systeme abwechselnd Stromimpulse erhalten, ebenfalls abwechselnd einmal nach links, einmal nach rechts aus. Seine jeweilige Stellung ist auf einer Skala ablesbar, die neben einem dicken Ruhestrich zwei Teilstriche nach links und einen nach rechts aufweist.

Auf der Zeigerwelle sitzt außer dem Zeiger ein Kontaktarm, dessen Weg links und rechts durch je einen Anschlag begrenzt wird, die als

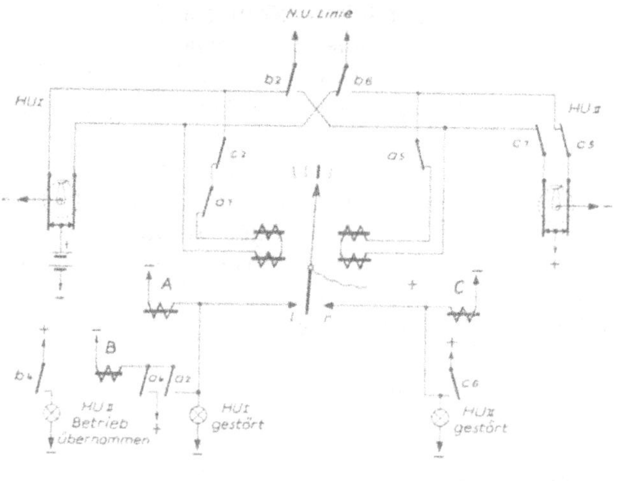

Bild 65 Prinzipstromlauf des Wechselrelais

einstellbare Kontakte ausgebildet sind. Sie sind so eingestellt, daß, wenn der Zeiger zwei Teilstriche nach links ausschlägt, der rechte Kontakt geschlossen wird, während die Schließung des linken Kontaktes bereits bei einem Rechtsausschlag um einen Teilstrich erfolgt.

Die beiden Drehanker-Systeme sind — wie zwei Nebenuhren — an die beiden Hauptuhren angeschlossen, das linke System an HU I, das rechte an HU II; dabei kann der Anschluß des linken Systems durch zwei (c_2 oder a_1), der des rechten durch einen Ruhekontakt (a^5) unterbrochen werden, je nachdem, welches der beiden zugehörigen Relais A oder C Strom erhält.

Alles weitere ergibt sich aus der Prinzipschaltung Bild 65, zu deren Verständnis folgendes zu bemerken ist.

Die beiden Hauptuhren differieren zeitlich um 2 s[1]), d. h. die minütliche Kontaktgabe der HU II erfolgt jeweils 2 s später als die der HU I. Hieraus ergibt sich folgendes Zeigerspiel am Differentialrelais:

HU I gibt Impuls: Zeiger schlägt einen Teilstrich nach links aus.

2 s später:

HU II gibt Impuls: Zeiger schlägt einen Teilstrich nach rechts aus (d. h. er geht zurück auf den dicken Teilstrich, d. i. die Ruhestellung).

Dieses Spiel wiederholt sich alle Minuten.

Nun können zwei Störungsfälle eintreten, nämlich entweder an HU I oder an HU II. Jede Hauptuhrstörung, gleichgültig, welche Ursache ihr zugrunde liegt, wirkt sich letzten Endes im Versagen der minutlichen Impulsgabe aus.

Tritt an HU I eine Störung ein, dann erfolgt selbsttätige Umschaltung des Linienbetriebs auf HU II. Tritt an HU II eine Störung ein, dann erfolgt lediglich eine sichtbare (nötigenfalls auch hörbare) Störungsanzeige, die zum sofortigen Nachsehen der gestörten Reserve-Hauptuhr auffordert.

Die hierfür in Betracht kommenden Vorgänge vollziehen sich folgendermaßen:

Fall 1: HU I ist gestört

Infolge der Störung fällt der nächstfällige Minutenimpuls von HU I aus, so daß der Zeiger in Ruhe bleibt. 2 s später kommt der Minutenimpuls von HU II, durch den der Zeiger aus der Ruhestellung einen Teilstrich nach rechts zum Ausschlagen gebracht wird, wobei sich gleichzeitig der linke Kontakt schließt.

Hierdurch wird A eingeschaltet, das mit a_4 B einschaltet. B schaltet mit b_2 und b^6 die Linienleitung von HU I auf HU II um, die damit den Betrieb übernimmt. A und B bleiben über a_2 u. a_4 gehalten, womit gleichzeitig ein Lampentransparent »HU I gestört« eingeschaltet wird.

Durch a_1 und a^5 wird das Wechselrelais abgeschaltet (das während des Betriebs durch die Reserve-Hauptuhr außer Tätigkeit bleibt), während b^4 ein Lampentransparent »HU II Betrieb übernommen« einschaltet.

Fall 2: HU II ist gestört

Nachdem durch den letzten Impuls von HU I der Zeiger einen Teilstrich nach links ausgeschlagen ist, bleibt er zunächst in dieser

---

[1]) Diese Zeitdifferenz ist abhängig von den zur Verwendung kommenden Hauptuhr-Gehwerken und beträgt in gewissen Fällen mehr als 2 s.

Stellung, weil der Rückstellimpuls infolge der Störung der HU II ausfällt. Der nach 60 s eintreffende nächste Impuls der HU I stellt den
Zeiger auf den zweiten Teilstrich, wobei gleichzeitig der rechte Kontakt
geschlossen wird. Hierdurch kommt C zum Ansprechen, das mit c_2
das Wechselrelais abschaltet, mit c_1 und c_5 die Reserve-Hauptuhr von
der Linienleitung trennt und mit c^6 einen Haltestromkreis für C und
gleichzeitig ein Lampentransparent »HU II gestört« einschaltet.

Die Aufgabe der selbsttätigen Umschaltung und der Störungs-
überwachung zweier Hauptuhren läßt sich auch auf andere Weise lösen,
z. B. durch eine Relaiskombination von mehreren Relais. Demgegenüber bietet jedoch das Wechselrelais den Vorteil, daß an dem Zeigerspiel der ordnungsmäßige Betrieb der beiden Hauptuhren mit ihren
nicht sichtbaren Kontakteinrichtungen leicht beobachtet und — im
Falle einer Störung — der Sitz der Störung an der Zeigerstellung ohne
weiteres abgelesen werden kann.

Bei der Inbetriebsetzung zweier Hauptuhren (Haupt- und Reserve-
Hauptuhr) muß beachtet werden, daß die beiden Geber gleichphasig
laufen, d. h. wenn der Geber der HU I beispielsweise Plus-Strom in
den a-Zweig der Nebenuhrlinie sendet, dann muß der Geber der HU II
so stehen, daß er im Falle der Dienstübernahme ebenfalls Plus-Strom
in den a-Zweig der Nebenuhrlinie senden würde, weil andernfalls das
ordnungsmäßige Zeigerspiel am Wechselrelais und die ordnungsmäßige
Umschaltung der Betriebsleitung von HU I auf HU II nicht zustande
kommen könnte.

Abgesehen davon würde bei Phasenungleichheit zwischen den Gebern
der Haupt- und Reserveuhr im Falle der Dienstübernahme durch HU II
ein Zeitverlust von 62 s entstehen, d. h. um diesen Zeitwert würden
sämtliche angeschlossenen Nebenuhren nachgehen. Warum? Weil der
erste von der Reserve-Hauptuhr ausgehende Linienimpuls dann ohne
Wirkung auf die Nebenuhren ist, wenn der vorangegangene letzte
Hauptuhrimpuls die gleiche Polung hatte, wie es bei Phasenungleichheit der Fall sein würde. Denn in diesem Falle kann die zur Fortschaltung
der Nebenuhren notwendige Umpolung nicht stattfinden.

Die Gleichphasigkeit der beiden Geber ist an einem Schauzeichen
(dem sog. »Phasenschauzeichen«) in den Zifferblättern der Hauptuhren
zu erkennen, das beispielsweise bei Entsendung eines plus-Stroms rot,
bei Entsendung eines minus-Stroms weiß zeigt. Es müssen also beide
Phasenschauzeichen stets die gleiche Farbe zeigen, wobei jedoch der
Farbwechsel in der HU II immer 2 s[1]) später erfolgt.

Bei der Wiederinbetriebnahme einer gestört gewesenen Hauptuhr
empfiehlt es sich, bei der Einstellung ihres Gebers von der Stellung
der in Betrieb befindlichen Kontakteinrichtung auszugehen, d. h. dafür

---

[1]) Vgl. Fußnote auf S. 99.

zu sorgen, daß Kontaktstift, Mitnehmer und Schauzeichen in beiden Uhren gleiche Stellung haben, woraus sich dann auch die Phasengleichheit zwangsläufig ergibt.

X. Größenordnung elektrischer Uhrenanlagen

Aus Haupt- und Nebenuhren bestehende elektrische Uhrenanlagen können hinsichtlich ihres Umfanges etwa in drei Größengruppen unterteilt werden, nämlich

Kleinanlagen,
mittlere Anlagen,
Großanlagen.

Die Kleinanlage besteht aus einer Hauptuhr mit $^3/_4$-Sekundenpendel und mit nicht mehr als 10 Nebenuhren.

Die mittlere Anlage besitzt eine Hauptuhr in der Regel mit $^1/_1$-Sekundenpendel in Wand- oder Standgehäuse mit so viel angeschlossenen Nebenuhren, daß deren Betrieb noch in einem Stromkreis möglich ist, d. h. etwa bis zu 50 Nebenuhren.

Die Großanlage kennzeichnet sich durch zwei Hauptuhren mit $^1/_1$-Sekundenpendel, von denen eine als Reserve dient, ferner dadurch, daß die Nebenuhren in mehreren Schleifen betrieben werden, also mehr als 50 in Frage kommen, ferner dadurch, daß Hauptuhren, Stromlieferungs- und Überwachungseinrichtungen in einer Uhrenzentrale zusammengefaßt sind.

Die Kleinanlage ist sehr verbreitet; besonders zum Betrieb von einer oder mehreren Reklameuhren findet sie ausgedehnte Verwendung. Auch von der Möglichkeit, durch den Signalzusatz einfache Pausen-Signalanlagen zu betreiben, wird vielfach Gebrauch gemacht.

Die mittlere Anlage eignet sich zur Befriedigung von Ansprüchen, wie sie schon von verhältnismäßig großen Betrieben gestellt werden. Auch hier bietet der Signalzusatz, besonders in seinen Variationen mit Wochentagsumschaltung, mehreren Signalstromkreisen, wechselnden Signalzeiten usw. mannigfaltige Verwendungsmöglichkeiten.

Die Großanlage ist besonders als städtische Uhrenanlage von Bedeutung, deren Aufgabe es ist, Hunderte von Nebenuhren bei zahlreichen Verwaltungsstellen, dazu eine große Zahl öffentlicher Straßenuhren, Turmuhren usw. mit einheitlicher Zeit zu versehen.

Gewisse Sonderansprüche stellt die Deutsche Reichsbahn, die Klein-, mittlere und Großanlagen an vielen Verwendungsstellen benutzt und dabei als Grundbedingung die sog. MEZ-Regulierung verlangt.

Die Großanlage muß zahlreiche Bedingungen erfüllen, unter denen zwei an der Spitze stehen, nämlich große Ganggenauigkeit und höchstmögliche Betriebssicherheit. Die erstere wird durch Präzisions-Kompensationspendel, die letztere durch selbsttätige Überwachungseinrichtungen und sorgfältigste Bauausführung erreicht. Weiteres s. unter Uhrenzentralen.

XI. Uhrenzentralen

An eine Uhrengroßanlage werden nicht nur hinsichtlich ihrer Ganggenauigkeit, sondern auch hinsichtlich ihrer Betriebszuverlässigkeit hohe

Bild 66. Uhrenzentrale mit Marmortafel und Eichenholz-Umkleidung. ($^1/_{20}$ nat. Größe.)

Ansprüche gestellt. Hauptuhr, Stromlieferungsanlage (Batterie) und Leitungsnetz sind die drei Faktoren, von denen die Sicherheit des Betriebs abhängt; ist einer von ihnen gestört, dann würden, wenn nicht besondere Sicherheitsmaßnahmen getroffen werden, alle Uhren still stehen.

Die hauptsächlichsten Sicherheitsmaßnahmen bestehen darin, daß man für Hauptuhr und Batterie eine zweite Hauptuhr und eine zweite Batterie als Reserve vorsieht, die im Bedarfsfalle für den gestörten Teil einspringen müssen, und daß man das Leitungsnetz in bezug auf

seinen Isolationszustand durch ein Überwachungsrelais mit sicht- und
hörbarer Alarmeinrichtung dauernd überwacht. Auch die Unterteilung
des Netzes in mehrere Schleifen (NU-Linien), die durch Linienrelais
betrieben und durch Kontrolluhren einzeln überwacht werden, ist eine
Sicherheitsmaßnahme, desgl. die selbsttätige Batterieüberwachung, die
sich so auswirkt, daß, wenn die Spannung der Betriebsbatterie bis zu
einer gewissen Mindestgrenze gesunken ist, eine selbsttätige Umschaltung
auf die Reservebatterie erfolgt. Endlich liegt in der selbsttätigen Überwachung der Liniensicherungen, wobei im Falle des Durchschmelzens

Bild 67. Uhrenzentrale in Stahlblechausführung. (¹/₂₀ nat. Größe.)

einer Sicherung ein sicht- und hörbares Alarmzeichen ausgelöst wird,
eine wirksame Maßnahme zur Erhöhung der Betriebszuverlässigkeit der
gesamten Uhrenanlage.

Die sich hieraus ergebenden zahlreichen Apparate und Instrumente
werden in der Uhrenzentrale vereinigt, wobei auf Übersichtlichkeit,
bequeme Zugänglichkeit und eine gewisse Eleganz und Gediegenheit
in der Ausstattung Wert gelegt wird. Bild 66 und 67 zeigen Beispiele hierzu. Das eine mit Marmortafel und Eichenholzumkleidung ist

eine fürs Ausland gelieferte besonders elegante Ausführung, die der heutigen deutschen Bauart im allgemeinen nicht mehr entspricht. In Deutschland bevorzugt man heute Schalttafeln und Gehäuse aus lackiertem Stahlblech, die weniger kostspielig und in bezug auf Erweiterungs- und Anpassungsfähigkeit (Vereinigung mit Feuermelder- und Wächterkontrollzentralen) zweckmäßiger sind. Daß auch die Stahlblechausführung einen vorzüglichen Gesamteindruck macht, läßt Bild 67 erkennen. Aber auch sonst zeichnen sich Uhrenzentralen durch große Mannigfaltigkeit in der Ausführung aus, was nicht allein durch die Größe der jeweiligen Anlage (Anzahl der NU-Linien), sondern auch durch die verschiedenen Vollkommenheitsansprüche, die an sie gestellt werden, bedingt ist.

Immerhin gibt es eine Reihe von typischen Einrichtungen, die als Mindestausstattung einer modernen Uhrenzentrale gelten können. Sie seien nachstehend aufgeführt und anschließend erläutert.

1. Zwei Hauptuhren (HU I und HU II) mit $1/_1$-Sekundenpendeln und elektromagnetischer Synchronisierungseinrichtung, durch die HU II von HU I synchronisiert wird.
2. Das Wechselrelais mit seinen drei Hilfsrelais zur Überwachung der Hauptuhren.
3. Die »Liniensätze«, deren Anzahl sich nach der Größe der Anlage, d. h. nach der Anzahl der NU-Linien richtet.
4. Die Erdschluß-Überwachungseinrichtung.
5. Das »Stromversorgungsfeld«, dessen Ausstattung davon abhängig ist, ob die Stromversorgung aus zwei Wechselbatterien oder aus einer Einzelbatterie mit Dauerladegerät erfolgt.
6. Das Lampentransparent, in welchem betriebswichtige, vom Normalen abweichende Vorgänge in der Anlage durch entsprechende Leuchtinschriften selbsttätig angezeigt werden.
7. Ein aus Winkeleisen und Stahlblechtafeln zusammengesetztes schrankartiges Standgehäuse mit zwei seitlichen Eingangstüren für den rückwärtigen Zugang zu den Schalttafeln, den Kabeleinführungen usw.

Die schaltungstechnischen Zusammenhänge innerhalb einer derartigen Zentrale ergeben sich aus der Grundschaltung Bild 68. Soweit eine Beschreibung hierzu erforderlich ist, wird auf Abschnitt IX (Wechselrelais Seite 83) und Abschnitt VIII (Linienrelais Seite 81) verwiesen.

Bei einer eingehenderen Betrachtung der vorgenannten sieben Hauptbestandteile ergeben sich zahlreiche Variationsmöglichkeiten, woraus man ersieht, wie wichtig es bei der Planung und Ausschreibung einer Uhrenzentrale ist, die Wettbewerber von vornherein auf ein einheitliches klares und unzweideutiges Ausschreibungsprogramm fest-

zulegen, da sonst sachliche Angebots- und Preisvergleiche nicht möglich
sind (vgl. S. 185).

1. Die Hauptuhren. Schon in den Gehwerken gibt es erhebliche Qualitätsunterschiede; man unterscheidet z. B. eine leichte und

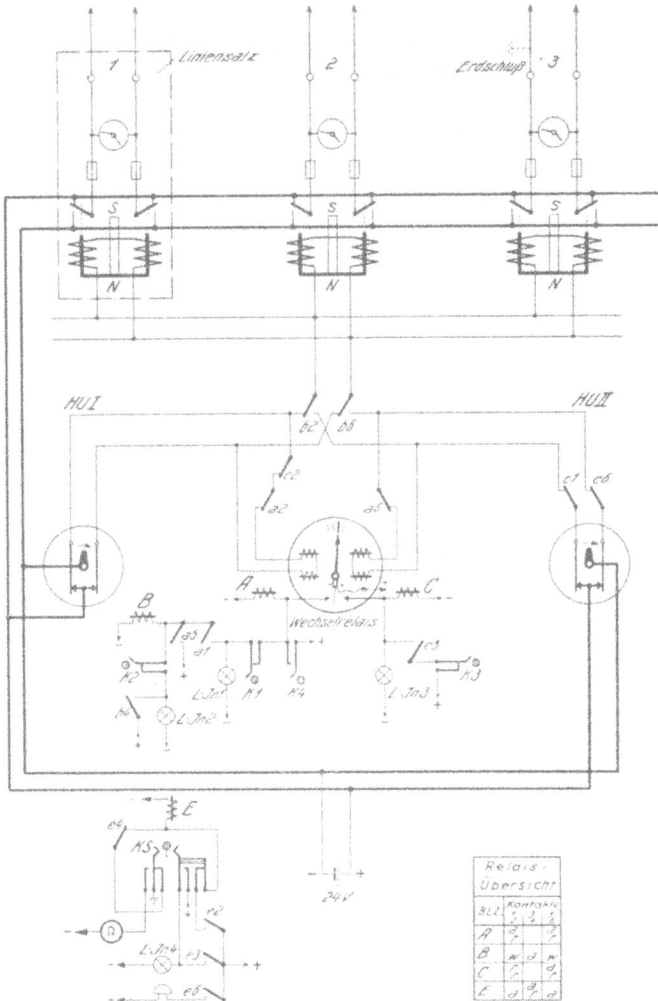

Bild 68. Grundschaltung einer Uhrenzentrale. Links unten Erdschlußuberwachung.
Beschreibung hierzu siehe S. 81—86 u. 94.

eine schwere Ausführung, letztere auch »Präzisions-Ausführung« genannt. Allgemein kann man sagen: Je schwerer die Gehwerkausführung,
desto günstiger die Voraussetzungen für hohe Ganggenauigkeit.

Für die Auslösung des Kontaktlaufwerks gibt es zwei Arten, nämlich die in einfachen Hauptuhren verwendete Normalausführung (mittels

der sog. »Peitsche«), bei der das Einsetzen des Linienimpulses geringfügigen zeitlichen Schwankungen unterliegt, und eine »Präzisions-Aus-
lösung«, bei welcher der Linienimpuls sekundengenau einsetzt (vgl.
S. 20). In Uhrenzentralen sollte nur die letztere Ausführung Anwendung finden.

Wesentliche Qualitätsunterschiede gibt es bei den Pendeln, von
denen die Ganggenauigkeit der Hauptuhren in erster Linie abhängt.
Wie Seite 12 ff. nachzulesen ist, kommen für $^1/_1$-Sekundenpendel drei
Vollkommenheitsgrade in Betracht, und es handelt sich bei der Planung
zunächst um die Frage, welchen Vollkommenheitsgrad man dem Pendel
der HU I geben will. Die Entscheidung hängt im wesentlichen davon
ab, ob die HU I durch eine selbsttätige Fernregulierung, z. B. eine MEZ-
Feinregulierung (Seite 66) überwacht wird. Wenn ja, würde z. B. die
Verwendung eines Rieflerpendels keinen rechten Sinn haben. Für die
HU II genügt dagegen immer ein Holzpendel, weil es vom Pendel der
HU I synchronisiert wird, so daß die HU II bei einer etwaigen Betriebs-
übernahme zunächst — abgesehen von der durch die Überwachungseinrichtung bedingten 2-s-Differenz (vgl. Seite 85) — unbedingt richtig
geht. Für die dann folgende, in jedem Falle nur vorübergehende Betriebs-
zeit — nämlich bis zur Wiederinbetriebnahme der HU I — gewährleistet aber ein gutes Holzpendel im allgemeinen immer eine ausreichende
Ganggenauigkeit. Daß die Zifferblätter beider Hauptuhren mit Phasenschauzeichen versehen sein müssen, ist eine selbstverständliche Forderung
(vgl. Seite 186).

2. Das Wechselrelais (Differentialrelais). Sein Zweck und
seine Wirkungsweise sind Seite 83 ff. nachzulesen. Eine selbsttätige Über-
wachungs- und Umschalteinrichtung für die Hauptuhren, sei es durch
das Wechselrelais, sei es durch eine Relaiskombination oder ähnliches,
gehört zur Mindestausstattung einer Uhrenzentrale, obwohl man hier
und da aus fehl angebrachter Sparsamkeit darauf verzichtet und sich
mit einer einfachen Handumschaltung begnügt.

3. Die Liniensätze. Der Liniensatz ist in gewissem Sinne mit
dem Teilnehmeranschlußorgan einer Fernsprechzentrale zu vergleichen.
An beiden mündet die von draußen (aus dem Netz) kommende meist
zweidrähtige Anschlußleitung und führt dann zu verschiedenen, jeder
Anschlußleitung eigens zugeordneten inneren Organen, die zum Betrieb
der Leitung notwendig sind; die Teilnehmeranschlußleitung z. B. zum
Teilnehmerrelais und zur Abfrageklinke. Ein grundsätzlicher Unterschied besteht jedoch neben vielen anderen darin, daß über den Teil-
nehmeranschluß der Betrieb in beiden Richtungen, nämlich ankommend
und abgehend, läuft, während über den Linienanschluß der Uhrenzentrale nur in abgehender Richtung, nämlich mit minutlichen oder
halbminutlichen Antriebsimpulsen zu den Nebenuhren gearbeitet wird.

Auch daß am anderen Ende der Teilnehmerleitung nur ein »Empfänger«, nämlich der Teilnehmerapparat, an der NU-Linie dagegen viele Empfänger, nämlich Nebenuhren, liegen, ist ein grundsätzlicher Unterschied.

Der Liniensatz, dessen schaltungstechnische Zusammenhänge in Bild 69 dargestellt sind, enthält

1. das Linienrelais L (näheres s. S. 81),
2. die Kontrolluhr KU, das ist eine NU mit normalem Werk, Zifferblatt und Gehäuse jedoch in Spezialausführung für Schalttafeleinbau,
3. den Fortsteller F, das ist ein Kippschalter mit einer Ruhe- und zwei Arbeitsstellungen ohne Sperrung, mit zwei Doppelwechselkontakten, die zum Fortschalten der in der Linie

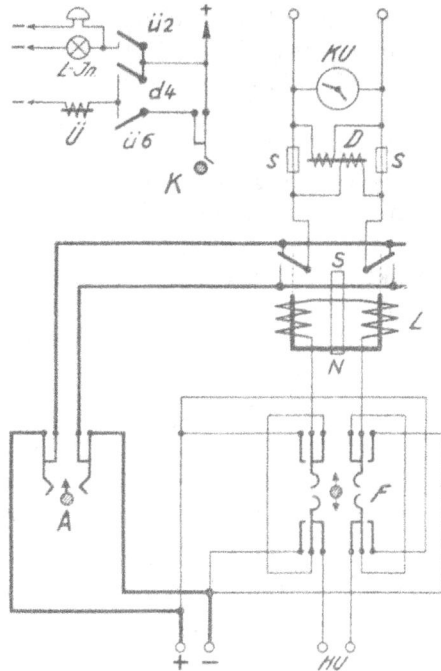

Bild 69. Grundschaltung des Liniensatzes

liegenden Nebenuhren von Hand dienen,
4. den Abschalter A, ebenfalls ein Kippschalter, jedoch mit Sperrung, zum Abschalten der Linie von der gemeinsamen Betriebsstromquelle,
5. zwei Sicherungen S mit selbsttätiger Überwachungseinrichtung. Letztere besteht aus einem Differenzrelais D, einem Überwachungsrelais $\ddot{U}$, ferner einem Gleichstrom-Alarmwecker, einer Leuchtinschrift L-In (»Sicherung durch«) und einem Absteller K.

Jede NU-Linie besitzt in der Zentrale ihren eigenen Liniensatz. Durch die Anzahl der Liniensätze wird die Größe der Uhrenzentrale wesentlich bestimmt. Bei der Planung spielt die Frage der Erweiterungsfähigkeit im Falle des Hinzukommens weiterer NU-Linien eine wichtige Rolle. Ein gut durchdachter Gehäuseaufbau muß den nachträglichen Einbau weiterer Liniensätze, z. B. durch Einfügen weiterer Schalttafelfelder, ohne Schwierigkeiten und ohne Beeinträchtigung des organischen Gesamtaufbaues jederzeit ermöglichen.

4. Die Erdschluß-Überwachungseinrichtung. Durch diese einfache Einrichtung wird erreicht, daß, wenn an irgendeiner Stelle eines beliebig weit verzweigten Uhrenleitungsnetzes ein Erdschluß auftritt, in der Zentrale sofort ein sicht- und hörbares Alarmzeichen erscheint. Weiter kann dann durch wenige Handgriffe, d. h. Schalter-

betätigungen, ohne weiteres festgestellt werden, in welcher der unter Umständen zahlreichen NU-Linien der Nebenschluß liegt. Die gestörte Linie wird darauf abgeschaltet, so daß die Beseitigung der Störung in Ruhe vorgenommen werden kann, während der gesamte übrige Betrieb ungestört weiterläuft.

Die Wirkungsweise der Erdschluß-Überwachungseinrichtung ergibt sich aus Bild 68 links unten. Ein hochohmiges Überwachungsrelais E liegt einerseits an minus, andererseits über einen Ruhekontakt e_4 und Kontakt 1 des Handumschalters KS an Erde. Tritt nun in irgendeiner NU-Linie, beispielsweise im a-Zweig der Linie 3, ein Erdschluß auf, dann spricht sofort das E-Relais an.

Stromlauf:

minus — E — e_4 — KS 1 — Erde — fehlerhafter Erdschluß — a-Zweig der Linie 3 — Wechselkontakt des Linienrelais 3 — plus.

Durch e_4 schaltet sich E von Erde ab, hält sich aber weiter über e_2; durch e_6 und e_3 werden ein Alarmwecker und die Inschrift »Erdschluß« im Lampentransparent eingeschaltet.

Die Ermittlung der gestörten Linie geschieht auf folgende Weise:

Der Handumschalter KS wird umgelegt, wodurch das Ohmmeter an Erde kommt und durch Zeigerausschlag den Erdschluß anzeigt. Auch die Inschrift im Lampentransparent bleibt über Kontakt 3 des Handumschalters eingeschaltet, während das E-Relais durch Kontakt 4 endgültig ausgeschaltet wird, womit auch der Alarmwecker stillgesetzt wird. Nun werden der Reihe nach die Abschalter der einzelnen Linien unter Beobachtung des Ohmmeters betätigt; sobald der Abschalter der gestörten Linie umgelegt ist, geht der Zeiger des Ohmmeters in die Ruhestellung, womit festgestellt ist, daß in dieser Linie die Störung liegt. Die davor liegenden Linien — in unserem Beispiel also 1 und 2 — werden durch Zurückstellen der Abschalter sofort wieder eingeschaltet, während die gestörte Linie erst nach Beseitigung des Erdschlusses wieder in Betrieb gesetzt wird. Falls während des Aufsuchens der gestörten Linie Zeitdifferenzen in den übrigen Linien entstanden sein sollten — es kann sich dabei höchstens um 2 bis 3 min handeln — dann werden sie mittels der Fortsteller korrigiert.

5. Das Stromversorgungsfeld. Für die Stromversorgung von Uhren-Großanlagen kommen in der Hauptsache zwei Arten in Betracht, nämlich

a) Einbatteriebetrieb mit Dauerladung,

b) Zweibatteriebetrieb mit abwechselnder Ladung und Entladung. Daneben gibt es noch eine dritte Möglichkeit der Stromversorgung, nämlich durch das Netzanschlußgerät, wobei an sich überhaupt keine Batterie erforderlich ist. Da aber im Falle des Aussetzens des Netzstroms sofort der ganze Uhrenbetrieb zum Stillstand kommen würde, muß für einen solchen Fall entweder eine Notbatterie vorgesehen werden, auf die eintretendenfalls selbsttätig umgeschaltet wird, was die unbequeme Notwendigkeit mit sich bringt, diese Batterie dauernd auf ihre Betriebsbereitschaft zu überwachen, oder es müßte auf eine für andere Zwecke vorhandene Batterie, z. B. auf die Batterie der Fernsprechanlage zurückgegriffen werden, die ohne weiteres in der Lage ist, die Uhrenanlage während der Stromlosigkeit im Netz mit dem nötigen Betriebsstrom zu versorgen. Nur wenn die letztere Möglichkeit gegeben ist, ist das Netzanschlußgerät von Interesse, weil es dann tatsächlich die einfachste und billigste Stromversorgung selbst für Uhrenanlagen größten Umfangs darstellt.

Einbatterie-Betrieb. Die Stromversorgungsanlage besteht aus einer Sammlerbatterie von 24 V, deren Leistung von Fall zu Fall nach dem Umfang der Anlage und unter Berücksichtigung der zu erwartenden späteren Erweiterungen zu berechnen ist, ferner aus einem Dauerladegerät, an welchem der Dauerladestrom von Hand eingestellt wird, und aus dem nachstehend aufgeführten Zubehör, vorwiegend Meßinstrumenten. Nur das letztere erscheint im Stromversorgungsfeld der Zentrale, während Batterie und Dauerladegerät örtlich unabhängig sind.

1. Strommesser für den Ladestrom (Milliampèremeter); er ist dauernd eingeschaltet, womit die ordnungsmäßige Dauerladung ohne weiteres überwacht wird.
2. Spannungsmesser mit Kippschalter zur Prüfung der Batteriespannung.
3. Strommesser (Milliampèremeter) zur Kontrolle des Verbrauchsstroms (Stromverbraucher sind die Linienrelais und sämtliche angeschlossenen Nebenuhren im Augenblick der minutlichen oder halbminutlichen Impulsgabe, ferner die Aufzugseinrichtungen der Hauptuhren, die Lampen der Leuchtinschriften, Relais, Alarmwecker usw.).
4. Eine Glimmlampe für die Netzstrom-Kontrolle.
5. Eine zweipolige Netzstrom-Sicherung.
6. Ein zweipoliger Schalter zum Ausschalten des Netzstroms.

Die Sicherheit des Einbatterie-Betriebs hängt davon ab, daß die Batterieleistung eine genügend große Reserve enthält, um im Falle des Aussetzens des Netzstroms ein ungestörtes Weitergehen sämtlicher Uhren so lange allein zu gewährleisten, bis der Netzstrom wieder einsetzt.

Zweibatterie-Betrieb. Der Zweibatterie-Betrieb bietet die relativ größte Betriebssicherheit und Unabhängigkeit. Dafür ist er auch teurer als der Einbatterie-Betrieb, was aber angesichts der Kleinheit des Kostenanteils der Stromversorgungsanlage an den Gesamtkosten einer Uhrenanlage kaum ins Gewicht fällt. Voraussetzung ist allerdings, daß der Ladestrom über einen Gleichrichter aus einem Wechselstromnetz entnommen werden kann, denn die Ladung einer Batterie von nur 24 V aus einem Gleichstromnetz ist unwirtschaftlich.

Die Stromversorgungsanlage besteht also aus zwei Sammlerbatterien von je 12 Zellen, von denen die eine die Uhrenanlage mit Strom versorgt, also in der Entladung begriffen ist, während die andere geladen wird und nach erfolgter Ladung als Reserve in Bereitschaft steht.

Die Batterieleistung wird so bemessen, daß die Umschaltung von einer auf die andere Batterie (von Entladung auf Ladung) etwa nur alle 14 Tage erforderlich ist.

Im Stromversorgungsfeld sitzen folgende Teile:

1. Strommesser für den Ladestrom (Ampèremeter),
2. Spannungsmesser für den Ladestrom; beide Instrumente sind während einer Ladeperiode dauernd eingeschaltet, überwachen also die ordnungsmäßige Ladung,
3. ein vierpoliger Ausschalter zur Ein- und Ausschaltung der Ladung; vierpolig deshalb, weil mit ihm sowohl der Netzanschluß zum Gleichrichter als auch die Ladeanschlußleitung zu den Batterien ein- und ausgeschaltet werden,
4. zwei gekuppelte Handumschalter (Paketschalter mit Doppelwechselkontakten) für die Umschaltung der Batterien,
5. Strommesser (Milliampèremeter) zur Kontrolle des Verbrauchsstroms,
6. drei Satz doppelpolige Sicherungen für den Ladestromkreis und die beiden Batteriestromkreise.

Zusätzliche Einrichtungen zur Erhöhung der Betriebssicherheit

a) Batterie-Überwachung mit selbsttätigem Aufmerksamkeitssignal (hör- und sichtbar), sowohl für Ein- wie für Zweibatterie-Betrieb verwendbar.

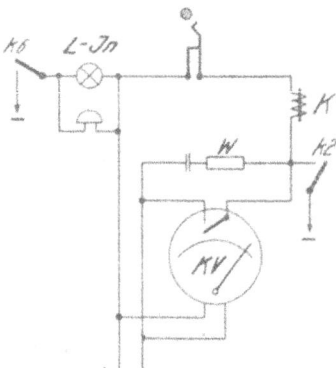

Bild 70. Grundschaltung der Spannungsüberwachung.

Die Einrichtung besteht aus einem am Verbraucherströmkreis liegenden Kontakt-Voltmeter. Sobald die Spannung der Betriebsbatterie aus irgendeinem Grunde auf eine gewisse — einstellbare — Mindestgrenze sinkt, schaltet sich selbsttätig ein sicht- und hörbares Alarmzeichen ein.

b) Batterie-Überwachung wie vor, für Zweibatterie-Betrieb und mit gleichzeitiger selbsttätiger Umschaltung von Batterie 1 auf Batterie 2.

Grundsätzliche Anordnung und Schaltung s. Bild 70 und 71.

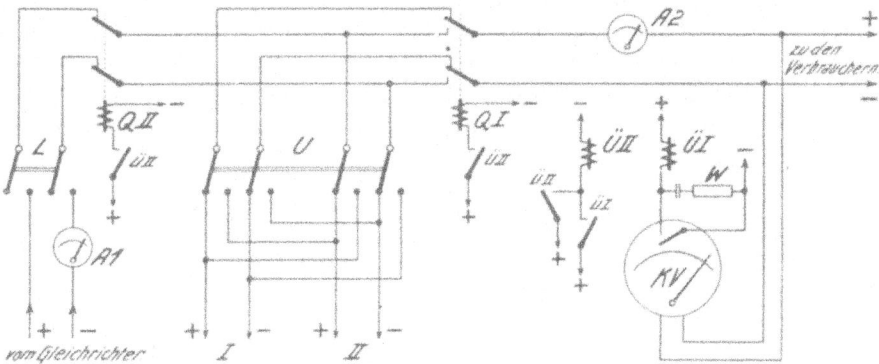

Bild 71. Selbsttätige Batterieumschaltung und Spannungsüberwachung

6. Das Lampentransparent. Es besteht aus einer rechteckigen Milchglasscheibe in Rahmen, hinter der in Kassetten die verschiedenen Inschriften angeordnet sind. Die Kassetten werden jede für sich im Bedarfsfalle durch kleine Einzelglühlampen erleuchtet, wodurch die betreffende Inschrift auf der Milchglasscheibe erscheint (vgl. Bild 68, L-In 1 bis 4).

7. Das schrankartige Standgehäuse. Es wird aus Winkeleisen und Stahlblechtafeln zusammengesetzt und erhält meist zwei seitliche Eingangstüren für den rückwärtigen Zugang zu den Schalttafeln. Diese bequeme Zugänglichkeit ist von Bedeutung, weil lebenswichtige Teile, z. B. die Linienrelais und Sicherungen, in der Regel auf der Schalttafel-Rückseite angeordnet werden. Die beiden Hauptuhren rechts und links sitzen in besonderen Gehäusen mit vorderseitigen Glastüren. Eine gemeinsame· Gehäuse-Rückwand sorgt für einen staubsicheren hinteren Abschluß. Meist erhält der Raum zwischen den Schalttafeln und der Rückwand einen podestartigen zweiten Fußboden zur Abdeckung der Kabeleinführungen.

Es empfiehlt sich, für die Liniensätze und Stromversorgungseinrichtungen getrennte Felder vorzusehen und in den ersteren eine gewisse Erweiterungsfähigkeit durch entsprechenden Blindraum zu berücksichtigen. Auch die räumlichen und sonstigen Verhältnisse an der Verwendungsstelle sind bei der Planung zu beachten; häufig wird eine Vereinigung der Uhrenzentrale mit anderen fernmeldetechnischen Zentral-Schalttafeln, z. B. von Feuermelde- und Wächter-Kontrollanlagen, den Ladeeinrichtungen der Fernsprechbatterien usw. zweckmäßig sein, woraus sich die Notwendigkeit besonders sorgfältiger und eingehender Planung ergibt. Sie muß schon im Ausschreibungsprogramm klar zum Ausdruck kommen, damit nicht ein scheinbar billiges, weil mangelhaft geplantes Angebot den Vorzug vor einem gut geplanten

Scheibe, Uhr.   7 und deshalb teuereren Angebot erhält; denn als Folge davon ist mit Sicherheit zu erwarten, daß das vorher billigste Angebot hinterher das teuerste wird, weil die erst nachträglich berücksichtigten Erfordernisse einer zweckmäßigen Ausführung stets erhebliche Nachforderungen bedingen, außerdem den organischen Gesamtaufbau u. U. wesentlich beeinträchtigen.

XII. Fortsteller

Hin und wieder kommt es vor, daß einzelne Nebenuhren aus irgendwelchen Gründen, beispielsweise infolge von Arbeiten im Leitungsnetz,

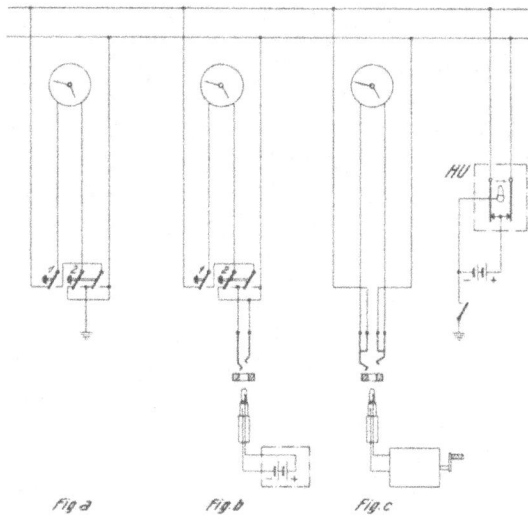

Fig. a   Fig. b   Fig. c

Bild 72   Fortsteller-Stromläufe

»außer Tritt« fallen, d. h. zurückbleiben, und daß sie zur Erzielung einer Übereinstimmung mit den übrigen Uhren nach Behebung der Ursache von Hand »fortgestellt« werden müssen. Für schwer zugängliche Uhren sieht man zu diesem Zweck an geeigneter Stelle entweder unmittelbar einen Fortsteller oder eine Anschlußmöglichkeit für einen solchen vor, durch dessen Betätigung von Hand die zugehörige NU Stromwechselimpulse erhält, wodurch es dann ohne weiteres möglich ist, eine zurückgebliebene Uhr wieder auf richtige Zeit zu bringen.

Für derartige Fortstelleinrichtungen gibt es verschiedene Möglichkeiten, z. B. unter Verwendung der zentralen Uhrenbatterie, wobei die Fortstellimpulse über den einen Zweig der Uhrenleitung und über Erde gegeben werden. Die Uhrenbatterie muß dann während der Fortstellung mit dem Minuspol an Erde liegen, ebenso der Fortsteller selbst, der ortsfest in der Nähe der fortzustellenden Uhr angebracht wird. Die Schaltung zeigt Bild 72.

Figur *a*. Der Fortsteller besteht aus zwei Tasten; Taste 1 wird während der Fortstellung dauernd, Taste 2 mit Unterbrechungen in einem Verhältnis von etwa 1 : 1 s betätigt, d. h. 1 s gedrückt, 1 s losgelassen. Alles weitere ergibt sich aus der Schaltung.

Figur *b* zeigt die gleiche Anordnung, nur mit dem Unterschied, daß eine kleine tragbare Batterie in der Nähe der fortzustellenden Uhr eingestöpselt wird. Selbstverständlich entfällt dann die Erdung der Zentralbatterie. Diese Anordnung kommt beispielsweise dann in Betracht, wenn die Herstellung einer guten Erde in der Nähe der fortzustellenden Uhr auf Schwierigkeiten stößt oder unverhältnismäßig hohe Kosten verursacht.

Figur *c* zeigt eine Anordnung, bei welcher ein Gleichstrominduktor verwendet wird, der durch kurzes Kurbeldrehen abwechselnd rechts und links herum die zur Fortstellung erforderlichen Gleichstromimpulse wechselnder Richtung erzeugt. Seine Anschaltung erfolgt über Schnurstöpsel und Doppel-Unterbrechungsklinke.

Selbstverständliche Voraussetzung für alle Fortstelleinrichtungen ist, daß der Betrieb der übrigen Anlage durch die Fortstellung nicht beeinträchtigt wird.

Außer der vorbeschriebenen Einzelfortstellung mit ihren verschiedenen Möglichkeiten gibt es aber auch Fälle, wo sämtliche Uhren einer Anlage gleichzeitig fortgestellt werden müssen, z. B. bei der ersten Inbetriebnahme, die sich etwa in folgender Weise abspielt:

Alle Nebenuhren werden bereits beim Aufhängen und Anschließen an die vorläufig noch stromlose Leitung von Hand auf gleiche Zeiger- und damit auch gleiche Phasenstellung[1]) gebracht, die Zeiger beispielsweise auf 10 Uhr. Wenn dann die endgültige Einschaltung der Hauptuhr und der Batterie etwa um 10.45 Uhr erfolgt, dann müssen sämtliche Uhren so lange fortgestellt werden, bis sie mit der Hauptuhr übereinstimmen.

------

[1]) Die Phasenstellung bezieht sich auf die Antriebsanker der NU-Werke, die ja gepolt sind, und man unterscheidet eine Plusstellung und eine Minusstellung. Ebenso unterscheidet man zwei Stromrichtungen für die Antriebsimpulse, einen Plusimpuls und einen Minusimpuls. Stehen die Anker der angeschlossenen Nebenuhren in der Plusstellung, dann ist zu ihrer Betätigung ein Minusimpuls erforderlich, stehen sie in der Minusstellung, dann können sie nur durch einen Plusimpuls bewegt werden; mit anderen Worten: der Betätigungsimpuls muß stets das entgegengesetzte Vorzeichen haben wie die jeweilige Ankerstellung; hat er das gleiche Vorzeichen, dann reagieren die Anker nicht auf den Impuls.

Hieraus ergibt sich, daß, wenn nicht alle Anker bei der Inbetriebsetzung die gleiche Phasenstellung einnehmen, diejenigen Uhren, deren Anker entgegengesetzt stehen, von vornherein 1 min (bei ½-Minutenbetrieb ½ min) nachgehen würden. Warum? Weil sie auf den ersten Minutenimpuls nicht ansprechen, sondern erst vom zweiten ab in Gang kommen.

Zur Erleichterung bei der Montage und erstmaligen Einschaltung sind sämtliche NU-Werke schon von der Fabrik aus so zusammengesetzt, daß, wenn der

7*

Diese Art der Fortstellung erfolgt mittels einer einfachen Einrichtung an der Hauptuhr (des sog. Dauerauslösers, vgl. S. 21) in der Weise, daß das Kontaktlaufwerk durch eine zweite Auslösevorrichtung unabhängig vom Gehwerk dauerausgelöst wird. Der Geber gibt infolgedessen in Abständen von etwa 2 s Dauerimpulse, so daß sämtliche Uhren im Gleichschritt fortgestellt werden, bis sie die richtige Zeit eingeholt haben. Sobald dies der Fall ist, wird die Dauerauslösung von Hand wieder abgestellt, so daß von jetzt ab Uhren in normaler Weise minutlich fortgeschaltet werden.

Dabei kann es übrigens vorkommen, daß die vom Gehwerk gesteuerte nächstfolgende Minutenauslösung (über Trieb und Auslösefahne) nicht mehr zustandekommt, sondern erst die übernächste (was mit dem nicht sekundengenauen Einfallen der Fahne in das Auslösetrieb zusammenhängt), woraus sich ein Nachgehen der Nebenuhren um 1 min ergeben würde. Tritt dieser Fall ein, dann muß entweder durch eine einmalige Betätigung des Fortstellers oder — wenn dieser nicht vorhanden ist — durch eine nochmalige kurze Handauslösung des Kontaktlaufwerks diese Minute nachgeholt werden.

XIII. Schiffsuhrenanlage

Moderne Fahrgastschiffe des Weltverkehrs ähneln in vielen Beziehungen großen Hotelbetrieben, zu deren selbstverständlichen technischen Einrichtungen schon seit langem elektrische Uhrenanlagen gehören. Es ist deshalb kein Wunder, daß sich die elektrische Uhr auch auf Überseeschiffen ihren Platz erobert hat, was ihr um so leichter wurde, als sie sich vermöge der Eigenart ihrer Technik den jeweiligen örtlichen Zeiten der Erdkugel — auch in einer Vielzahl — besonders leicht angleichen läßt. Ja, man kann sagen, daß die elektrische Nebenuhr überhaupt erst die Möglichkeit geschaffen hat, den gesamten nautischen, technischen, Wirtschafts- und Gesellschaftsbetrieb eines großen Ozeandampfers auf einfachste Weise nach einheitlicher, der jeweiligen Zeitzone entsprechenden Zeit zu regeln. Daß dies für den geordneten Dienstablauf an Bord eines Großschiffes von Wichtigkeit ist, liegt auf der Hand.

Minutenzeiger auf einer geraden Minute (2, 4, 6, 8 usw.) steht, der oder die Anker sich in der Plusstellung befinden. Auch die Anschlußklemmen sind in stets gleichem Sinne mit den Magnetspulen verbunden, und man hat beim Anschließen lediglich darauf zu achten, daß auch die beiden Anschlußdrahte bei sämtlichen Nebenuhren in gleichem Sinne angeschlossen werden, beispielsweise der vom Pluspol der Batterie kommende Anschlußdraht stets an die linke Klemme. Demnach muß man an jeder Anschlußstelle wissen, welcher Draht vom Pluspol und welcher vom Minuspol kommt, was man entweder an der Aderfarbe erkennt oder vor Einschaltung mittels Meßinstrument oder Pol-Reagenzpapier an jeder Anschlußstelle ermitteln muß.

Die Grundelemente der elektrischen Schiffsuhrenanlage sind die gleichen wie bei Landanlagen, nämlich eine Hauptuhr mit Kontakteinrichtung, die minutlich oder halbminutlich Stromwechselimpulse gibt, durch die die angeschlossenen Nebenuhren im Gleichschritt fortgeschaltet werden. Die besonderen Merkmale der Schiffsuhrenanlage liegen dabei in folgendem:

a) In der Hauptuhr. Da Gewichtsantrieb und Pendel auf Schiffen naturgemäß ausscheiden, besitzt die Hauptuhr ein Feder-

Bild 73 Schiffsuhren-Zentrale. (¹/₆ nat. Größe.)

zugwerk, jedoch mit selbsttätigem elektrischem Aufzug und — wie die Taschenuhr — ein Ankergangwerk mit Unruhe, auf das die Schlingerbewegungen des Schiffes ohne Einfluß sind.

b) In der Nebenuhr. Jede NU besitzt zwei Antriebssysteme (mit Zwillingsdrehankern), die über ein Differentialgetriebe gemeinsam auf die Minutenwelle arbeiten; das eine dient außer zum normalen Betrieb zum Vor-, das andere zum Zurückstellen der Nebenuhren. Das Problem der Zurückstellung von Nebenuhren kann auch auf andere Weise gelöst werden, z. B. durch vorübergehende Einschaltung eines Zwischenrades vor das Minutenrad oder durch Schrittschaltwerke für Vor- und Rückwärtsgang, also mit doppelten Schalträdern und Schaltklinken.

Die Notwendigkeit der Vor- und Rückstellung ergibt sich aus folgendem:

Ein in östlicher oder westlicher Richtung fahrendes Schiff gelangt jeweils nach 15 Längengraden in eine neue Zeitzone[1]), deren Zeit von der vorhergehenden um 1 h abweicht, d. h. wenn das Schiff nach Osten fährt, dann geht jede neue Zonenzeit 1 h vor, fährt es nach Westen, dann geht sie 1 h nach. Hieraus ergibt sich die Notwendigkeit, sämtliche Schiffsuhren jeweils nach Erreichen einer neuen Zeitzone um 1 h vor- oder zurückzustellen. Dies geschieht von der Uhrenzentrale aus.

Die Schiffsuhrenzentrale (Bild 73 und 74). Sie besteht aus zwei Hauptuhren (HU I und HU II), einer (auf sehr großen Schiffen

Bild 74 Schiffsuhren-Zentrale geöffnet HU II und Kontrolluhr herausgenommen.
(¹/₅ nat Größe)

auch mehreren) Linienkontrolluhr, einem Hauptuhrumschalter, einem VZ-Schalter (Vor- und Zurückschalter), diversen Sicherungen und Anschlußklemmen, alles übersichtlich vereinigt in einem soliden Teakholzgehäuse, das durch Aufklappen der Vorderwand bequeme Zugänglichkeit zu allen Teilen bietet. Der Betrieb erfordert 12 V Gleichstrom, der meistens einer für andere Zwecke an Bord vorhandenen Sammlerbatterie entnommen wird, so daß die Uhrenzentrale außer den Stromzuführungsklemmen keiner weiteren Stromversorgungseinrichtungen bedarf.

---

[1]) Die Erdkugel ist bekanntlich in 360 Längengrade (180⁰ östlicher, 180⁰ westlicher Länge) eingeteilt. Zeitunterschied von Längengrad zu Längengrad $= 4'$, für 360 Längengrade demnach $4 \cdot 360 = 1440$ min oder 24 h. Zur Vereinfachung hat man 24 Zeitzonen zu je 15 Längengraden festgesetzt, deren Zählung im allgemeinen mit dem 0. Grad von Greenwich beginnt.

Auf eine selbsttätige Überwachung der beiden Hauptuhren hat man in dem Bestreben nach größtmöglicher Einfachheit verzichtet und sich mit einem Handumschalter begnügt, durch dessen Betätigung wahlweise eine der beiden Hauptuhren in Dienst gestellt werden kann, während die andere nachgesehen oder instandgesetzt wird. Auch bei der fortlaufenden Uhrenstellung spielt dieser Handumschalter eine Rolle.

Die sehr einfache Schaltung der Gesamtanlage zeigt Bild 75, aus dem hervorgeht, daß die Linienleitung dreidrähtig ist, namlich ein

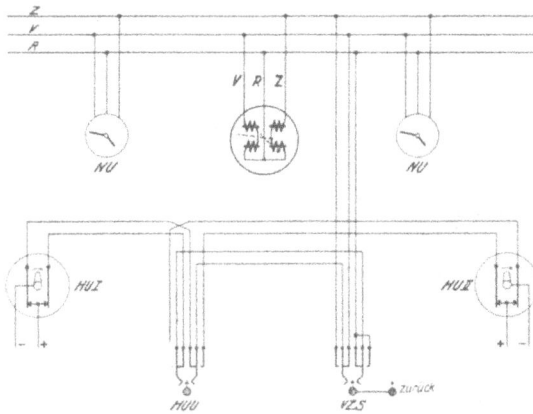

Bild 75 Prinzipstromlauf einer Schiffsuhren-Anlage

Draht für den Normalbetrieb und Vorstellung, ein Draht für Zurückstellung, ein Draht als gemeinsame Rückleitung.

Auf einem beispielsweise von Europa nach New York, also in westlicher 'Richtung fahrenden Schiff spielt sich eine Uhrenstellung in folgender Weise ab:

Nachdem das Schiff eine neue Zeitzone erreicht hat (was bei der täglichen Aufnahme »des Bestecks« festgestellt wird), stellt man zunächst die nicht »im Dienst« befindliche HU von Hand um 60 min zurück; alsdann legt man den VZ-Schalter in die »Zurück«-Stellung und betatigt an der im Dienst befindlichen HU den Dauerauslöser. Infolgedessen werden die Linienkontrolluhr und mit ihr sämtliche angeschlossenen Nebenuhren minutenweise, aber in schneller Folge (etwa von 2 : 2 s) rückwärts springen; sobald sie die bereits vorher um 1 h zurückgestellte HU eingeholt haben, stellt man den VZ-Schalter wieder auf normal und legt den HU-Umschalter um, womit nunmehr die bereits richtiggehende HU den Dienst übernimmt. Hierauf stellt man den Dauerauslöser an der anderen HU ab und bringt sie ebenfalls auf richtige Zeit, womit die Uhrenstellung beendet ist, da nunmehr sämtliche Uhren die der Zeitzone entsprechende Zeit zeigen. Übrigens wird der Zeitpunkt der Uhrenstellung, den die Schiffsleitung bestimmt, im allgemeinen in die Nachtstunden gelegt, um den Tagesablauf des Schiffs- und Hotelbetriebs sowie das Eß- und Vergnügungsprogramm der Fahrgäste nicht zu stören.

Auf Schnelldampfern westlicher oder östlicher Fahrt findet die Uhrenstellung täglich etwa zwischen 22 und 5 Uhr statt, wobei die Anzahl der Minuten, um die die Uhren vor- oder zurückgestellt werden müssen, von der Schnelligkeit des Schiffes abhängig ist, denn von ihr hängt es ab, wieviel Längengrade innerhalb von 24 h zurückgelegt werden. Die Zahl der zurückgelegten Längengrade mal 4 ergibt die Anzahl der Minuten, um die die Uhren zu verstellen sind. Im übrigen vollzieht sich die Verstellung wie oben beschrieben.

Bild 76.
Wasserdichte Schiffsnebenuhr.

Bild 77.
Schiffsnebenuhr für Innenräume.

Bild 76 zeigt eine typische Schiffsnebenuhr in wasserdichter Ausführung, z. B. für die Kommandobrücke, Decks, Maschinenräume usw. Nebenuhren für Innenräume — Bild 77 zeigt ein Beispiel — unterscheiden sich äußerlich nicht von gewöhnlichen Nebenuhren. Daß hierfür auch elegante künstlerische Ausführungen für Luxuskabinen usw. in Betracht kommen können, sei nur nebenbei erwähnt.

XIV. Motorzeigerlaufwerke

1. Allgemeines

Der Gedanke, freigehende Turmuhrzeiger, die u. U. große, durch Sturm, Schnee und Eis verursachte Widerstände zu überwinden haben, durch einen Elektromotor anzutreiben, liegt nahe. Lassen sich doch durch ihn zwei wichtige Turmuhrprobleme verhältnismäßig leicht lösen, nämlich

a) das der Ganggenauigkeit, die bei durch Motor angetriebenen Turmuhren allein von der Hauptuhr bestimmt wird,

b) das Aufzugsproblem, das bei einer Turmuhr, die infolge des Motorantriebs nur noch den Charakter einer elektrischen Nebenuhr besitzt, einfach wegfällt.

Daneben waren aber zwei weitere Probleme zu lösen, nämlich die exakte starkstrommäßige Ein- und Ausschaltung des netzgespeisten Motors, wobei man sich vergegenwärtigen muß, daß dieser Schaltvorgang bei täglicher 1440 maliger Wiederholung jahraus, jahrein zuverlässig funktionieren muß, ferner die selbsttätige Richtigstellung der Turmuhrzeiger nach zeitweisem Aussetzen des Netzstroms, wozu eine besondere Einrichtung erforderlich ist, die der Uhrmacher »Nachlaufeinrichtung« nennt. Erst mit der restlosen Lösung dieser Probleme wurde das Motorzeigerlaufwerk zu dem bewährten Großuhrantrieb, der es ermöglichte, Turmuhren beliebiger Größe als reine Nebenuhren in den Bereich elektrischer Uhrenanlagen einzubeziehen.

Ein derartiges Motorzeigerlaufwerk besteht im wesentlichen aus

a) dem Elektromotor,

b) einem Zahnradvorgelege, »Zeigerlaufwerk« genannt, das die hohe Drehzahl des Motors bis zu einer Endwelle so weit ins Langsame übersetzt, daß diese unmittelbar mit der Minutenwelle des Zeigerwerks gekuppelt werden kann,

c) dem Schaltwerk mit Nachlaufeinrichtung,

d) dem gepolten Zwillingsdrehanker-System für den Schaltwerksantrieb.

Der Kernpunkt liegt im Schaltwerk, das von zwei Seiten abwechselnd betätigt wird, nämlich

a) durch das Zwillingsdrehanker-System (das gleiche, wie es für Nebenuhrwerke verwendet wird), das von der Hauptuhr minutlich einen Antriebsimpuls erhält und hierdurch das Schaltwerk so beeinflußt, daß es den Motor einschaltet,

b) durch das Zeigerlaufwerk, das nach Fortschaltung der Uhrzeiger um 1 min das Schaltwerk so beeinflußt, daß es den Motor ausschaltet.

2. Das Schaltwerk

Es arbeitet rein mechanisch mit dem einzigen Zweck, den Motor minutlich einmal ein- und auszuschalten. Außerdem besitzt es eine mechanische Speichereinrichtung, durch die die Minutenimpulse dann gespeichert werden, wenn der Motor infolge Aussetzens des Netzstroms nicht zum Laufen kommt. Sobald aber der Netzstrom wieder einsetzt, werden die in der Zwischenzeit gespeicherten Impulse im ganzen — d. h. als Zeitsumme — an den Motor weitergegeben, der infolgedessen so lange läuft, bis die Uhrzeiger den durch den vorangegangenen Motorstillstand verursachten Zeitverlust wieder eingeholt haben. Sobald das geschehen ist, schaltet das Schaltwerk den Motor wieder aus, der nun in normaler Weise die Uhrzeiger wieder minutlich weiterstellt.

Die kinetischen Zusammenhänge zwischen Motor, Zeigerlaufwerk, Schaltwerk und Schaltwerkantrieb ergeben sich aus der schematischen Zeichnung Bild 78.

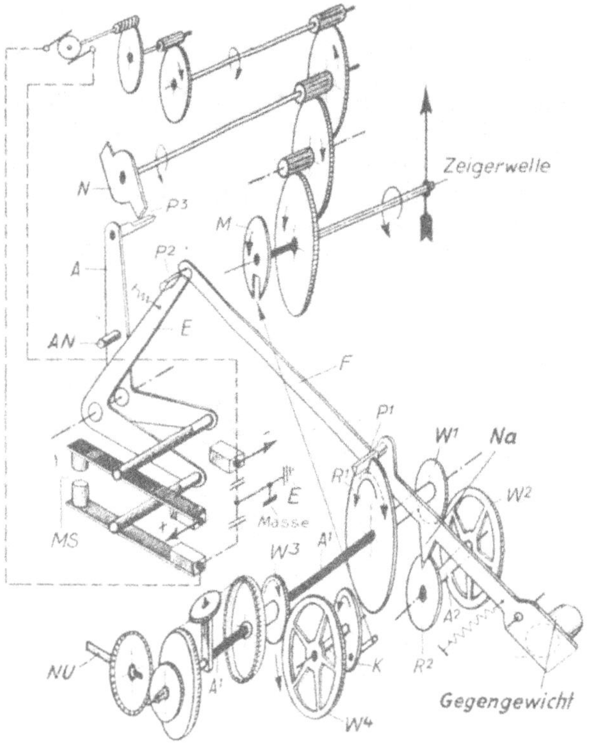

Bild 78 Kinematik des Motorzeigerlaufwerks mit Nachstelleinrichtung.

Die wichtigsten Teile sind:

a) Eine große und eine kleine Rastscheibe R_1 und R_2,

b) zwei um eine gemeinsame Achse drehbare Winkelhebel E und A, die mit zwei isolierten Druckstiften derart auf die beiden Kontaktfedern des Motorschalters MS wirken, daß bei entsprechender Hebelbewegung der Druckstift des E-Hebels den Motorschalter schließt (»ein«), der Druckstift des A-Hebels ihn öffnet (»aus«),

c) ein Auslösehebel F, der so gelagert ist, daß er bei entsprechender Stellung der Rastscheiben mit einer Palette P_1 in die Rast der

Scheibe R_1 und mit einer Nase Na in die Rast der Scheibe R_2 einfallen kann, wobei er mit einer zweiten Palette P_2 den E-Hebel verriegelt.

Die Rastscheibe R_1 sitzt fest auf einer Welle A_1, die über ein Differentialgetriebe und zwei Kegelräder, von denen das eine auf der Minutenwelle des NU-Werks sitzt, bei jedem Minutenimpuls angetrieben wird. Die Kegelräder sind so übersetzt, daß die Rastscheibe R_1 in 1 h eine Umdrehung macht.

Auf derselben Welle wie R_1 sitzt ein Zahnrad W_1, das über ein zweites Zahnrad W_2 eine Nebenwelle A_2 antreibt, auf der die Rastscheibe R_2 sitzt. Das Übersetzungsverhältnis zwischen W_1 und W_2 beträgt 12 : 5, d. h. wenn R_1 12 Umdrehungen macht, macht R_2 deren 5, woraus sich ergibt, daß die beiden Rastscheiben, sofern sie nicht anderweitig beeinflußt werden, alle 12 h einmal die gleiche Stellung einnehmen würden, bei der beide Rasten genau oben stehen. Nur bei dieser Stellung kann der F-Hebel (mit P_1 in Rast 1 und mit Na in Rast 2) einfallen.

Auf der Hauptwelle A_1 sitzt ferner ein mit dem rechten Sonnenrad des Differentialgetriebes verbundenes weiteres Zahnrad W_3, das im Eingriff mit dem Zahnrad W_4 steht. Die Wirkungsweise des Differentialgetriebes ist so, daß bei einem Antrieb vom Nebenuhrwerk her die Welle A_1 mit der Rastscheibe R_1 je Minute eine Weiterbewegung um $1/60$ ausführt. Die Übertragung der Bewegung geschieht dabei vom linken Sonnenrad auf das Planetenrad. Umgekehrt wird beim Anlaufen des Motorzeigerlaufwerks das Differentialgetriebe derart beeinflußt, daß sich das rechte Sonnenrad über den Mitnehmerstift K, die Zahnräder W_4 und W_3, das rechte Sonnenrad und die Welle A_1 in entgegengesetztem Sinne dreht, wodurch die Rastscheibe R_1 wieder zurückgeholt wird (würden beide Drehungen gleichzeitig erfolgen — ein Fall, der beim Nachlaufen eintreten kann — dann bleibt die Rastscheibe R_1 einfach solange stehen).

Eine weitere jedoch nur zeitweise kinetische Verbindung zwischen Schaltwerk und Zeigerlaufwerk besteht durch eine Nockenscheibe N auf der mittleren Zwischenwelle des Zeigerlaufwerks, deren Nocken (2 bei $1/1$-Minuten-, 4 bei $1/2$-Minutenbetrieb) bei jedesmaligem Vorbeigang den A-Hebel bewegen.

Aus Vorstehendem ergibt sich folgendes kinetische Zusammenspiel:

Im Ruhezustand ist der F-Hebel eingefallen und verriegelt infolgedessen den E-Hebel, der in der blockierten Stellung den Motorschalter MS geöffnet hält. Beim nächsten Minutenimpuls macht die Rastscheibe R_1 eine Linksdrehung um 6^0, durch die die eingefallene Palette P_1 aus der Rast herausgedrückt, der F-Hebel also gehoben wird. Hierdurch erfolgt Entriegelung des E-Hebels, der infolgedessen zurückschnappt, wodurch sich der Motorschalter MS schlagartig schließt. Der Motor beginnt zu laufen; dabei dreht sich auch die auf der Zeigerwelle sitzende Mitnehmerscheibe M, die über K, W_4 und W_3 die Rastscheibe R_1 rechts herum dreht, also zurückholt, so daß F wieder einfallen kann. Gleichzeitig dreht sich aber auch die Nockenscheibe N, gleitet dabei mit einem ihrer Nocken über die Palette P_3 des A-Hebels, der infolgedessen eine Rechtsdrehung macht und mit einem Stift den E-Hebel mitnimmt, der sich infolgedessen erneut hinter P_2 des gleichzeitig wieder einfallenden F-Hebels fängt. Dabei wirken die Druckstifte des E- und A-Hebels derart auf die beiden' kräftigen Kontaktfedern des Motorschalters, daß in dem Moment, wo der Nocken den A-Hebel wieder freigibt, dieser zurückschnellt, so daß sich der Motorschalter in Momentschaltung öffnet, der Motor also zum Stillstand kommt.

Dieser Vorgang wiederholt sich alle Minuten, wobei sich jedesmal die Zeigerfortstellung um 1 min vollzieht.

3. Die Nachlaufeinrichtung

Was geschieht nun aber, wenn der Netzstrom aussetzt?

Durch den letzten Minutenimpuls wurde der F-Hebel gehoben, der E-Hebel entriegelt und der Motorschalter geschlossen; wenn aber das Netz stromlos ist, läuft der Motor nicht an und die Zeiger bleiben stehen.

Die Folge hiervon:

Die Rastscheibe R_1 wird nicht zurückgeholt, der F-Hebel kann infolgedessen nicht einfallen, der A-Hebel wird infolge der stillstehenden Nockenscheibe nicht betätigt, so daß der Motorschalter geschlossen bleibt. Dagegen wandert die Rast in der Scheibe R_1 mit jeder Minute einen Schritt weiter, desgleichen die Rast in der Scheibe R_2, letztere jedoch infolge der 12:5-Übersetzung 2,4mal langsamer, so daß erst nach 12 h beide Rasten wieder die gleiche Stellung einnehmen würden, bei der der F-Hebel einfallen kann. Würde der Strom erst nach 12 h zurückkehren, dann würden auch die Zeiger richtig zeigen, denn die größte Abweichung kann nur 12 h betragen. Wenn jedoch das Netz zu einem beliebigen Zeitpunkt vor oder nach der vollendeten 12. h wieder einsetzt, läuft die Zeigerwelle so lange nach, bis die verlorene Zeit nachgeholt ist.

An folgendem Beispiel sei dies erläutert:

Angenommen, um $12^h 36'$ setzt der Netzstrom aus. Infolgedessen bleibt der Motor stehen, der F-Hebel, der durch den 12h-36-Minutenimpuls ordnungsmäßig gehoben war, fällt nicht wieder ein, E- und A-Hebel bleiben in Ruhe, so daß der Motorschalter geschlossen bleibt. Nur die Rasten von R_1 und R_2 wandern von Minute zu Minute weiter (da ja Hauptuhr und Uhrenbatterie durch den ausgefallenen Netzstrom nicht beeinträchtigt werden). Die Zeiger der Turmuhr sind also auf $12^h 36'$ stehen geblieben.

In dem Weiterwandern der Rasten von R_1 und R_2, das schrittweise erfolgt und für R_1 je Minute $^1/_{60}$ Umdrehung (6^0) beträgt, liegt die eigentliche Impulsspeicherung. Setzt der Netzstrom beispielsweise 10 min lang aus, dann dreht sich R_1 10mal um 6^0 weiter und muß beim Wiedereinsetzen des Stroms um diese 60^0 unter gleichzeitigem Zeigernachstellen zurückgeholt werden. Dabei sind die kinematischen Beziehungen zwischen Motorzeigerlaufwerk und den Rastscheiben R_1 und R_2 derart, daß einem Zurückholen der Rastscheibe R_1 um 60^0 eine Zeigerfortstellung um 10 min entspricht.

Es sei angenommen, der Netzstrom setzt um $13^h 48'$ wieder ein. Da der Motorschalter ja immer noch geschlossen ist, beginnt der Motor sofort zu laufen und stellt die Uhrzeiger — mit einer Geschwindigkeit von etwa 3 s je Minute — weiter; gleichzeitig werden die beiden Rastscheiben R_1 und R_2 (durch M, K, W_4, W_3, W_1 und W_2) zurückgeholt, und zwar so lange, bis beide Rasten wieder die gleiche Stellung (oben) einnehmen. Sobald das der Fall ist, fällt der F-Hebel ein, was die Verriegelung des E-Hebels und das Wirksamwerden des A-Hebels, d. h. die sofortige Öffnung des Motorschalters zur Folge hat, womit der Motor zum Stillstand kommt. Der Zeitpunkt, zu dem dies geschieht, entspricht aber der richtigen Zeit, so daß die Turmuhr von jetzt ab wieder richtig geht[1]).

---

[1]) Will man die Zeit berechnen, die das Fortstellen der Zeiger vom Wiedereinsetzen des Netzstroms ab beansprucht, dann muß man sich zunächst folgendes vergegenwärtigen:

Die normale Vorwartsbewegung der Rastscheibe R_1 geschieht mit $^1/_{60}$ Umdrehung je Mi nu te; die Ruckwartsbewegung nach dem Wiedereinsetzen des Netzes geschieht mit $^1/_{60}$ Umdrehung je 3 Sekunden. Aus diesen Beziehungen läßt sich leicht die Nachstelldauer errechnen.

Im obigen Beispiel setzte das Netz um 12 Uhr 36 min aus, die Zeiger blieben auf 12 Uhr 36 min stehen. Um 13 Uhr 48 min fängt das Motorzeigerlaufwerk wieder an zu laufen; die Stillstandszeit war also 1 h 12 min = 72 min.

Die Nachstelldauer T läßt sich aus folgender Formel, die sich aus algebraischen Beziehungen ergibt, berechnen:

$$T_s = 3 \cdot t_{\min} + \frac{3^2}{60} \cdot t_{\min},$$

wobei sich die Zeit T in Sekunden ergibt, wenn man bei t Minuten einsetzt.

Die Ausrechnung ergibt

$$T_s = 3 \cdot 72 + \frac{9}{60} \cdot 72 = 216 + 10\frac{16}{20}.$$

Da für die Nachstellung 1 min 3 s benötigt werden, muß der rechte Summand in der Gleichung auf die nächst kleinere durch 3 teilbare Zahl zurückgeführt werden

Es ergibt sich also

$$T_s = 216 + 9 = 225'' = \underline{3' 45''}.$$

Wenn also das Netz um 13 Uhr 48 min eingesetzt hatte, zeigt die Uhr um 13 Uhr 51 min 45 s wieder richtig. Nach 15 s Stillstand wird der Zeiger auf 13 Uhr 52 min weitergerückt.

4. Motorzeigerlaufwerk ohne Nachlaufeinrichtung

In manchen Fällen ist es nicht angängig, die richtige Zeitanzeige an einem Turmuhr-Zifferblatt vom Netzstrom abhängig zu machen, d. h. beim Aussetzen des Netzstroms ein Stehenbleiben der Turmuhrzeiger in Kauf zu nehmen. Man verwendet dann ein Motorzeigerlaufwerk für Batteriebetrieb, dessen Motor unmittelbar aus der Uhrenbatterie gespeist wird. Gewiß ist auch die Uhrenbatterie, die durch ein Dauerladegerät aus dem Starkstromnetz geladen wird, vom Netzstrom abhängig, aber ihre Kapazität kann so bemessen sein, daß sie beim Aussetzen des Netzstroms und damit der Ladung u. U. viele Stunden lang den Uhren- und Motorbetrieb sicherstellt. In diesem Falle ist natürlich die Nachlaufeinrichtung überflüssig; es genügt das wesentlich einfachere Motorzeigerlaufwerk ohne Nachlaufeinrichtung.

Seine Hauptbestandteile sind:

a) der Motor,
b) das Zahnrad-Vorgelege (Zeigerlaufwerk),
c) die Kontakteinrichtung, bestehend aus einer Nockenscheibe mit 2 Kontaktfedersätzen,
d) das gepolte Relais mit einem Wechselkontakt.

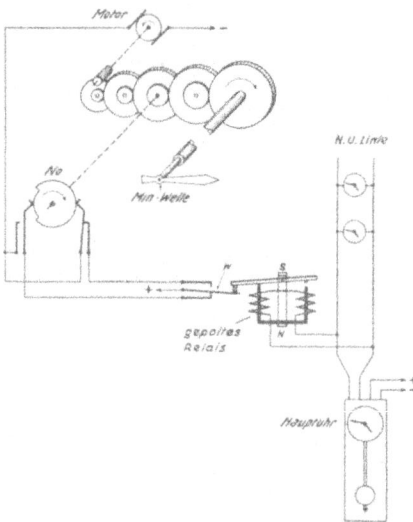

Bild 79 Prinzipstromlauf des Motorzeigerlaufwerks ohne Nachstelleinrichtung, mit Batteriebetrieb.

Wie Bild 79 zeigt, erfolgt die Ein- und Ausschaltung des Motors abwechselnd durch zwei Nockenscheibenkontakte. Die Nockenscheibe *No* sitzt auf der mittleren Welle des Zahnrad-Vorgeleges; ihre Übersetzung und Einfallrast sind so bemessen, daß, wenn der Minutenzeiger den nächsten Minutenteilstrich erreicht, d. h. einen Weg von 6^0 zurückgelegt hat, sich der wirksam gewesene Nockenscheibenkontakt durch Einfallen in die Rast öffnet, wodurch der Motor ausgeschaltet wird. Beim nächsten HU-Impuls spricht das gepolte Relais an und schaltet w um, so daß der Motor über den anderen Nockenscheibenkontakt erneut eingeschaltet wird, worauf sich das Spiel wiederholt. Alles weitere ergibt sich aus Bild 79. Selbstverständlich werden die Nockenscheibenkontakte mit Funkenlöschung und der Motor mit Störschutz versehen, was jedoch der besseren Übersicht halber nicht dargestellt ist.

Auf den ersten Blick könnte es scheinen, daß das Motorzeigerlauf-werk o h n e Nachlaufeinrichtung infolge seiner Einfachheit und dem-zufolge auch Billigkeit dem Motorzeigerlaufwerk m i t Nachlaufeinrich-tung so stark überlegen ist, daß letzteres keine große Bedeutung haben kann. In Wirklichkeit ist es jedoch, wie die Erfahrung gezeigt hat, umgekehrt, d. h. Motorzeigerlaufwerke mit Nachlaufeinrichtung werden trotz ihres höheren Preises bevorzugt.

Der Grund liegt in der Stromversor-gungseinrichtung. Während nämlich das Motorzeigerlaufwerk m i t Nachlaufein-richtung an die Uhrenbatterie keinerlei zusätzliche Anforderungen stellt, erfor-dert das Motorzeigerlaufwerk für Bat-teriebetrieb eine Akkumulatorenbatterie von erheblicher Kapazität, wodurch der Minderpreis des vereinfachten Werkes zum Teil bereits ausgeglichen ist. Dazu kommt, daß diese Batterie hinsichtlich ihrer Ladung, Wartung und Pflege ge-wisse Ansprüche stellt, wodurch natur-gemäß auch Kosten entstehen, und zwar laufende, so daß sich der billigere An-schaffungspreis und die teuere Unterhal-tung mindestens die Waage halten.

5. Die mechanische Kupplung zwischen Motorzeigerlaufwerk und Zeigerwerk

Das Motorzeigerlaufwerk endet in einem Wellenstumpf, der mit der Minu-tenwelle des Zeigerwerks mechanisch ge-kuppelt werden muß. Hierzu sind Gabel-verbinder und Kardangelenke erforder-lich (s. Fachausdrücke). Mit ihnen und entsprechenden Verbindungsgestängen

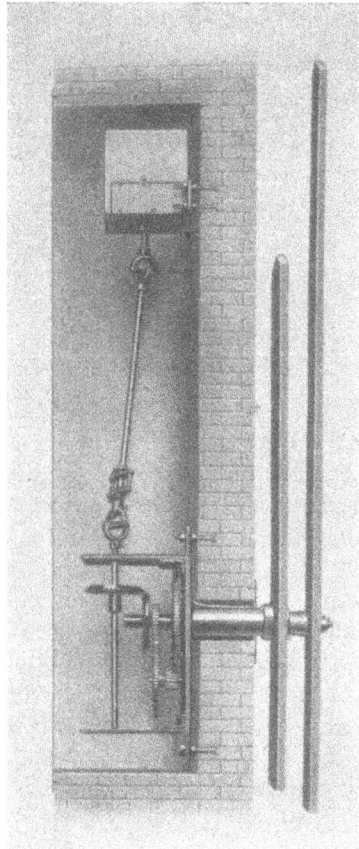

Bild 80 Anordnung einer Turmuhr mit Motorzeigerlaufwerk (geringer Raumbedarf)

(»Zeigerleitung« nennt sie der Uhrmacher) sind zahlreiche Variationen möglich zur Anpassung an die jeweiligen örtlichen Raumverhältnisse; diese können beispielsweise in einem tausendjährigen Kirchturm und einem modernen »Wolkenkratzer« recht verschieden sein. Bild 80 zeigt ein Beispiel für den geringen Raumbedarf einer Turmuhr, wenn sie als elektrische Nebenuhr durch ein Motorzeigerlaufwerk betrieben wird.

Nicht ohne Bedeutung ist die Möglichkeit, mit e i n e m Motorzeiger-laufwerk mehrere Zeigerwerke betreiben zu können. Hierzu sind Kegel-

Bild 81. Anordnung einer vierseitigen Turmuhr mit einem gemeinsamen Motorzeigerlaufwerk.

radgetriebe (sog. »Winkelräderwerke« nach Bild 149 im Anhang) erforderlich. Bild 81 zeigt eine Anordnung, durch die von einem gemeinsamen Zeigerlaufwerk vier Zeigerwerke an den vier Seiten eines Turms betrieben werden. Bei der Planung solch einer vierseitigen Turmuhr mit nur einem Antriebsmotor soll man aber nicht außer acht lassen, daß sie für Unwetterstörungen (Sturm, Schnee, Eis) empfänglicher ist, als wenn der Motor nur ein oder zwei Zeigerwerke anzutreiben hat. Es kann deshalb u. U. zweckmäßiger sein, für die vierseitige Turmuhr zwei Motorzeigerlaufwerke — je eines für zwei Zeigerwerke — vorzusehen, was noch den weiteren Vorteil hat, daß im Falle eines Motorschadens nur zwei Zeigerwerke ausfallen. Weitere Beispiele für die Verbindung zwischen Motorzeigerlaufwerk und Zeigerwerken zeigen Bild 82 u. 83.

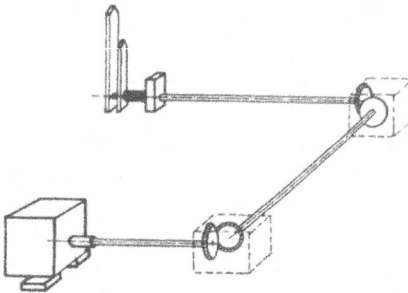

Bild 82.
Beispiele für die Verbindung zwischen Motorzeigerlaufwerk und Zeigerwerken.
Motorzeigerlaufwerk
2 Winkelräderwerke
1 Zeigerwerk

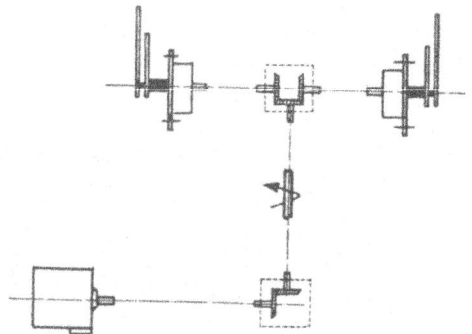

Bild 83
Motorzeigerlaufwerk
2 Winkelräderwerke
2 Zeigerwerke

6. Schlußbetrachtungen

Zusammenfassend sei noch einmal hervorgehoben, daß man mit Motorzeigerlaufwerken Turmuhren größten Ausmaßes — bis zu 5 m Zifferblattdurchmesser — anstandslos betreiben kann, deren Ganggenauigkeit bei Verwendung einer entsprechenden Hauptuhr höchsten Ansprüchen genügt. In dieser Hinsicht besonders günstig wirkt sich der Umstand aus, daß die Hauptuhr in räumlicher Beziehung vollkommen unabhängig ist, so daß man sie stets im bestgeeigneten Raum — trocken, erschütterungsfrei, gleichmäßig temperiert, bequem zugänglich usw. — unterbringen kann und wird, und wenn es die Studierstube des Herrn Pfarrers ist.

Gegenüber den vielen Vorzügen des Großuhrenantriebs durch Motorzeigerlaufwerke muß aber ausdrücklich darauf hingewiesen werden, daß sie nur dann voll zur Geltung kommen, wenn folgendes beachtet wird:

Derartige Anlagen stellen zwar bescheidene, aber unbedingt pünktlich und gewissenhaft zu erfüllende Ansprüche an Wartung und Pflege, wobei besonders Schmierung und Reinhaltung eine entscheidende Rolle spielen; auch der Motor verlangt, wie jeder Elektromotor, daß man sich hin und wieder nach seinem Befinden, besonders nach dem des Kollektors erkundigt.

Bild 84 Turmuhrauslöser nach Schonberg.

Alles weitere besagen die Vorschriften der Lieferwerke.

XV. Der Turmuhrauslöser (Bild 84)

Mechanische Turmuhren, besonders solche älterer Bauart, mit Pendel als Gangregler entsprechen hinsichtlich ihrer Ganggenauigkeit nicht mehr den heutigen Anforderungen. Das hängt mit den ungünstigen örtlichen Verhältnissen zusammen, unter denen die Turmuhr im allgemeinen gehen muß, denn ihr Pendel ist sowohl großen Temperaturschwankungen als auch mehr oder weniger starken, z. B. durch Glockenläuten hervorgerufenen Erschütterungen ausgesetzt, wodurch wesentliche Beeinflussungen der Ganggenauigkeit entstehen.

Um nun die kostspieligen und außerordentlich langlebigen, oft auch kulturhistorisch wertvollen Turmuhr-Gehwerke weiter in Betrieb halten und trotzdem den heutigen hohen Ansprüchen an Ganggenauigkeit gerecht werden zu können, hat man den elektrischen »Turmuhrauslöser« entwickelt, dem folgender Gedanke zugrunde liegt:

Man befreit das Turmuhr-Gehwerk von der Hemmung (Anker und Pendel) und kuppelt die Steigradwelle mit einem zusätzlichen Laufwerk, das seinerseits durch eine elektrische Nebenuhr alle Minuten ausgelöst wird. Hierdurch wird die Steigradwelle minutlich zu einer vollen oder Teilumdrehung (das richtet sich nach der Art des ursprünglichen Pendelgangs) freigegeben und, nachdem sich die Zeiger um 1 min fortbewegt haben, wieder angehalten.

Die Auslöse-Nebenuhr kann entweder an eine vorhandene elektrische Uhrenanlage, z. B. eine Stadtuhrenanlage, angeschlossen oder von einer besonders für diesen Zweck vorzusehenden Hauptuhr bedient werden; entscheidend ist die hohe Ganggenauigkeit der Hauptuhr, die sich zwangsläufig auf die Turmuhr überträgt.

Der Turmuhrauslöser macht also die Turmuhr gewissermaßen zu einer elektrischen Nebenuhr, deren Ganggenauigkeit allein von der Hauptuhr abhängig ist. Gewichtsantrieb und Aufzug — sei es Hand-, sei es Motoraufzug — werden hierdurch nicht berührt. Auch etwaige Schlagwerkseinrichtungen werden nach wie vor vom Turmuhr-Gehwerk ausgelöst, aber zeitrichtig, da ja dieses selbst dank des Turmuhrauslösers immer richtig geht.

Bild 85. Turmuhrausloser, unmittelbar am Gehwerk angebracht.

Im übrigen bilden Nebenuhr, Auslösemechanismus und Laufwerk einen in sich geschlossenen Apparatsatz, Turmuhrauslöser genannt, der entweder unmittelbar am Turmuhr-Gehwerk montiert oder durch eine Kettenradübertragung oder durch eine Gelenkwelle mit diesem gekoppelt wird (Bild 85—87). Das richtet sich ganz nach der Turmuhr-Konstruktion, den örtlichen Verhältnissen usw.

Auffallend an diesem Schönbergschen Turmuhrauslöser ist das besondere Laufwerk. Man sollte annehmen, daß es doch viel einfacher wäre, den Auslösemechanismus unmittelbar auf die Steigradwelle wirken zu lassen, statt noch ein besonderes Laufwerk dazwischenzuschalten,

Bild 86 Turmuhrausloser mit Kettenubertragung.

und tatsächlich gibt es auch solche Ausführungsarten. Die Gründe, die
Schönberg zu seiner Konstruktion mit Laufwerk veranlaßt haben, sind
aber nicht von der Hand zu weisen. Löst man die Steigradwelle unmittelbar aus, dann muß sie mit einer selbsttätigen Bremse (»Windfang«) versehen werden, die angesichts der großen Verschiedenheit von

8*

Turmuhr-Gehwerken von Fall zu Fall besonders angefertigt und auf
die Steigradwelle besonders aufgepaßt werden muß. Beim Schönbergschen
Turmuhrauslöser sitzt die Bremse in Gestalt eines kräftigen einstellbaren Fliehkraftreglers im Läufwerk, so daß das Turmuhrwerk keiner
weiteren Ergänzung bedarf.

Bild 87. Turmuhrauslöser mit Gelenkwellenübertragung.

Noch wichtiger ist der mit dem zusätzlichen Laufwerk erkaufte
zweite Vorteil. Auch er hängt mit der großen Verschiedenheit der Turm-
uhrfabrikate besonders hinsichtlich ihrer Hemmung und Pendellänge
zusammen und besteht darin, daß der gleiche Turmuhrauslöser für vier
verschiedene Turmuhrarten verwendbar ist, die sich durch die Umdrehungsgeschwindigkeit ihrer Steigradwellen unterscheiden.

Das Laufwerk, dessen Endwelle unmittelbar mit der Steigradwelle
gekuppelt ist und das infolgedessen seinen Antrieb vom Turmuhr-

Gehwerk erhält, besitzt ein auf der Endwelle sitzendes großes sechs-speichiges Zahnrad, das wir »Stop-Rad« nennen wollen. Über ein Trieb treibt es den Fliehkraftregler an, der dafür sorgt, daß das Gehwerk nach jeder minutlichen Auslösung nur mit mäßiger Geschwindigkeit abläuft, wodurch schädliche Materialbeanspruchungen, die vorzeitige Abnutzung zur Folge haben würden, vermieden werden.

Bei Turmuhrwerken mit Graham-Gang und $1/1$-Sekundenpendel macht die Steigradwelle eine Umdrehung in der Minute, muß demnach vom Auslöser minutlich zu einer vollen Umdrehung freigegeben werden. Zu diesem Zweck sitzt auf einer der sechs Speichen des Stoprades ein Stopnocken, in dessen Weg eine zum Auslösemechanismus gehörende Palette liegt, durch die das Rad angehalten wird. Nach Auslösen eines Fallhebels, das von der NU bewirkt wird, macht die Palette eine den Stopnocken freigebende Wendung, so daß das Laufwerk zu laufen beginnt. Das sich drehende Rad stellt den Fallhebel wieder zurück, wobei die Palette wieder in die Nockenbahn eintritt, so daß sich nach Vollendung einer vollen Umdrehung der Nocken erneut an der Palette fängt, womit das Laufwerk stillgesetzt wird. Mit dieser einen Umdrehung des Stoprades, die etwa 5 s dauert, werden die Turmuhrzeiger um 1 min fortgestellt.

Nun gibt es aber auch Turmuhrwerke, besonders solche älterer Bauart, bei denen die Steigradwelle zu einer Umdrehung 2, 3, ja sogar 6 min benötigt, was von der Art der verwendeten Hemmung und der Pendellänge abhängt. In allen Fällen ist der gleiche Schönbergsche Turmuhrauslöser verwendbar, der lediglich durch die verschiedene Anzahl der Stopnocken (2, 3 oder 6) dem jeweiligen Turmuhrwerk angepaßt werden muß. Das ist leicht verständlich, wenn man sich folgendes vergegenwärtigt:

Bei einer Umdrehungsgeschwindigkeit der Steigradwelle von $1/2$ U/min muß das Stoprad nach jeder Minutenauslösung eine halbe Umdrehung machen, muß demnach zwei um 180° versetzte Stopnocken besitzen; bei einer Umdrehungsgeschwindigkeit von $1/3$ U/min muß es drei um je 120° versetzte Stopnocken, und bei einer Umdrehungsgeschwindigkeit von $1/6$ U/min sechs um je 60° versetzte Stopnocken erhalten. Nun erkennt man auch, weshalb das Stoprad sechsspeichig ist; auf jeder Speiche werden nämlich die Gewindelöcher zum Aufsetzen der Stopnocken von Haus aus vorgesehen, so daß die Anpassung des Turmuhrauslösers an die vorgenannten vier verschiedenen Turmuhrgehwerke keinerlei Schwierigkeiten macht. Nur bei noch anderen Übersetzungsverhältnissen muß durch ein zusätzliches Vorgelege die Stoprad-Übersetzung der Turmuhr besonders angepaßt werden.

Bei alten Turmuhrwerken, die mitunter ganz willkürlich übersetzt sind, kann man sehr unliebsame Überraschungen erleben, wenn man es vor Einschaltung des Turmuhrauslösers unterläßt, die vom Pendel geregelte Umdrehungsgeschwindigkeit der Steigradwelle genau zu ermitteln. Denn die geringste Unstimmigkeit im Übersetzungsverhältnis zwischen Auslöser und Uhrwerk hat naturgemäß das Falschgehen der Turmuhr zur Folge.

Die Auslöse-Nebenuhr unterscheidet sich von einer normalen NU

1. durch das besonders kräftige Zwillingsdrehanker-System, dessen Fanghebelstifte bei jeder Viertel-Ankerdrehung einen kleinen Auslösehebel betätigen, der seinerseits erst den die Stop-Palette steuernden kräftigen Gewichtsfallhebel freigibt,

2. durch das kleine Zifferblatt, das lediglich Kontrollzwecken bei der Einstellung dient.

Vervollständigt wird der Turmuhrauslöser durch den Dauerauslöser, das ist ein Handhebel, der nach Niederdrücken das Laufwerk unabhängig von der NU freigibt und nach Zurückstellen anhält zu dem Zweck, die Turmuhrzeiger, z. B. beim Inbetriebsetzen, im Schnellverfahren auf richtige Zeit einzustellen.

XVI. Motorschlagwerke

1. Allgemeines

Wenn schon für den Antrieb großer Turmuhr-Zeigerwerke der Elektromotor ein brauchbarer Helfer ist (vgl. S. 104 Motorzeigerlaufwerke), so ist er es in noch höherem Maße für den Betrieb von Turmuhrschlagwerken, die seit Jahrhunderten durch schwere Gewichte betätigt werden. Der Gewichtsantrieb für derartige Schwerarbeit ist aber stets mit verschiedenen Nachteilen behaftet, wozu in erster Linie die Notwendigkeit des täglichen Aufziehens gehört, denn die Schwerkraft ist keineswegs eine kostenlose Kraftquelle, sondern sie leistet nur soviel Arbeit, wie man vorher in sie hineingesteckt hat. Der Elektromotor ist dagegen — besonders wenn die Möglichkeit des Anschlusses an ein Starkstromnetz gegeben ist — immer stark und arbeitswillig, dabei bescheiden in seinen Ansprüchen an Wartung und Pflege.

Turmuhrschlagwerke unterscheiden sich nach drei Ausführungsarten:

 a) Schlagwerk nur für Voll- oder für Voll- und Halbschlag, wobei die halbe Stunde jeweils immer nur durch einen Schlag angezeigt wird. In Anlehnung an die französische Uhrmacherbezeichnung »Petite Sonnerie« soll im nachstehenden diese Art von Schlagwerk als »Kleinschlagwerk« bezeichnet werden, wobei jedoch ausdrücklich bemerkt sei, daß diese Bezeichnung mit Glockengröße und Hammergewicht nichts zu tun hat.

 b) Schlagwerk für Voll- und 4-Viertelschlag; es sei in Anlehnung an die französische »Grande Sonnerie« als »Großschlagwerk« bezeichnet, jedoch ebenfalls ohne Beziehung auf Glockengröße und Hammergewicht.

c) Kunstschlagwerke, das sind Großschlagwerke, bei denen die Viertelschläge unter Verwendung von mehreren abgestimmten Glocken mit klanglichen »Verzierungen« gegeben werden; hierzu gehören der sog. »Bim-Bam-Schlag« und das weltbekannte »Westminster-Schlagwerk«.

Uns interessieren zunächst nur die zum Motorbetrieb erforderlichen elektromechanischen Steuerwerke, die wir entsprechend der vorgenannten Namengebung mit Kleinsteuerwerk und Großsteuerwerk bezeichnen und im nachstehenden ausführlich behandeln wollen mit dem Ziel, demjenigen, der sich mit der Beschaffung, dem Einbau und der Pflege derartiger Werke zu befassen hat, eine leicht verständliche und erschöpfende Einführung in diesen interessanten Zweig der Uhrentechnik zu geben. Dabei sei, abweichend von der vorgenannten Reihenfolge, mit dem Großsteuerwerk der Anfang gemacht, weil das von ihm bediente Großschlagwerk am verbreitetsten ist. Dieses besteht meist aus zwei klangverschiedenen Glocken für den Viertelstunden- und Stundenschlag, jede mit einem schweren Schlaghammer, der über eine Zugvorrichtung angehoben wird, um darauf mit eigener Schwerkraft gegen den Glockenrand zu fallen. Dem Schlagwerkmotor obliegt also weiter nichts als das Anheben der Schlaghämmer, das auf einfachste Weise geschieht, wie z. B. aus Bild 97 ohne weiteres ersichtlich ist.

2. Das Großsteuerwerk

Das Problem der elektrischen Schlagwerkeinrichtung liegt in der zeitgerechten Ein- und Ausschaltung der Motoren; von Schönberg wurde es gelöst durch ein von einem NU-Werk betätigtes sinnreiches Steuerwerk, in welchem sich älteste Uhrmacherkunst und moderne Elektrotechnik die Hand reichen. Merkmale der ersteren sind die seit Jahrhunderten bekannten sog. »Rechen«, das sind Zahnradsegmente, deren Zähne zum Auszählen der Viertel- und Vollschläge dienen. Merkmale der letzteren sind das NU-Werk sowie zwei Quecksilberschalter zur starkstrommäßigen Ein- und Ausschaltung der Schlagwerksmotoren.

Der grundsätzliche Arbeitsgang der Schlagwerkseinrichtung ist folgender:

1. Die HU steuert das NU-Werk,
2. das NU-Werk steuert die Rechen (Viertel- und Stundenrechen),
3. die Rechen steuern die Motorschalter »ein«,
4. die Motoren lassen die Hämmer schlagen und steuern den »Zählkontakt« (für das Abzählen der Schläge und die Rechenrückstellung),
5. die Rechen steuern die Motorschalter »aus«.

Zur Abwicklung dieser Vorgänge dienen folgende, im Steuerwerk vereinigte Schaltelemente, die in Bild 88 in Wirklichkeit, in Bild 89 schematisch, ferner in Bild 90—93 in verschiedenen Einzeldarstellungen gezeigt werden.

a) Auf der Minutenwelle des NU-Werks: eine Nockenscheibe (1) mit 4 Nocken, durch welche viertelstündlich ein Auslösehebel für die Rechenauslösung zunächst angehoben wird, um darauf minutengenau in die nächste Nockenlücke einzufallen.

Bild 88   Großsteuerwerk. (¹/₂ nat Größe.)

b) Ebenfalls auf der Minutenwelle: eine Stufenscheibe (2), Minutenstaffel genannt, deren Umfang 4 Stufen besitzt, durch welche der Einfallweg des Viertelrechens begrenzt wird dergestalt, daß die höchste Stufe den Rechen um einen Zahn, die nächstniedere um zwei, die nächstniedere um drei und die niedrigste um vier Zähne einfallen läßt, und zwar jeweils viertelstündlich nach erfolgter Auslösung. Prinzip s. Bild 90.

c) Auf dem Stundenrohr: Die Stundenstaffel (3) ähnlich der Minutenstaffel, jedoch mit 12 Stufen verschiedener Höhe, durch welche der

Einfallweg des Stundenrechens begrenzt wird, dergestalt, daß die höchste Stufe den Rechen um einen Zahn, die nächstniedere um zwei Zähne usw., die niedrigste also um zwölf Zähne einfallen läßt. Prinzip s. Bild 91.

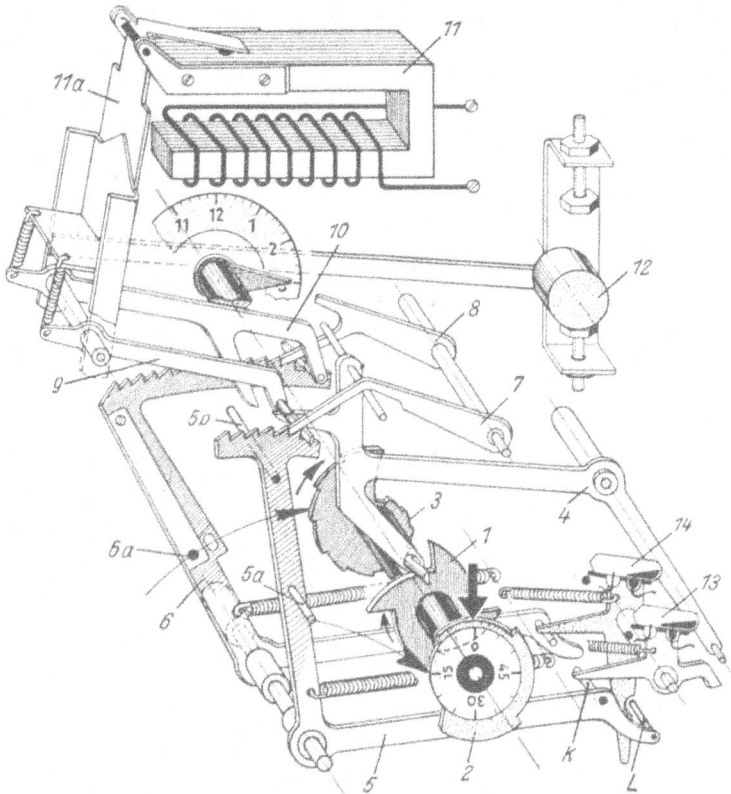

Bild 89. Kinematik des Großsteuerwerkes.

1	Nockenscheibe,	8	Sperrklinke,
2	Minutenstaffel,	9	kurzer Palettenhebel,
3	Stundenstaffel,	10	langer Palettenhebel,
4	Auslösehebel,	11	Rückstell- oder Zahlmagnet,
5	Viertelstundenrechen,	11a	Anker,
5a	Anschlagstift,	12	Rückstellgewicht,
5b	Hebstift,	13	Quecksilberschalter (für Viertel-
6	Stundenrechen,		schlag),
6a	Anschlagstift (verstellbar).	14	Quecksilberschalter (für Vollschlag).
7	Sperrklinke,		

d) Der Auslösehebel (4). Er ruht mit einer Palette auf der Nockenscheibe, durch deren Nocken er viertelstündlich angehoben wird, um darauf — jeweils genau nach Vollendung der 15., 30., 45. und 60. min — in die nächste Nockenlücke einzufallen.

Er hat 2 Funktionen:

a) Auslösen des Viertelstundenrechens,
b) Steuerung des Viertelschalters »ein«.

e) Der Viertelstundenrechen (5), Prinzip s. Bild 90. Er ist als zweiarmiger Winkelhebel ausgebildet. Der eine Arm, der als Zahnkranz mit 6 Zähnen (4 »Schlag«- und 2 »Halte«-Zähne) endet, ist mit einem Anschlagstift (5a) versehen, welcher beim Einfallen des Rechens auf die Minutenstaffel trifft. Der andere Arm trägt an seinem Ende zwei Stifte, einen kurzen und einen langen, die zur Steuerung benachbarter Teile (Stundenrechen und Vollschalter) dienen.

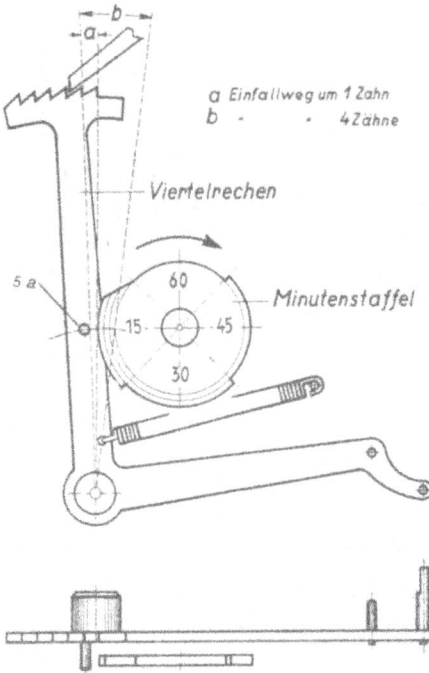

Somit hat der Viertelrechen 3 Funktionen:

1. Abzählen der Viertelschläge (1 bis 4),

2. Ver- und Entriegeln des Viertelschalters (durch den kurzen Stift),

3. Entriegeln des Vollschalters (durch den langen Stift).

f) Der Stundenrechen (6), Prinzip s. Bild 91. Auch er ist als zweiarmiger Winkelhebel ausgebildet. Der eine Arm, der als Zahnkranz mit 18 Zähnen (12 »Schlag«-, 4 »Blind«- und 2 »Halte«-Zähne)[1] endet, ist mit einem Anschlagstift (6a) ver-

Bild 90. Minutenstaffel und Viertelrechen.

_____

[1] Da bei jeder vollen Stunde Viertel- und Stundenrechen gleichzeitig ausgelöst werden, aber naturgemäß nacheinander zurückgestellt werden müssen, besitzt der Stundenrechen (außer den beiden Haltezahnen) 4 sog. Blindzahne — entsprechend den 4 Schlagzähnen des Viertelrechens — um die er gleichzeitig mit dem Viertelrechen gewissermaßen im Leerlauf zurückgestellt wird. Seine weitere Rückstellung erfolgt erst bei Abgabe der Stundenschläge, deren Abzählung demnach erst mit dem 5. Zahn — der als erster gilt — beginnt.

Beim Kleinsteuerwerk entfällt, wie wir später sehen werden, der Viertelrechen, womit auch die Blindzähne im Stundenrechen entbehrlich werden. Um aber für beide Steuerwerke den gleichen Stundenrechen verwenden zu können — was wegen vereinfachter Fabrikation und Lagerhaltung erwünscht ist — sind für den Anschlagstift (6a) zwei Stellungen vorgesehen: die eine, bei der der Rechen stets um 4 Blindzähne mehr einfällt als der jeweiligen Staffelstufe entspricht (im Großsteuerwerk), die andere, bei der er genau der Staffelstufe entsprechend, also ohne Blindzähne, einfällt (im Kleinsteuerwerk). Daß der Rechen infolgedessen bei Verwendung im Kleinsteuerwerk mehr Zahne als notwendig besitzt, hat nichts zu sagen, weil die 4 überflussigen Zahne ans Ende rücken, wo sie fur die Steuervorgange ohne Bedeutung sind.

sehen, der beim Einfallen des Rechens auf die Stundenstaffel trifft. Dieser auf der Stirnseite abgeschrägte Anschlagstift sitzt auf einer Blattfeder und tritt durch ein Loch im Rechenarm hindurch, ist demnach beweglich. Das hat den Zweck, daß er, falls keine Rechenrückstellung erfolgt — bei Aussetzen des Netzstroms (vgl. S. 126) — von der weitergehenden Staffel beiseite gedrückt werden kann, ohne daß sich an der Rechenstellung etwas ändert.

Der andere Arm trägt an seinem Ende einen Stift, der auf den benachbarten Vollschalter übergreift, um ihn zu steuern.

Somit hat der Stundenrechen 2 Funktionen:

a) Abzählen der Stundenschläge (*1* bis *12*),

b) Steuerung des Vollschalters »aus«.

Beide Rechen stehen unter dem Einfluß von Zugfedern und haben infolgedessen das Bestreben, nach rechts einzufallen, solange sie nicht durch Sperrklinken und Paletten daran gehindert werden.

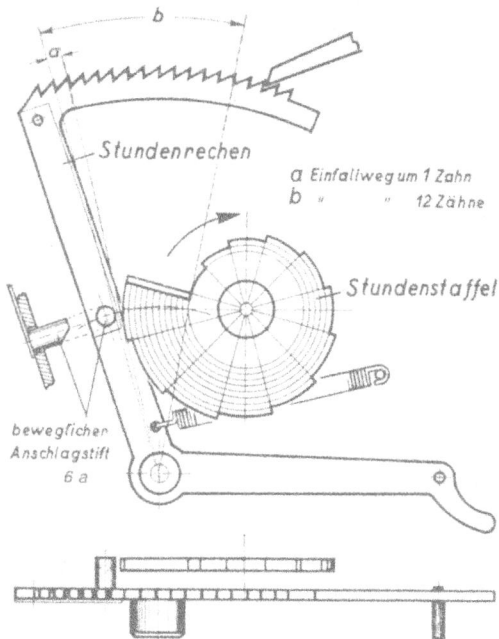

Bild 91   Stundenstaffel und Stundenrechen.

g) Zwei Sperrklinken *7* und *8*; die eine sperrt den Viertelrechen, die andere den Stundenrechen. Beide werden durch den Auslösehebel nach Bedarf ausgeklinkt.

h) Zwei Palettenhebel *9* und *10*; sie sind am Anker des Elektromagneten angelenkt. Die Palette des kurzen Hebels (*9*) greift in die Zähne des Viertelrechens, die des langen (*10*) in die Zähne des Stundenrechens ein. Sie dienen zur Rechenrückstellung, nachdem sie vorher ausgeklinkt wurden. Hebel *9* wird durch den Auslösehebel, Hebel *10* durch einen Hebstift (*5b*) im Viertelrechen ausgeklinkt.

i) Elektromagnet (*11*), Rückstell- oder Zählmagnet. An seinem Anker (*11a*) sitzen die Palettenhebel, außerdem an einem langen Hebelarm ein Gewicht (*12*) als Antriebskraft für die Rechenrückstellung (indirekter Schrittschaltantrieb).

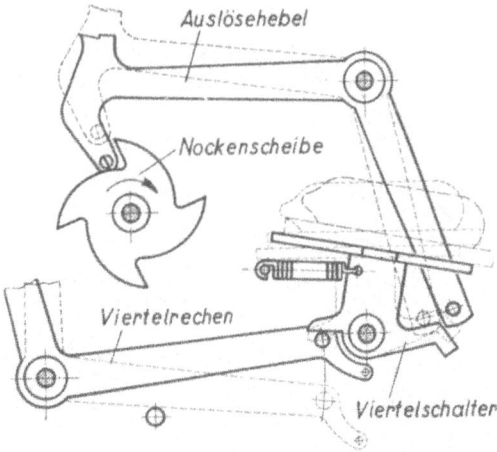

Bild 92. Kinematik des Viertelschalters.

k) Quecksilberschalter (*13* und *14*), Bild 92 und 93. Sie schalten die Schlagwerksmotoren unmittelbar ein und aus (Viertelschalter und Vollschalter). Die Quecksilberröhren sind auf Pertinaxplatten befestigt, die auf hebelartigen Haltern sitzen, durch die die Röhren nach links in die »Ein«- und nach rechts in die »Aus«-Stellung gekippt werden können. Beide Schalthebel haben unter der Einwirkung von Zugfedern das Bestreben, stets die »Ein«-Stellung einzunehmen, sind aber mit Sperrnasen, der Vollschalter außerdem mit einer Einfallrast versehen, wodurch sie in der Ruhelage in der »Aus«-Stellung gehalten und nur jeweils nach Bedarf entriegelt werden. Dies geschieht viertelstündlich bzw. stündlich durch ein sinnreiches Wechselspiel zwischen

Auslösehebel,
Viertelrechen und
Stundenrechen,

das nachstehend im einzelnen erläutert wird.

1. Der Viertelstundenschlag. Im Ruhezustand verriegelt der Viertelrechen (mit dem kurzen Stift) den Viertelschalter, der Stundenrechen den Vollschalter, so daß beide Quecksilberkontakte geöffnet sind. Nach Einfallen des Viertelrechens (kurz vor Ablauf einer vollen

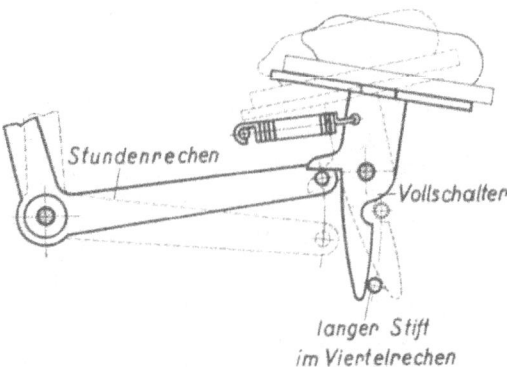

Bild 93. Kinematik des Vollschalters.

Viertelstunde) wird der Viertelschalter freigegeben, aber gleichzeitig erneut verriegelt durch den angehobenen Auslösehebel (s. Bild 89). Erst wenn dieser nach Vollendung der 15., 30., 45. oder 60. min in die nächste Nockenlücke einfällt, wird der Viertelschalter endgültig freigegeben und kippt infolgedessen zeitgenau in die »Ein«-Stellung. Hierdurch kommt der Viertelmotor zum Laufen

und betätigt das Schlagwerk mit 1, 2, 3 oder 4 Schlägen. Das Abzählen dieser 1 bis 4 Schläge erfolgt durch das Zusammenspiel zwischen
dem Viertelrechen, dem vom Schlagwerk nach jedem Schlag betätigten
Zählkontakt, der den Zählmagneten jedesmal kurz einschaltet, und
dem (vom Anker des Zählmagneten bewegten) kurzen Palettenhebel (9),
der den Viertelrechen nach jedem Schlag um einen Zahn zurückholt.
Auf diese Weise gelangt der Viertelrechen jeweils nach dem letzten
Viertelschlag in seine Ruhestellung, bei deren Erreichen er den Viertelschalter (mit dem kurzen Stift) in die »Aus«-Stellung kippt, womit
der Motor zum Stillstand kommt.

2. Der Stundenschlag. Dem Stundenschlag gehen stets die vier
Schläge des Viertelstundenschlags voraus. Das bedeutet, daß nicht nur
der Viertelrechen mit seinen vier Zähnen, sondern auch der Stundenrechen mit der der Stundenzeit entsprechenden Anzahl von Zähnen —
beispielsweise um 5 Uhr mit 5 Zähnen zuzüglich 4 Blindzähnen —
eingefallen ist und hierdurch den Vollschalter vorbereitend entriegelt
hat. Seine endgültige Freigabe erfolgt jedoch erst durch den Viertelrechen, nachdem dieser — nach Abgabe des 4. Viertelschlags — in seine
Ruhelage zurückgeholt ist. Dabei gleitet nämlich der im Viertelrechen
sitzende lange Stift an der langen Sperrnase des Vollschalthebels entlang
bis zum Erreichen der Rast, die dem Schalthebel das Einfallen gestattet,
wobei sich der Vollkontakt schließt (s. Bild 93). Hierdurch kommt
der Vollmotor zum Laufen, der das Schlagwerk in Gang setzt und
nach jedem Schlag durch Zählkontakt, Zählmagnet und langen Palettenhebel (10) den Stundenrechen Schritt für Schritt zurückholt. Nach Vollendung des letzten Schrittes hat der Stundenrechen seine Ruhelage
wieder erreicht, wobei der Rechenarm mit seinem Stift den Vollschalter
wieder in die »Aus«-Stellung kippt, womit der Motor ausgeschaltet wird.

Zusammenfassend seien die den Viertel- und Vollschlag bewirkenden
kinetischen Vorgänge noch einmal in einem Beispiel aneinander gereiht.

Beispiel: Das 12-Uhr-Schlagen.

1. Ausgangspunkt: Kurz vor 12 Uhr hebt die Nockenscheibe
   auf der Minutenwelle den Auslösehebel an, wodurch zunächst
   der Viertelrechen ausgeklinkt wird und infolgedessen einfällt.
   Mit seinem Hebstift (5b) hebt er dabei den Palettenhebel (10)
   so weit an, daß auch der Stundenrechen frei wird und ebenfalls
   einfällt.

2. Zu dieser Zeit steht die Minutenstaffel so, daß
       der Viertelrechen um 4 Zähne,
   und die Stundenstaffel so, daß
       der Stundenrechen um 12 Zähne (zuzüglich 4 Blindzähne)
   einfällt.
       (Der Uhrmacher sagt: Das Schlagwerk hat »ausgehoben«.)

3. Nach Vollendung der 60. min fällt der Auslösehebel in die Nocken-
   lückĕ, entriegelt hierdurch den Viertelschalter, der infolgedessen
   in die »Ein«-Stellung kippt, so daß der Viertelmotor zu laufen
   beginnt und das Viertelschlagwerk in Gang setzt.
4. Durch Zählkontakt, Zählmagnet und kurzen Palettenhebel wird
   nach jedem Viertelschlag der Viertelrechen um einen Schritt
   zurückgeholt, erreicht infolgedessen nach vier Schritten seine
   Ruhelage, in der er den Viertelschalter aus- und den Stunden-
   schalter einschaltet.
5. Infolgedessen beginnt der Vollmotor zu laufen und setzt das
   Vollschlagwerk in Gang.
6. Nach jedem Schlag wird durch Zählkontakt, Zählmagnet und
   langen Palettenhebel der Stundenrechen Schritt für Schritt
   zurückgestellt, bis er nach dem 12. Schritt wieder in seiner Ruhelage angekommen ist, in der er den Vollkontakt in die »Aus«-
   Stellung kippt, womit Motor und Schlagwerk zur Ruhe kommen
   und der gesamte Arbeitsgang des 12-Uhr-Schlagens beendet ist.

3. Die selbsttätige Schlagwerks-Richtigstellung

Jeder Laie, der einmal die Richtigstellung eines in Unordnung ge-
ratenen Hausuhr-Schlagwerks versucht hat, weiß, welches Durcheinander dabei entstehen kann. Es ist deshalb von nicht zu unter-
schätzender Bedeutung, daß sich das Schönbergsche Motorschlagwerk
rein selbsttätig korrigiert, wenn es infolge Stromaussetzens eine Zeit
lang außer Betrieb war und infolgedessen bei Wiedereinsetzen des
Stroms nicht mehr mit der Uhrzeit übereinstimmt. Dabei ist es gleichgültig, wie lange die Außerbetriebsetzung dauert, zu welchem Zeitpunkt
sie beginnt (z. B. ob während einer Schlagperiode oder innerhalb der
Ruhezeit) und zu welchem Zeitpunkt sie wieder aufhört. In jedem Fall
tritt sofort nach Wiedereinsetzen des Netzstroms das Schlagwerk in
Tätigkeit, so daß die Glocken entsprechend dem jeweiligen Stand des
Viertel- und Stundenrechens schlagen, also zunächst falsch schlagen
(sofern nicht zufällig die Zeit des Stromeinsetzens dem Stand der Rechen
entspricht). Nach Beendigung des Fehlschlagens ist aber das Schlagwerk
wieder in Ordnung, d. h. nach Ablauf der nächsten Viertelstunde erfolgt
richtiges Schlagen, einerlei, ob es sich um den $\frac{1}{4}$-, $\frac{1}{2}$-, $\frac{3}{4}$- oder Vollschlag handelt. Es gibt also nach Stromwiederkehr nur ein einmaliges
Fehlschlagen, das man als »Korrekturschlagen« bezeichnen kann.

Zum Verständnis dieses, im ersten Augenblick verblüffenden Sach-
verhalts braucht man sich nur folgendes zu vergegenwärtigen:

Nach Aussetzen des Netzstroms hört nicht nur das Laufen der
Motoren, sondern auch die Tätigkeit des Rückstellmagneten auf, so
daß eine Rechenrückstellung nicht mehr stattfindet. Dagegen drehen

sich Minuten- und Stundenstaffel unaufhaltsam weiter; auch der Auslösehebel wird im regelmäßigen Viertelstundenrhythmus erst angehoben, um nach Vollendung jeder Viertelstunde wieder einzufallen. Hieraus ergibt sich, daß nach einer gewissen Zeit — längstens nach 12 h vom Zeitpunkt des Stromaussetzens ab — beide Rechen voll eingefallen sind und der Viertelschalter geschlossen ist. Sobald nun der Strom wiederkehrt — einerlei zu welchem Zeitpunkt — beginnt sofort der Viertelmotor zu laufen und seine 4 Schläge abzugeben, wobei der Viertelrechen zurückgestellt wird. Dieser, in die Ruhelage zurückgekehrt, schließt den Vollschalter, so daß nun auch der Vollmotor seine 12 Schläge abgibt und der Stundenrechen in die Ruhelage zurückkehrt, womit das Korrekturschlagen beendet ist.

Nach Vollendung der nächsten Viertelstunde, also u. U. unmittelbar nach der Korrektur, fällt der Viertelrechen erneut ein, jetzt aber nur so weit, wie es der Stellung der Minutenstaffel entspricht, so daß sich das nunmehrige Schlagen wieder zeitgerecht vollzieht.

Der Umfang des Korrekturschlagens richtet sich nach dem Zeitpunkt, zu dem das Netz stromlos wird und nach der Dauer dieses Zustands; im Mindestfalle besteht es aus einem Viertelschlag, im Höchstfalle — wie bereits erwähnt — aus 4 Viertel- und 12 Stundenschlägen. Liegen jedoch Beginn und Ende der Stromlosigkeit innerhalb einer Viertelstunde, dann wird naturgemäß die Schlagwerkseinrichtung überhaupt nicht in Mitleidenschaft gezogen.

4. Das Klein-Steuerwerk

Der Verzicht auf die Viertelschläge gestattet, auch bei Beibehaltung des Halbstundenschlags, eine wesentliche Vereinfachung des Steuerwerks. Es fallen weg (nach Bild 89):

der Viertelrechen (5),
eine Sperrklinke (7),
der kurze Palettenhebel (9),
die Viertelstaffel (2),
der Viertelschalter (13).

Folgende Teile des Groß-Steuerwerks erfahren die nachstehend genannten, übrigens verhältnismäßig geringfügigen Änderungen, während alles übrige in Form und Funktion unverändert bleibt (s. Bild 94).

1. Der Stundenrechen (6). a) Der erste »Halte«-Zahn wird auf halbe Zahnhöhe abgefräst. Das hat zur Folge, daß, wenn der den Rechen haltende Palettenhebel (10) nach vorangegangener Ausklinkung der Sperrklinke auf etwas über halbe Zahnhöhe angehoben wird, der Rechen um einen Schritt fällt, und zwar deshalb nur um einen Schritt, weil

er sich mit dem nächsten Zahn (normaler Höhe) sofort wieder an der Palette fängt.

Dieser Schritt des Stundenrechens, der nach erfolgtem Halbschlag rückgängig gemacht wird, wiederholt sich nach Vollendung jeder 30. min (d. h. halbstündlich) und dient zur Schließung des Motorschalters für den Halbstundenschlag.

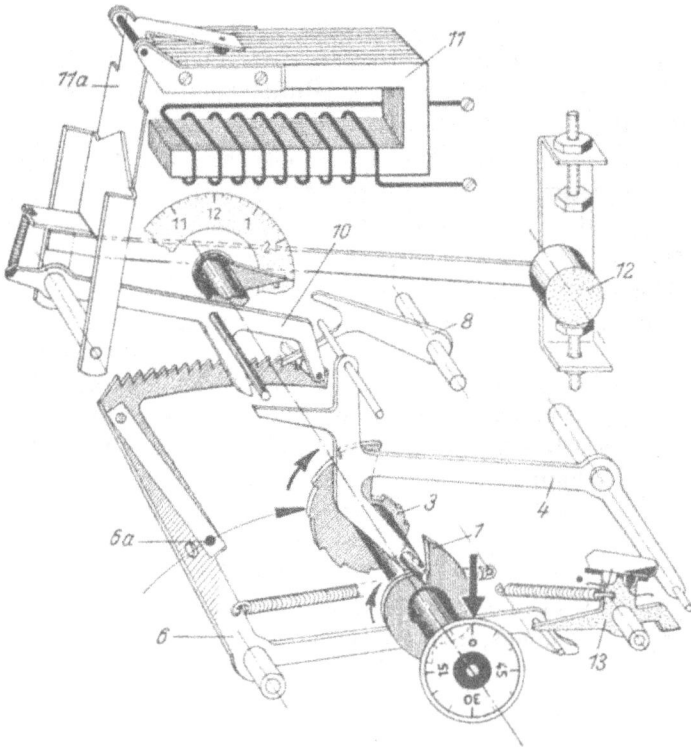

Bild 94. Kinematik des Kleinsteuerwerkes.

1	Nockenscheibe.	10	Palettenhebel.
3	Stundenstaffel,	11	Rückstellmagnet.
4	Auslösehebel,	11a	Anker.
6	Stundenrechen.	12	Rückstellgewicht,
6a	Anschlagstift (verstellbar)	13	Quecksilberschalter (für Voll- und
8	Sperrklinke,		Halbschlag).

b) Der Anschlagstift (6a) wird um soviel nach rechts verstellt, daß der Rechen bei der Stundenauslösung jeweils nur um soviel Zähne einfällt, als es der Stundenstaffelstellung entspricht.

2. Die Nockenscheibe (1). Sie besitzt nicht mehr 4, sondern nur noch zwei um 180° versetzte Nocken, von denen der eine etwas höher als der andere ist. Auf der Nockenscheibe ruht — mit einer Palette — der Auslösehebel (4), der von dem zu jeder vollen Stunde wirksam.

werdenden Hochnocken naturgemäß höher gehoben wird als von dem zu jeder halben Stunde wirksam werdenden Normalnocken. Hieraus ergibt sich, daß die Rechenauslösung zu jeder halben Stunde über den Halbzahn, zu jeder vollen Stunde normal erfolgt, wobei in letzterem Falle der Einfallweg des Rechens allein vom jeweiligen Stand der Stundenstaffel abhängig ist.

Die einzelnen Arbeitsgänge wickeln sich nunmehr wie folgt ab:

Beim ½-Schlag. Kurz vor Vollendung einer 30. min hebt die Nockenscheibe durch den Normalnocken den Auslösehebel, der seinerseits zunächst die Sperrklinke ausklinkt, womit der Rechen freigegeben wird. Er bleibt vorerst noch gehalten durch den Palettenhebel. Beim Weiterdrehen der Nockenscheibe steigt der Auslösehebel höher, so daß er mit seiner Nase den im Palettenhebel sitzenden Mitnehmerstift erfaßt, wodurch die Palette auf etwas über halbe Zahnhöhe angehoben wird, was die endgültige Freigabe des Rechens zur Folge hat. Der Rechen fällt um einen Schritt ein, gibt hierdurch den Motorschalter frei, der jedoch erst durch den nach Vollendung der 30. min einfallenden Auslösehebel entriegelt wird und infolgedessen in die »Ein«-Stellung kippt.

Der Motor läuft an, betätigt das Schlagwerk, das nach Abgabe des ersten Schlags den Zählkontakt betätigt, so daß der Zählmagnet anspricht und mittels des Palettenhebels den Rechen in die Ruhestellung zurückholt, bei deren Erreichen der Motorschalter in die »Aus«-Stellung gekippt und verriegelt wird, womit der Arbeitsgang des Halbstundenschlags beendet ist. Es handelt sich bei ihm also immer nur um einen Schlag, dessen Auslösung halbstündlich über den auf halbe Höhe abgefrästen ersten Zahn des Stundenrechens erfolgt.

Beim Stundenschlag. Zunächst vergegenwärtige man sich folgendes: Um 12.30 Uhr, 1 Uhr und 1.30 Uhr besteht das Glockenschlagen aus je einem Schlag, dessen Auslösung um 12.30 Uhr und 1.30 Uhr über Normalnocken und Halbzahn, um 1 Uhr — ebenso wie zu allen übrigen Vollstunden — über Hochnocken und Stundenstaffel erfolgt. Ausgangspunkt der Stundenschlagauslösung ist demnach der Hochnocken, der den Auslösehebel stets so hoch hebt, daß Sperrklinke und Palettenhebel den Stundenrechen ohne Rücksicht auf den Halbzahn freigeben, während der Einfallweg des Rechens (um die Anzahl der Zähne, die die Anzahl der Schläge bestimmt) vom jeweiligen Stand der Stundenstaffel abhängig ist.

Mit dieser Darlegung dürfte das Zustandekommen der Stundenschläge genügend geklärt sein, denn Ein- und Ausschaltung des Motorschalters, Abzählen der Schläge und Rechenrückstellung geschieht auf die gleiche Weise wie im Großsteuerwerk.

Auch die Verhältnisse beim vorübergehenden Aussetzen des Netzstroms sind die gleichen wie beim Großsteuerwerk, d. h. beim Wiedereinsetzen des Stroms hebt sofort das Korrekturschlagen an, dessen Umfang abhängig ist vom Zeitpunkt des Stromaussetzens und von der Dauer der Stromlosigkeit; im Höchstfalle beträgt es 12 Schläge. Liegen Beginn und Ende der Stromlosigkeit innerhalb einer Halbstunde, dann wird die Schlagwerkseinrichtung überhaupt nicht in Mitleidenschaft gezogen.

Nachdem wir hiermit das Kleinsteuerwerk für Voll- und Halbstundenschlag kennen gelernt haben, bleibt noch zu untersuchen, ob und gegebenenfalls welche weitere Vereinfachung bei Verzicht auf den Halbstundenschlag eintritt. Betrachtet man zu diesem Zweck noch einmal Bild 94, dann kann man sich leicht folgendes klar machen:

Fällt der Halbstundenschlag weg, dann braucht man auch keine Halbstundenauslösung. Deren Ausgangspunkt liegt aber im Normalnocken der Nockenscheibe, ohne ihn gibt es keine Halbstundenauslösung. Auch der Halbzahn im Stundenrechen ist dann nicht mehr erforderlich, er stört aber auch nicht, wenn er bestehen bleibt. Demnach liegt die ganze Vereinfachung nur in der Nockenscheibe, die statt zwei nur noch einen Nocken besitzt. Da sich eine Verbilligung hieraus nicht ergibt, liegt also eigentlich kein Anlaß vor, auf den Halbstundenschlag zu verzichten. Daß man es trotzdem öfters tut, erklärt sich daraus, daß der nur mit einem Schlag ausgestattete Halbstundenschlag jedesmal um 12.30 Uhr, 1 Uhr und 1.30 Uhr die Frage offen läßt, um welche der

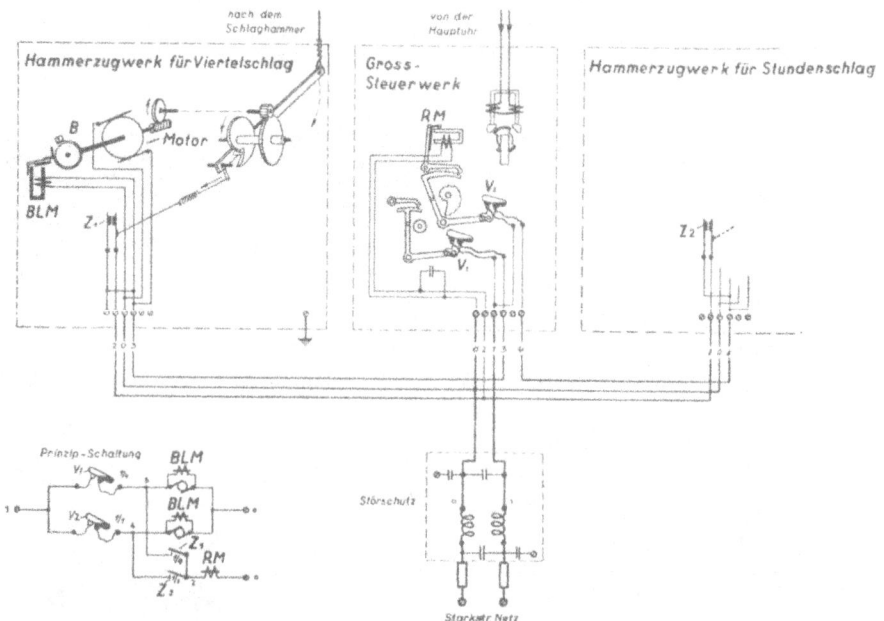

Bild 95. Großschlagwerksanlage. Montagestromlauf.

drei Zeiten es sich handelt und aus diesem Grunde mitunter bean-
standet wird.

5. Das Hammerzugwerk (s. Bild 101)

Es besteht aus dem Elektromotor mit Zahnradvorgelege und Nockenscheibe, ferner dem einarmigen Hammerzughebel, einer elektrisch lüft-
baren Motorbremse und einer Kon-
takteinrichtung, dem sog. Zählkontakt.

Der Motor treibt über das
Vorgelege die Nockenscheibe (Exzenter) so an, daß sie in etwa 2 s
eine Umdrehung macht. Dabei
drückt der Nocken den Zughebel
nach unten, der dadurch den
Schlaghammer über eine Zugvorrichtung anhebt. Nachdem der
Nocken seine höchste Stellung erreicht hat, gibt er den Zughebel
plötzlich frei, der infolgedessen
zurückschnellt, so daß der ange-
hobene Schlaghammer mit eigener
Schwerkraft auf den Glockenrand
fällt. Eine Prellfeder sorgt dafür,
daß nach erfolgtem Schlag zwischen Hammer und Glocke ein
gewisser Abstand bleibt, damit
das volle Ausklingen der Glocke
nicht beeinträchtigt wird. Im Zurückschnellen betätigt der Zughebel den Zählkontakt, durch den
der Rechen-Rückstellmagnet im
Steuerwerk kurz eingeschaltet
wird, was sich bei jedem Schlag
wiederholt.

Wesentlich für das einwand-
freie Funktionieren des Schlag-

Bild 96. Kleinschlagwerksanlagen.
Montagestromlauf.

werks ist die als Bandbremse ausgebildete Motorbremse, die die sofortige Stillsetzung des Motors nach öffnen des Motorschalters im Steuerwerk bewirkt. Sie wird gelüftet durch einen Elektromagneten, dessen
Wicklung parallel zum Motor liegt, so daß im Augenblick der Strom-
öffnung die von einer Feder angezogene Bandbremse wirksam wird.

Der vom Motorschalter (Voll- und Viertelschalter) im Steuerwerk
eingeschaltete Starkstromkreis verläuft demnach in drei Zweigen, nämlich

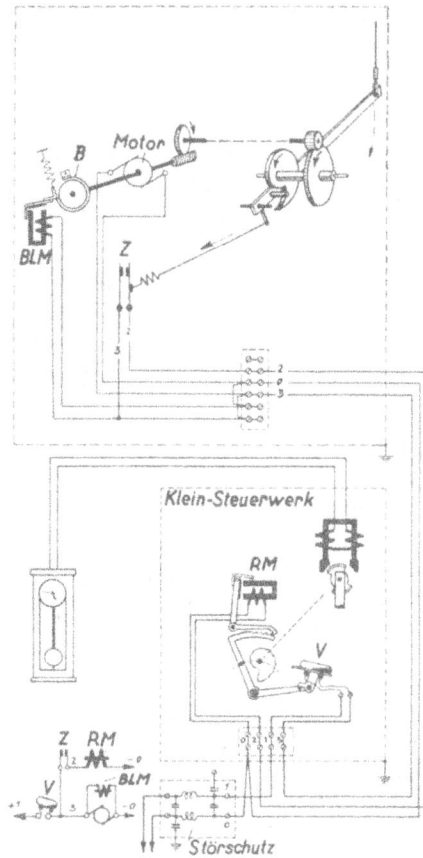

9*

a) über den Motor,

b) über den Bremslüftmagneten,

c) über den Rückstellmagneten (über den Zählkontakt).

Zum Großschlagwerk gehören stets zwei Hammerzugwerke (für Viertel- und Vollschlag), während das Kleinschlagwerk mit einem auskommt, das auch den Halbschlag bedient.

Montageschaltungen kompletter Schlagwerksanlagen zeigen Bild 95 u. 96, die nach dem Vorhergesagten keiner weiteren Erläuterung bedürfen.

Wichtig ist es, sich schon bei der Planung über die Stromverhältnisse in dem in Betracht kommenden Starkstromnetz zu unterrichten, weil der Bremslüftmagnet keine großen Stromschwankungen verträgt. Sind solche zu erwarten, dann verwendet man als Kraftquelle zweckmäßiger eine Akkumulatorenbatterie von 24 V, die dann gleichzeitig als Uhrenbatterie und zum Betrieb der Motorzeigerlaufwerke dient. Dabei ist auf genügend große Kapazität zu achten, damit bei zeitweisem Aussetzen des Netzstroms keine Betriebsstörung eintritt.

6. Das Westminster-Schlagwerk [1])

Unter »Westminster-Schlagwerk« versteht man eine Schlagwerkseinrichtung, zu der 5 in bestimmter Tonfolge abgestimmte Glocken gehören, z. B. cis—fis—gis—ais und tiefes h.

Mit den 4 erstgenannten Glocken werden 5 verschiedene Klangfiguren I bis V gebildet:

---

[1]) Es wird hier nur deshalb ausführlich behandelt, weil es dem Uhrenfachmann ein feststehender Begriff ist. Neben dem Westminster-Schlagwerk gibt es zahlreiche andere Kunstschlagwerke, deren Glocken bekannte deutsche Liedanfänge schlagen (z. B. »Üb immer Treu und Redlichkeit«) und die durch im Prinzip gleiche Schlagwerkseinrichtungen gesteuert werden.

Sie werden am Ende jeder Viertelstunde in folgender Reihenfolge geschlagen:

um ¼ 1 Klangfigur (I),
um ½ 2 Klangfiguren (II und III),
um ¾ 3   »   (IV, V und I),
um ⁴/₄ 4   »   (II, III, IV und V).

Es findet also eine Wiederholung der Reihenfolge von der vorletzten Figur des ³/₄-Schlags ab statt, was eine erhebliche Vereinfachung der Schlagwerkskonstruktion ermöglicht.

An den ⁴/₄-Schlag schließen sich die Vollschläge in der der jeweiligen Tageszeit entsprechenden Anzahl an unter Verwendung der tiefen h-Glocke.

Die Abgabe der Schläge erfolgt durch zwei mit Motor angetriebene Hammerzugwerke, das eine für das 4 Glocken-Werk (Viertelschläge), das andere für das 1-Glocken-Werk (Vollschläge).

Die zeitgerechte Ein- und Ausschaltung der Motoren erfolgt durch ein normales Großsteuerwerk, das seinerseits von einer Hauptuhr bedient wird.

Der Kernpunkt des Westminsterschlags liegt im Hammerzugwerk für das 4-Glocken-Werk, das mittels zweier Nockenscheiben und 4 Zughebeln zu jeder Viertelstunde die Glocken in der Reihenfolge der jeweiligen Klangfiguren unter Einhaltung gleichmäßiger Pausen zwischen den einzelnen Klangfiguren anschlagen läßt.

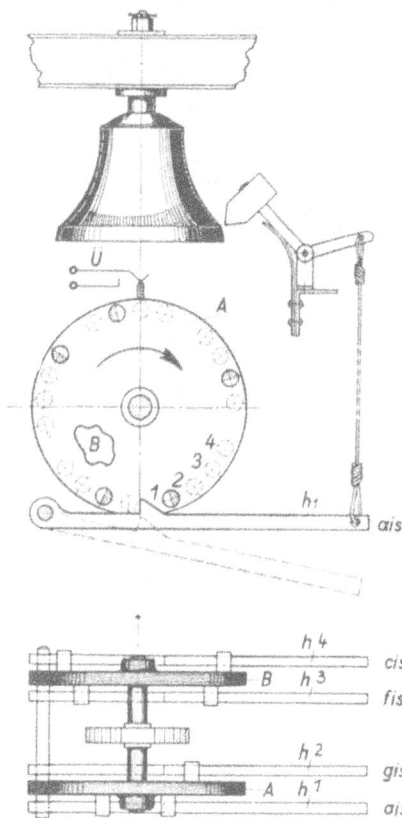

Bild 97   Hammerzugwerk für Westminsterschlag.

Das Prinzip zeigt Bild 97.

Die beiden Nockenscheiben A und B sind auf beiden Seiten mit Nocken besetzt, durch welche die 4 Hammerzughebel h_1 bis h_4 abwechselnd betätigt werden. Die Nocken sind so in einer Kreisbahn angeordnet, daß je 4 eine Gruppe bilden, wobei z. B. Nocken 1 und 2 auf der Vorder- bzw. Rückseite der Scheibe A, Nocken 3 und 4 auf der Vorder- bzw. Rückseite der Scheibe B sitzen.

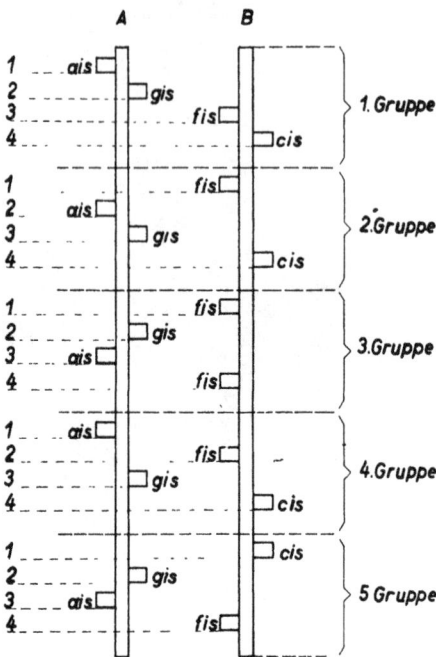

Bild 98. Nockenscheiben, abgewickelt.

Im ganzen sind 5 Gruppen — entsprechend den 5 Klangfiguren — vorgesehen, so daß jede Gruppe einschließlich der für die Pausen erforderlichen Zwischenräume einen Kreisabschnitt von 72⁰ einnimmt.

Wenn die fest auf einer gemeinsamen Achse sitzenden Nockenscheiben von einer bestimmten Anfangsstellung ab gedreht werden, dann betätigen die 5 Nockengruppen nacheinander 5mal die 4 Hammerzughebel. Da nun, wie aus Bild 98 hervorgeht, das die Nockenkreise mit ihren 20 Nocken in abgewickeltem Zustand zeigt, die Stellung der Nocken zueinander innerhalb jeder Gruppe verschieden ist, so schlägt jede Nockengruppe ihre eigene Klangfigur. Es werden also bei einmaliger Umdrehung der Scheiben 5, bei zweimaliger Umdrehung 10 Klangfiguren geschlagen. Dabei werden die Nockenscheiben so gesteuert, daß

$$\text{nach der 1. Viertelstunde} \quad 1$$
$$\text{»} \quad \text{»} \quad 2. \quad \text{»} \quad 2$$
$$\text{»} \quad \text{»} \quad 3. \quad \text{»} \quad 3$$
$$\text{»} \quad \text{»} \quad 4. \quad \text{»} \quad \underline{4}$$

d. s. im ganzen 10 Klangfiguren, geschlagen werden.

Mit anderen Worten: Innerhalb einer Stunde machen die beiden Scheiben A und B zwei Umdrehungen; dabei werden sie durch den Zählkontakt am Hammerzugwerk und durch Viertelrechen und Rückstellmagnet im Steuerwerk so gesteuert, daß die Umdrehungswege betragen:

$$\text{beim } \tfrac{1}{4}\text{-Schlagen} \quad 72⁰$$
$$\text{»} \quad \tfrac{1}{2}\text{-} \quad \text{»} \quad 144⁰$$
$$\text{»} \quad \tfrac{3}{4}\text{-} \quad \text{»} \quad 216⁰$$
$$\text{»} \quad \tfrac{4}{4}\text{-} \quad \text{»} \quad \underline{288⁰}$$
$$\text{Sa. } 720⁰$$

das sind 2mal 360⁰ = 2 Umdrehungen.

Das Übersetzungsverhältnis — über Schnecke und Zahnradvorgelege — zwischen Motor und Nockenscheiben ist so gewählt, daß eine volle Umdrehung der Nockenscheiben 20 bis 25 s, eine $1/_5$ Umdrehung (72⁰) also 4 bis 5 s dauert, was der Schlagzeit einer Klangfigur einschließlich Pausen entspricht.

Der Zählkontakt wird durch ein Zahnrad des Vorgelegesatzes betätigt, das zu den Nockenscheiben in einem Übersetzungsverhältnis von 5:1 steht, d. h. jedesmal, wenn die Nockenscheiben $1/_5$ Umdrehung beendet haben, hat das betreffende Zahnrad eine ganze zurückgelegt,

Bild 99. Hammerzugwerk für Westminsterschlag. Ansicht von rechts. ($1/_6$ natürlicher Größe.)
BLM Bremsluftmagnet,   K Korrekturrelais,
     Ü Überwachungskontakt,   N Nachlaufrelais.

worauf es den Zählkontakt (zur Rechenrückstellung durch den Rückstellmagneten) kurz betätigt.

Eine der beiden Nockenscheiben steuert einen Überwachungskontakt $Ü$ in der Weise, daß er nur dann geöffnet ist, wenn die Nockenscheiben nach Beendigung zweier vollen Umdrehungen zur Ruhe gekommen sind, also zuletzt ein $4/_4$-Schlagen (mit den vorschriftsmäßigen Klangfiguren II, III, IV, V) beendet haben. Bereits beim nächsten $1/_4$-Schlagen schließt sich der Kontakt wieder und bleibt geschlossen bis zur Beendigung des nächsten $4/_4$-Schlagens. Demnach ist er jeweils $1/_4$ h geöffnet und $3/_4$ h geschlossen. Sein Zweck wird später erörtert werden.

Der Motor besitzt die bekannte durch Elektromagnet lüftbare Bandbremse, die seine sofortige Stillsetzung nach Stromunterbrechung bewirkt, was für den regelmäßigen Schlagwerksablauf wichtig ist. Das

Bild 100. Hammerzugwerk für Westminsterschlag Ansicht von links

4-Glocken-Hammerzugwerk in seiner wirklichen Gestalt zeigen die Bilder 99 und 100. — Das Hammerzugwerk für den Vollschlag ist normal (Bild 101).

Die Beziehungen zwischen den Hammerzugwerken und dem Steuerwerk ergeben sich aus der Prinzipschaltung Bild 102.

Bild 101. Hammerzugwerk für Vollschlag (¹/₆ natürlicher Größe)

Jedesmal nach Vollendung einer Viertelstunde schließt sich nach vorangegangenem Einfallen des Viertelrechens der Viertelschalter im Steuerwerk, so daß der Viertelmotor anläuft und die Nockenscheiben in Gang setzt. Dabei wird auch der Zählkontakt Z_1 betätigt, und zwar

$$1\,\text{mal um } \tfrac{1}{4},$$
$$2\,\text{mal um } \tfrac{1}{2},$$
$$3\,\text{mal um } \tfrac{3}{4} \text{ und}$$
$$4\,\text{mal um } \tfrac{1}{4},$$

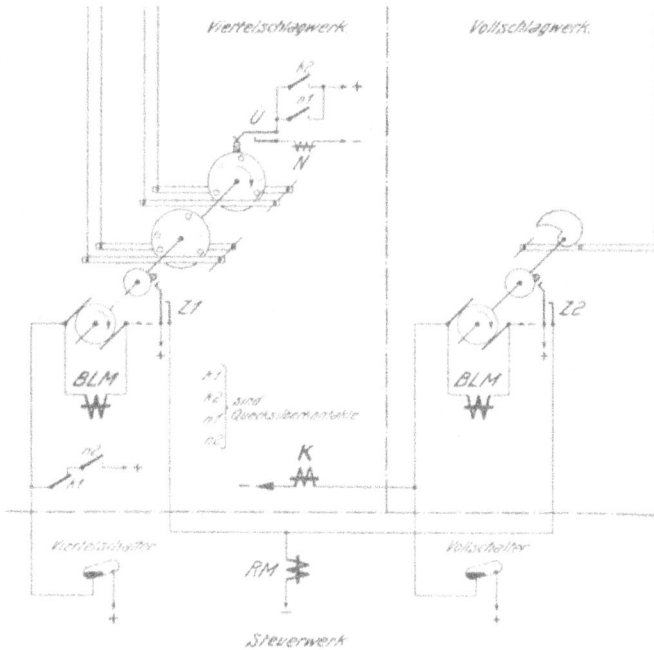

Bild 102. Prinzipstromlauf des Westminsterschlagwerks

BLM Bremsluftmagnet,	Z_1 Zahlkontakt für Viertelrechen-Rück-
K Korrekturrelais,	stellung,
N Nachlaufrelais,	Z_2 Zählkontakt für Vollrechen-Rück-
RM Ruckstellmagnet.	stellung.
U Überwachungskontakt,	

wodurch die Rechenrückstellung im Steuerwerk und — jeweils nach dem letzten Rechenschritt — Öffnung des Viertelschalters und damit Stillsetzung des Hammerzugwerks erfolgt. Dessen Laufdauer wird demnach bestimmt durch die Anzahl der Zähne, um die der Viertelrechen eingefallen ist. Ist er um einen Zahn eingefallen, dann läuft das Hammerzugwerk so lange, daß eine Klangfigur geschlagen wird, nach Einfall um 2 Zähne werden zwei, nach Einfall um 3 Zähne drei und nach Einfall um 4 Zähne endlich vier Klangfiguren geschlagen.

Mit Vollendung der vierten Klangfigur ist der Viertelrechen in seine Ruhelage zurückgekehrt, wodurch der Viertelschalter aus- und der Vollschalter eingeschaltet wird, so daß nunmehr Abgabe der Vollschläge in bekannter Weise erfolgt.

Der Überwachungskontakt $\ddot{U}$ und die beiden Relais K und N (K = Korrekturrelais, N = Nachlaufrelais) dienen der Schlagwerksregelung, wenn nach einem vorübergehenden Aussetzen des Netzstroms, während dessen das Schlagwerk außer Betrieb bleibt, der Strom wieder einsetzt. Da sowohl der Beginn als auch das Ende einer derartigen Stromlosigkeit zu jeder beliebigen Zeit eintreten kann, also das Aussetzen z. B. auch mitten in einer Schlagperiode, müssen Vorkehrungen getroffen werden, daß hierdurch beim Wiedereinsetzen des Stroms kein Durcheinander in der Schlagfolge entsteht und eine etwaige Unstimmigkeit zwischen Schlag und Tageszeit sich selbsttätig korrigiert.

Die hierfür in Betracht kommenden Vorgänge sind aus der Prinzipschaltung Bild 102 ersichtlich.

Zum Verständnis der Korrektureinrichtung ($\ddot{U}$, K und N) muß man zunächst beachten, daß das allein von der Hauptuhr und der Uhrenbatterie abhängige Steuerwerk auch beim Ausbleiben des Netzstroms weitergeht, woraus sich ziemlich verwickelte kinetische Vorgänge ergeben, die man sich aus Bild 89 vergegenwärtigen kann.

Angenommen, der Netzstrom setzt kurz nach 9 Uhr während der Vollschlagperiode etwa nach dem vierten Vollschlag plötzlich aus. Dann entsteht im Steuerwerk folgende Situation:

a) Der Viertelrechen befindet sich bereits wieder in der Ruhelage (da ja das $^4/_4$-Schlagen noch ordnungsmäßig abgelaufen ist), und der Viertelschalter ist infolgedessen geöffnet.

b) Der Stundenrechen ist noch mit 5 Zähnen eingefallen, und der Vollschalter ist geschlossen.

c) Das weitergehende Steuerwerk klinkt durch Nockenscheibe und Auslösehebel alle Viertelstunden den Viertelrechen aus, der aber nicht einfallen kann, weil er durch den noch in der »Ein«-Stellung befindlichen Vollschalter gesperrt ist (auch der Viertelschalter, der sonst durch den Auslösehebel viertelstündlich einmal auf kurze Zeit geschlossen wird, bleibt in Ruhe).

Nun sei weiter angenommen, daß um 11.15 Uhr der Netzstrom wieder einsetzt. Dann geschieht folgendes:

d) Das Vollschlagwerk tritt sofort in Tätigkeit und gibt die restlichen fünf Schläge ab. Danach befindet sich der Stundenrechen wieder in der Ruhelage, und der Vollschalter ist geöffnet.

e) Um 11.30 Uhr fällt der Viertelrechen ordnungsmäßig um 2 Zähne ein, und der Viertelschalter schließt sich, so daß das Viertelschlagwerk in Tätigkeit tritt. Jetzt besteht aber zwischen

Viertelrechen und Hammerzugwerk eine Unstimmigkeit, die dadurch entstanden ist, daß das $^1/_4$-Schla-
gen (um 11.15 Uhr) ausgefallen ist. Die Folge hiervon
ist, daß um 11.30 Uhr nicht die vorgeschriebenen zwei Klangfiguren II und III, sondern I und II geschlagen werden (vgl.
Seite 133).

f) Der Fehler bleibt zunächst bestehen, so daß auch um 11.45 Uhr
statt der vorgeschriebenen drei Klangfiguren IV, V und I III,
IV und V geschlagen werden.

g) Auch das $^4/_4$-Schlagen um 12 Uhr ist noch fehlerhaft, indem
statt der vorgeschriebenen vier Klangfiguren II, III, IV und
V III, IV, V und I geschlagen werden.

Dieser Fehler korrigiert sich jedoch, wie aus Bild 102 ersichtlich ist,
nach erfolgtem 12-Uhr-Vollschlag rein selbsttätig auf folgende Weise:

Infolge der Verschiebung um eine Nockengruppe (Klangfigur) bleibt
der $\ddot{U}$-Kontakt nach beendetem $^4/_4$-Schlagen geschlossen, so daß bei
Einsetzen des Vollschlagens nicht nur das K-Relais, sondern auch das
N-Relais zum Ansprechen kommt. K wird nach beendetem Vollschlagen
(infolge Öffnens des Vollschalters) wieder stromlos, während sich N über
seinen Haltekontakt n_1 hält. Hierdurch wird nach Beendigung des Vollschlagens über k_1 und n_2 das Viertelschlagwerk unabhängig von Viertelrechen und Viertelschalter erneut eingeschaltet, und es läuft so lange,
bis die Nockenscheiben eine volle Umdrehung beendet haben, worauf
sich der $\ddot{U}$-Kontakt wieder öffnet, N infolgedessen abfällt und mit n_2
den Viertelmotor ausschaltet. Bei diesem Vorgang machen die Nockenscheiben im ganzen eine Teilumdrehung von 288°, wobei vier Klangfiguren geschlagen werden. Danach befindet sich das Schlagwerk wieder
in Übereinstimmung mit dem Viertelrechen, so daß vom nächsten
Viertelschlag ab (12.15 Uhr) wieder richtiges Schlagen erfolgt.

Kehrt jedoch der Strom nicht, wie in vorstehendem Beispiel angenommen, um 11.15 Uhr, sondern beispielsweise um 9.58 Uhr zurück,
dann besteht das Korrekturschlagen — außer den restlichen Vollschlägen,
die in jedem Falle nachgeholt werden — nicht aus vier, sondern nur
aus einer Klangfigur, wie sich aus folgendem ergibt:

a) Sofort nach Einsetzen des Stroms schlägt das Vollschlagwerk
die restlichen 5 Schläge, worauf sich der Stundenrechen in der
Ruhelage befindet und der Vollschalter geöffnet ist.

b) Um 10 Uhr fällt der Viertelrechen ordnungsmäßig mit 4 Zähnen
ein, der Viertelschalter schließt sich, und das Viertelschlagwerk
schlägt 4 Figuren, aber nicht die richtigen. Warum?

Beim Aussetzen des Stroms (kurz nach 9 Uhr) befand sich das
Viertelschlagwerk, nachdem es kurz vorher die 4 Klangfiguren des $^4/_4$-

Schlagens (II, III, IV, V) abgegeben hatte, in der ordnungsmäßigen Ruhestellung, in der es seitdem verblieb, weil das ¼-, ½- und ¾-Schlagen wegen Stromlosigkeit im Netz ausfiel. Infolgedessen fängt das ⁴/₄-Schlagen um 10 Uhr mit Figur I an, schlägt also I, II, III, IV statt II, III, IV, V. Die Folge dieser Verschiebung ist, daß der Ü-Kontakt nach Schlagen der letzten Figur (IV) geschlossen bleibt. Beim darauffolgenden Vollschlagen kommt infolgedessen durch k_2 das N-Relais zum Ansprechen und bereitet mit n_2 die erneute Einschaltung des Viertelschlagwerks vor. Nach Beendigung des Vollschlagens wird das K-Relais stromlos und schaltet mit k_1 das Viertelschlagwerk endgültig ein, das infolgedessen erneut in Tätigkeit tritt und die Schläge der Figur V nachholt. Hierauf öffnet sich Ü, N fällt infolgedessen ab und schaltet mit n_2 das Schlagwerk wieder aus, womit die Korrektur beendet ist, so daß ab 10.15 Uhr alles wieder richtig schlägt.

Aus den vorstehenden zwei Beispielen erkennen wir folgendes:

Entscheidend für die Anzahl der Klangfiguren, durch die ein Fehler in der Schlagfolge korrigiert wird, ist nicht die Zeit, zu der der Netzstrom wiederkehrt, sondern der Zeitpunkt, zu welchem das Schlagen der restlichen Vollschlage beendet ist. Fällt dieser Zeitpunkt in die erste Viertelstunde, dann ist überhaupt keine weitere Korrektur erforderlich; fällt er in die zweite, dann sind 4, in die dritte, dann sind 3, in die vierte, dann ist 1 Klangfigur zur Korrektur erforderlich. Diese erfolgt selbsttätig jedesmal nach Beendigung des nächsten Vollschlagens. Dabei ist es gleichgültig, wie lange die Stromlosigkeit dauerte.

7. Motorschlagwerk mit zwei Steuerwerken

Die Verwendung zweier Steuerwerke, eines für das Viertelschlagen, das andere für das Vollschlagen, bietet neben dem erhöhten Aufwand mancherlei Vorteile in bezug auf die Einfachheit der Einrichtungen und die Betriebssicherheit.

Die im nachstehenden beschriebene Ausführung, für die beispielsweise der Betrieb eines Westminster-Schlagwerks angenommen wird, die aber selbstverständlich auch für gewöhnliche Viertel- und Vollschlagwerke verwendbar ist, besteht aus

dem Steuerwerk für den Viertelschlag,

dem Steuerwerk für den Vollschlag und

den beiden Hammerzugwerken nebst Glocken und sonstigem Zubehör.

Das Viertelsteuerwerk (Bild 103), das in üblicher Weise durch ein NU-Werk angetrieben wird, trägt auf der Minutenwelle zwei je mit einer Einfallrast versehene Scheiben A und B, die um 90° gegeneinander versetzt sind. Auf jeden Scheibenumfang stützen sich zwei gegenüber-

stehende hebelartige Halter *1* bis *4*, die als Quecksilberschalter aus-
gebildet sind und zur Einschaltung des $\frac{1}{4}$-, $\frac{1}{2}$-, $\frac{3}{4}$- und $\frac{4}{4}$-Schlags
dienen, indem nach Ablauf jeder Viertelstunde ein Halter in die an-
kommende Scheibenrast einfällt, wobei sich der Quecksilberschalter
schließt. Infolge der Rastenversetzung fällt nach der ersten Viertelstunde Halter *1*, nach der zweiten Halter *2*, nach der dritten Halter *3*
und nach der vierten Halter *4* ein.
Die Wiederöffnung der Quecksilberschalter erfolgt, unabhängig vom
Schlagwerksablauf, durch die sich
weiter drehenden Rastscheiben, wobei der jeweils eingefallene Halter

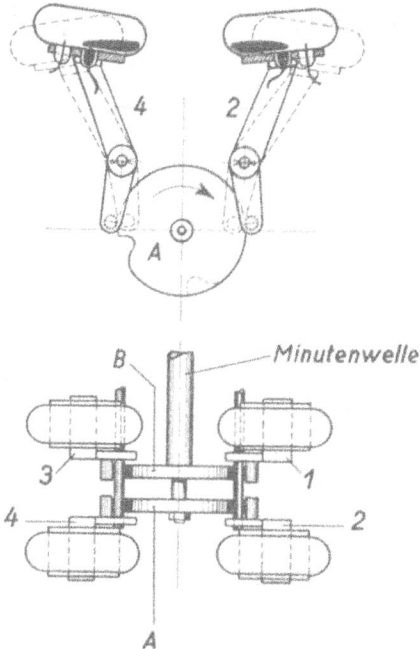

Bild 103   Viertelsteuerwerk.

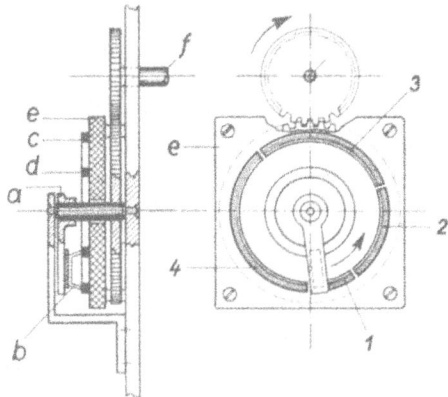

Bild 104   Schalteinrichtung am Viertelschlag-
Hammerzugwerk.

a Schaltkurbel.   *c d* Schleifringe.
b Doppelbürste.   *e* Grundplatte.
                f Vorgelege-Welle

nach und nach wieder aus der Rast herausgedrückt wird, so daß die
Unterbrechung in der Quecksilberröhre nach etwa 2 min eintritt, wäh-
rend die vom Hammerzugwerk abhängige zeitgerechte Öffnung des
Stromkreises an anderer Stelle erfolgt.

Zu diesem Steuerwerk gehört eine Schalteinrichtung am Viertel-
schlag-Hammerzugwerk, durch welche der Viertelmotor jeweils nach
beendetem Schlagen unabhängig von den Quecksilberschaltern wieder
ausgeschaltet wird.

Die Schalteinrichtung (Bild 104) besteht aus einem Kurbelschalter *a*,
an dessen Kurbel isoliert eine Doppelbürste *b* angeordnet ist, die auf
zwei konzentrischen Ringen *c d* schleift. Der äußere Ring ist in vier
Abschnitte geteilt dergestalt, daß Abschnitt *1* $\frac{1}{10}$, Abschnitt *2* $\frac{2}{10}$,
Abschnitt *3* $\frac{3}{10}$ und Abschnitt *4* $\frac{4}{10}$ des Kreisumfangs einschließlich
der Zwischenräume einnimmt. Die Kurbel wird von der Nockenscheiben-

welle des Hammerzugwerks über eine Zahnradübersetzung 2 : 1 angetrieben, macht also eine Umdrehung, wenn die Nockenscheiben zwei
machen. Die vier Ringabschnitte, stehen mit den vier Quecksilberschaltern im Steuerwerk in Verbindung, die ihrerseits an plus liegen,
während an dem inneren geschlossenen Ring der Viertelmotor angeschlossen ist, der seinerseits über einen regelbaren Widerstand an minus
liegt.

Die schaltungstechnischen Zusammenhänge gehen aus Bild 105
hervor. Nach der 15. min fällt Halter *1* ein, der Quecksilberschalter
schließt sich, und es entsteht ein Stromweg von plus über Quecksilber-

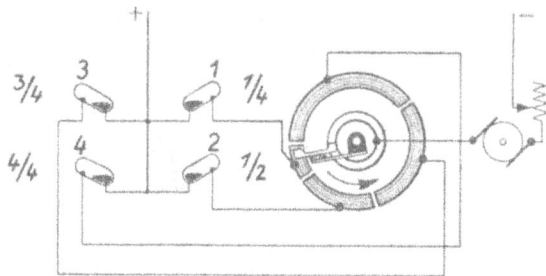

Bild 105. Prinzipstromlauf für Viertelschlagwerk.

schalter, Ringabschnitt *1*, Kurbelbürste, inneren Ring, Viertelmotor,
Regelwiderstand zu minus.

Der Motor läuft und dreht die beiden Nockenscheiben um 72⁰,
wobei die erste Klangfigur geschlagen wird. Gleichzeitig dreht sich die
Kurbel um 36⁰, worauf die Bürste den Ringabschnitt *1* verläßt und
auf Ringabschnitt *2* aufläuft. Beim Verlassen des ersteren wird der
Strom unterbrochen, so daß der Motor zum Stillstand kommt. Einer
Bremse bedarf es nicht, denn es spielt keine Rolle, ob die Bürste etwas
mehr oder weniger auf den Ringabschnitt *2* aufläuft.

Nach der 30. min schließt sich Halter *2*, und das Spiel wiederholt sich mit dem Unterschied, daß sich die Nockenscheiben um 144⁰
drehen, wobei zwei Klangfiguren geschlagen werden, während die Schaltkurbel einen Weg von 72⁰ zurücklegt. Darauf verläßt die Bürste den
Ringabschnitt *2*, wodurch Ausschaltung des Motors erfolgt, und läuft
auf Ringabschnitt *3* auf. Auf die gleiche Weise werden nach der 45. min
drei und nach der 60. min vier Klangfiguren geschlagen, nach deren
Beendigung die Bürste wieder auf dem Ringabschnitt *1* angekommen
ist, worauf sich das Spiel von Viertelstunde zu Viertelstunde wiederholt.

Die Anordnung bietet den Vorteil, daß Motorbremse, Minutenstaffel, Viertelrechen und Rechenrückstellung entfallen und daß nach
vorübergehendem Aussetzen des Netzstroms keine Unstimmigkeit in der
Viertelschlagfolge entstehen kann.

Das Vollsteuerwerk ist ein Rechensteuerwerk, das sich von dem auf Seite 127 ff beschriebenen Kleinsteuerwerk lediglich durch die Rechenrückstellung unterscheidet. Sie erfolgt, wie Bild 106 schematisch zeigt, nicht elektromechanisch, sondern rein mechanisch, was die Anordnung des Steuerwerks unmittelbar am Vollschlag-Hammerzugwerk bedingt. Auf der Nockenwelle des Hammerzugwerks sitzt eine Kurbel k, die nach jeder Umdrehung einen Hebel h betätigt, wodurch der gemäß

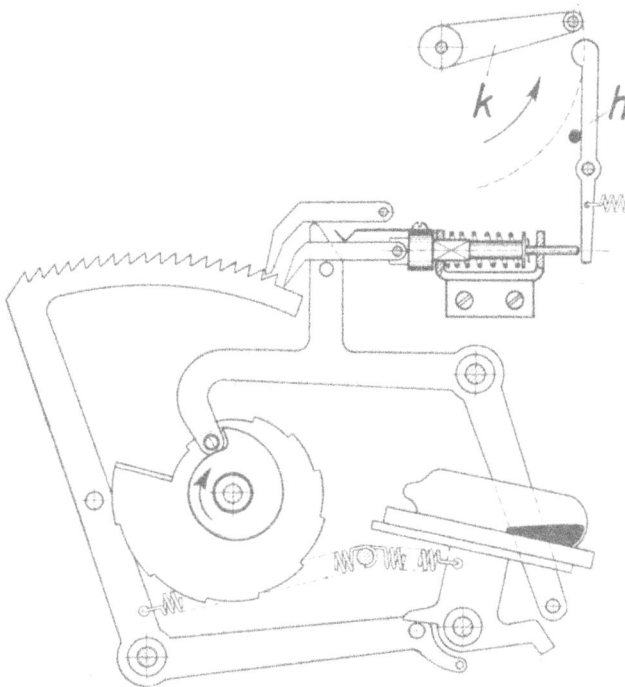

Bild 106. Vollschlagsteuerung mit mechanischer Rechenrückstellung.

Stundenstaffel eingefallene Rechen nach jedem Glockenschlag um einen Zahn zurückgestellt wird. Nach Erreichen der Endstellung öffnet der Stundenrechen in bekannter Weise den Motorschalter, womit das Schlagwerk zum Stillstand kommt. Da durch Verstellen der Kurbel die Rechenrückstellung zeitlich in weiten Grenzen einstellbar ist, bedarf auch der Vollmotor keiner Bremse, denn bei entsprechender Einstellung spielt es für den ordnungsmäßigen Ablauf der Vollschläge keine Rolle, ob der Motor etwas früher oder später zum Stillstand kommt.

Wie wir sehen, besteht zwischen Viertel- und Vollsteuerwerk vollkommene Unabhängigkeit; aus diesem Grunde muß Vorsorge getroffen werden, daß das Vollschlagwerk zum richtigen Zeitpunkt, d. h. nach Beendigung der letzten der vier Klangfiguren des Viertelschlagens einsetzt. Am einfachsten wird das durch eine HU mit ½-Minutenkontakt — statt $^1/_1$-Minutenkontakt — erreicht. Das Vollsteuerwerk wird dann so eingestellt, daß es ½ min »nachgeht«, und der Viertelmotor wird durch den Regelwiderstand so eingeregelt, daß die letzte der vier Klangfiguren etwa mit der 27. s beendet ist, so daß nach einer Pause von 3 s das Vollschlagen einsetzt.

Bei gewöhnlichen Viertelschlagwerken, deren vier Viertelschläge nur etwa 10 s dauern, ist diese Anordnung nicht verwendbar, weil zwischen Viertel- und Vollschlagen eine zu lange Pause eintreten würde. Statt

Bild 107 Großuhrzifferblatt nach einem Entwurf der Architekten
Wassileuff und Zoloff, Sofia ($^1/_{20}$ natürlicher Größe)

dessen wird durch ein Relais eine Abhängigkeit zwischen Viertel- und Vollsteuerwerk in dem Sinne hergestellt, daß erst nach Abgabe des 4. Viertelschlags die durch das Vollsteuerwerk vorbereitete Einschaltung des Motors vollendet wird. Es ist dann gleichgültig, ob die HU minutlich oder halbminutlich Impulse gibt, denn in beiden Fällen werden die beiden Steuerwerke zeitgleich fortgeschaltet.

XVII. Turmuhrzifferblätter

1. Allgemeines

Die sinnfälligsten Teile einer Turmuhr, man kann sagen ihr Gesicht sind Zifferblatt und Zeiger, deren Gestaltung und zweckmäßige Beleuchtung wichtige Probleme der Turmuhrentechnik bilden. Häufig be-

mühen sich Architekten um eine künstlerische Gestaltung dieses Turm-
uhrgesichts, wobei mitunter eigenartige Gebilde herauskommen, über
deren Zweckmäßigkeit und Schönheit sich streiten läßt. Man kann deshalb die Ansicht vertreten, daß die reine Zweckform des technischen
Geräts — denn ein solches ist die Turmuhr zweifellos — zugleich die
schönste ist, wie man ja auch schon seit langem davon abgekommen
ist, etwa eine Lokomotive durch künstlerische Verzierungen zu »ver-
schönern«. Das soll natürlich nicht bedeuten, daß Großuhr-Zifferblätter
nüchtern wirken müssen. Durch schmückendes Beiwerk kann die Wir-

Bild 108. Anordnung für positive Anstrahlung.

kung der Uhr sehr wohl erhöht werden, nur die Zifferblattgrenze sollte
man tunlichst nicht überschreiten.

Ein hübsches Beispiel künstlerischer Zifferblattgestaltung zeigt
Bild 107, Großuhr in einer ausländischen Bank, deren Zifferblatt und
Zeiger durch den Kranz der zwölf Sternbilder wirkungsvoll hervor-
gehoben werden.

Die einfachste und zugleich zweckmäßigste Gestaltung eines Turm-
uhrzifferblattes besteht darin, daß die Stunden durch blockförmige
Striche gekennzeichnet werden, die man unmittelbar auf das glatt ver-
putzte Mauerwerk aufsetzt. Bildet man diese Stundenstriche kassetten-
förmig aus, so daß sie im Innern eine Glühlampe aufnehmen können,
und deckt die Oberfläche mit Milchglas ab, dann ist damit gleichzeitig
das Problem einer wirkungsvollen Zifferblatt-Beleuchtung auf einfache
Weise gelöst.

Schwieriger ist indessen die Beleuchtung der Zeiger, für die es zahlreiche Möglichkeiten gibt. Als Beispiele sollen im nachstehenden drei häufig vorkommende Ausführungsarten beschrieben werden; jede davon hat ihre Vorzüge, aber auch ihre Nachteile, wie wir gleich sehen werden.

2. Anstrahlbeleuchtungen

Zwei Arten der Anstrahlbeleuchtung sind zu unterscheiden, die man als positive und negative bezeichnen kann. Bei beiden muß zwischen der Zifferblattfläche einerseits und den Stundenstrichen und Zeigern andererseits ein starker Farbenkontrast bestehen. Bei der positiven Anstrahlung, bei der Zeiger und Stundenstriche unmittelbar angestrahlt werden, streicht man deshalb zweckmäßig die Anstrahlflächen weiß, während der Zifferblattgrund einen möglichst dunklen Farbton erhält. Zeiger und Stundenstriche erscheinen dann sowohl bei Tage als auch in der Dunkelheit weiß.

Bei der negativen Anstrahlung wird die hellfarbige Zifferblattfläche angestrahlt, während die schwarz gestrichenen Zeiger und Stundenstriche im Schatten bleiben und infolgedessen bei Tag und Nacht schwarz erscheinen.

Die erstere Art (Bild 108 und 109) hat den Vorteil der Billigkeit, da nur eine Lampe erforderlich ist. Diese sitzt an einem Stab, an dem sie durch die Minutenwelle hindurchgeschoben wird.

Bild 109 Positive Anstrahlung, Nachtwirkung.

Auf dem Minutenzeiger ist ein vorspringender schirmartiger Reflektor angebracht, der das Licht auf die weißen Zeiger und Stundenstriche zurückwirft.

Ein weiterer Vorteil liegt in der bequemen Auswechslungsmöglichkeit, da die Lampe nach Zurückziehen des Stabes ohne weiteres zugänglich ist.

Ein Nachteil ist der Schirmreflektor auf dem Minutenzeiger, der ziemlich weit über das Zifferblatt hinausragen muß (weil sonst die

Stundenstriche vom Strahlenkegel nicht mehr erfaßt werden), wodurch die organische Geschlossenheit von Zeiger und Zifferblatt beeinträchtigt wird; auch die anormal stark dimensionierten Minuten- und Stundenrohre sind kein Vorteil.

Die negative Anstrahlung vermeidet diese Nachteile, ist aber teurer, da zwölf rings um die Stundenstriche angeordnete Röhrenlampen erforderlich sind, die in hülsenartigen Anstrahlleuchten mit

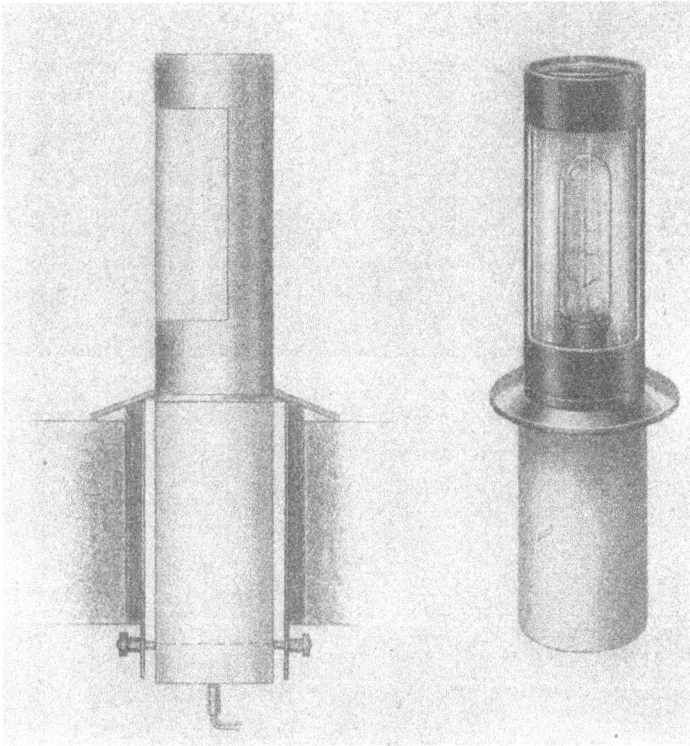

Bild 110   Anstrahlleuchten für negative Anstrahlung.

Reflektor sitzen (Bild 110). Da die Hülsen von innen zugänglich sind, bereitet die Auswechslung unbrauchbar gewordener Lampen auch bei dieser Ausführungsart keine Schwierigkeit.

Tag- und Nachtwirkung der negativen Anstrahlung zeigen Bild 111 und 112.

Beide Anstrahlungsarten sind in ihrer Verwendbarkeit begrenzt, weil bei großem Zifferblattdurchmesser das Erreichen einer genügenden Kontrastwirkung Schwierigkeiten macht, und zwar bei der positiven Anstrahlung nach dem Zifferblattrande hin, bei der negativen nach der Zifferblattmitte hin. Das hängt bei der positiven Anstrahlung zum

10*

Teil auch damit zusammen, daß die Lichtstärke der Strahlungslampe begrenzt ist und zwar mit Rücksicht auf die lichte Weite des Minutenrohrs, das der Strahlungslampe den Durchgang gestatten muß, so daß

Bild 112 Nachtwirkung eines Zifferblatts mit negativer Ausstrahlung.

Bild 111 Tagwirkung eines Zifferblatts mit negativer Ausstrahlung

deren Durchmesser, der mit zunehmender Lichtstärke wächst, nicht beliebig erhöht werden kann.

3. Kassettenzeiger mit Innenlampen

Man bildet nicht nur die Stundenstriche, sondern auch die Zeiger als Kassetten aus, deckt sie durch Milchglas ab und erleuchtet sie durch im Innern angebrachte Glühlampen, wobei die Stromzuführung über Schleifringe und Bürsten erfolgt (Bild 113). Das ergibt zweifellos eine wirkungsvolle Beleuchtung, aber es müssen folgende Nachteile in Kauf genommen werden:

a) Die Zeiger werden sehr schwer, so daß ihre Ausbalancierung besondere Maßnahmen erfordert; der Minutenzeiger z. B. muß

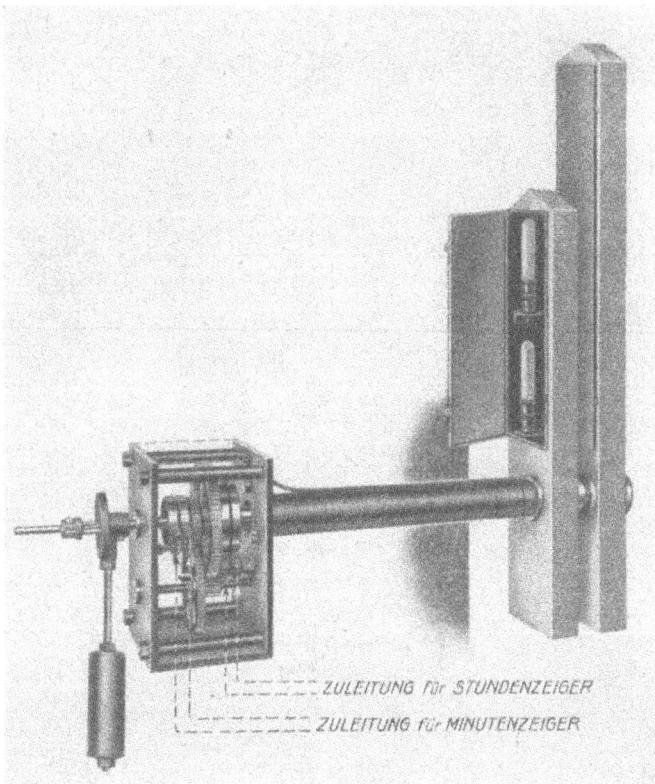

Bild. 113. Kassettenzeiger mit Innenlampen.

u. U. durch ein zusätzliches hinter dem Zeigerwerk sitzendes Gegengewicht ausbalanciert werden.

b) Da die Zuführungsleitungen zu den Lampen durch Stundenrohr und Minutenwelle hindurchgeführt werden, müssen diese annormal stark dimensioniert sein.

c) Schwierigkeiten bereitet die Auswechselung unbrauchbar gewordener Lampen insofern, als ein besonderer Mauerdurchbruch hierfür notwendig ist.

4. Kassettenzeiger mit Spiegelreflektoren

Diese Art der Zeigerbeleuchtung entspricht im Prinzip der unter 3 beschriebenen, vermeidet aber deren Nachteile. Die Kassettenzeiger

Bild 115. Indirekte Zeigerbeleuchtung.

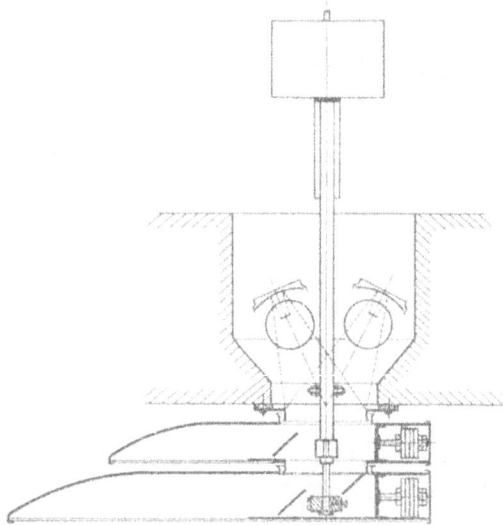

Bild 114. Prinzip der indirekten Zeigerbeleuchtung.

können wesentlich leichter gehalten werden, weil sie keine Lampen aufzunehmen brauchen, so daß auch Lampengerüst, Fassungen und Starkstromleitungen entfallen. Dafür werden Spiegelreflektoren eingebaut, die nahe am Drehpunkt sitzen, so daß ihr an sich geringes Gewicht nicht stört.

Minutenwelle und Stundenrohr besitzen normale Abmessungen, da sie keine Leitungsdrähte aufzunehmen brauchen. Daß infolgedessen auch Schleifringe und Bürsten entfallen, ist ein weiterer Vorteil.

Bild 117. Zifferblatt mit indirekter Zeigerbeleuchtung. Nachtwirkung.

Bild 116. Zifferblatt mit indirekter Zeiger-beleuchtung, Tagwirkung.

Die Beleuchtung der Zeiger erfolgt indirekt durch lichtstarke Lampen und Parabolspiegel, die das Licht auf die innerhalb der Zeiger ange-ordneten Spiegelreflektoren werfen, wobei letztere so gestellt sind, daß sie das Zeigerinnere vollkommen ausleuchten. Erhöht wird die Lichtwirkung durch die konkav gewölbten und versilberten Kassettenböden, die dadurch als Reflektoren nach außen wirken (Bild 114 u. 115).

Der Stundenzeiger wird durch einen, der Minutenzeiger durch zwei Spiegelreflektoren ausgeleuchtet. Tag- und Nachtwirkung zeigen Bild 116 u. 117.

Als Nachteil dieser Art von indirekter Zeigerbeleuchtung kann geltend gemacht werden, daß sie sowohl in der Anschaffung als auch in den Betriebskosten teurer ist als die positive Anstrahlung, was in der Hauptsache durch die erforderlichen 15 Lampen bedingt ist, von denen drei Starklichtlampen sein müssen. Demgegenüber besteht in der Größe keine Beschränkung; auch die Auswechslung unbrauchbar gewordener Lampen bereitet keinerlei Schwierigkeiten.

B. Elektrische Einzeluhren

I. Synchronuhren

1. Einführung

Die Synchronuhr ist ein Kind der Starkstromtechnik, denn sie erhält ihren Antrieb von einem Starkstrommotor in seiner kleinsten Form, und dieser erhält seinen Speisestrom aus dem Drehstromgenerator eines Kraftwerks. Die Synchronuhr ist demnach ein »Motorzeigerlaufwerk«, wie wir es schon im ersten Teil kennengelernt haben, nur mit dem Unterschied, daß sein Motor nicht minutlich oder halbminutlich angelassen wird, sondern dauernd läuft. Die Synchronuhr bedarf deshalb auch keiner Hauptuhr, sondern ihre Gangregelung erfolgt unmittelbar durch den Drehstromgenerator im Großkraftwerk.

Der Uhrenmotor ist ein Synchronmotor, dessen Umdrehungszahl allein abhängig ist von der Frequenz des Wechselstroms, der ihn speist. Die Frequenz des Wechselstroms wird aber bestimmt durch die Umdrehungzahl des stromerzeugenden Generators im Kraftwerk. Solange seine Umdrehungzahl konstant bleibt, laufen sämtliche von ihm gespeisten Synchronmotoren, auch die winzigen, die als Uhrenantrieb dienen, mit einer konstanten Umdrehungzahl, so daß die von ihnen angetriebenen Zeigerwerke, einmal auf richtige Uhrzeit eingestellt, so lange richtig gehen, wie der Generator im Kraftwerk seine Umdrehungszahl nicht ändert. Daß er das nicht tut, dafür wird nun tatsächlich in allen deutschen Großkraftwerken gesorgt, und zwar nicht etwa, damit alle Synchronuhren richtig gehen, sondern aus einem viel wichtigeren Grunde, den wir kurz andeuten wollen.

Die gesamte Stromversorgung Großdeutschlands erfolgt schon seit Jahren nicht mehr aus einzelnen voneinander unabhängigen Kraftwerken, sondern gemeinsam, was erst durch die moderne Drehstrom- und Hochspannungstechnik möglich geworden ist. Damit wurde es möglich, die in zahlreichen Großkraftwerken erzeugten ungeheuren Energien so auf viele Versorgungsbezirke zu verteilen, daß jeder Bezirk genügend Energie zur Deckung seines Spitzenbedarfs erhält, wobei man sich vergegenwärtigen muß, daß sowohl die Fähigkeit der einzelnen Kraftwerke, Energien zu erzeugen, als auch die Zeiten des Spitzenbedarfs in den einzelnen Versorgungsbezirken gewissen Schwankungen unterworfen sind.

Diese wahlweise Energieverteilung ist aber nur unter ganz bestimmten technischen Voraussetzungen möglich; eine davon ist, daß die Frequenz des von allen beteiligten Kraftwerken erzeugten Stroms die gleiche ist. Man hat sie auf 50 Hz, das sind 50 Perioden = 100 Wechsel in der Sekunde festgesetzt. Das ist der Grund, weshalb alle an der deutschen Gemeinschaftsversorgung beteiligten Kraftwerke die Umdrehungszahlen ihrer Generatoren, d. h. ihre Frequenz auf Einhaltung der vorgeschriebenen 50 Hz überwachen müssen, und hieraus ergab sich — gewissermaßen nebenbei — die Möglichkeit, Zeigerwerke durch Synchronmotoren zu betreiben.

In Netzen, deren Frequenz nicht überwacht wird — es gibt deren nur noch wenige in Deutschland —, sind Synchronuhren unverwendbar.

Bei sorgfältiger Frequenzüberwachung zeichnet sich die Synchronuhr durch große Ganggenauigkeit aus; da sie außerdem billig herzustellen ist, hat sie in den letzten zehn Jahren weiteste Verbreitung gefunden. Das ist leicht erklärlich, denn als ausgesprochene Einzeluhr ist sie infolge ihrer Billigkeit und Ganggenauigkeit eine unübertreffliche Hausuhr, dagegen ist sie infolge ihrer Abhängigkeit von einem wesensfremden Betriebsfaktor, nämlich dem elektrischen Kraftwerk, nicht geeignet, etwa Zentraluhrenanlagen zu ersetzen.

2. Das Motorprinzip

Angetrieben wird also die Synchronuhr durch einen Synchronmotor so kleiner Ausführung, daß man ihn mit Recht als Kleinstmotor bezeichnet. Sein Prinzip ergibt sich aus Bild 118, aus dem ersichtlich ist, daß er aus einem feststehenden und aus einem laufenden (sich drehenden) Teil besteht; ersterer heißt Ständer (Stator), letzterer Läufer (Rotor). Der Ständer ist aus dünnen Eisenblechen geschichtet und erinnert an einen hufeisenförmigen Elektromagneten, dessen beide polschuhartig gestalteten Schenkel zwei Pole N und S bilden, zwischen denen sich der stählerne zweipolige Läufer mit schmalem Luftspalt dreht. Das Joch trägt

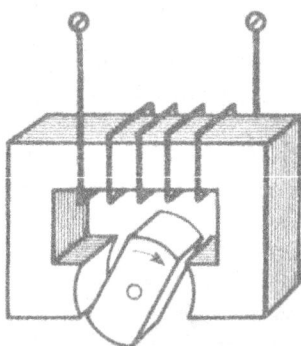

Bild 118. Prinzip des Synchronmotors, Schnelläufer.

die aus vielen Windungen dünnen Drahtes bestehende Wicklung, die unmittelbar an das Wechselstromnetz angeschlossen wird. Jeder Wechsel erzeugt zwischen den Polen ein magnetisches Drehfeld, in welchem der Läufer eine halbe Umdrehung (um 180°) macht. Da der Strom normalerweise eine Frequenz von 50 Perioden = 100 Wechseln in der Sekunde besitzt, macht auch der Läufer 50 Umdrehungen in der Sekunde, also 3000 in der Minute; man bezeichnet ihn deshalb als Schnelläufer.

a) Schnelläufer

Nun hat aber der Läufer die Eigentümlichkeit, daß er nach Einschalten des Stroms nicht von selbst anläuft, sondern zuerst durch eine besondere Kraft auf eine Drehzahl von mehr als 3000 U/min angeworfen werden muß. Erst wenn er von dieser auf 3000 zurückgefallen ist, also mit dem Generator im Kraftwerk synchron läuft, wird er ruckartig in den Strudel des magnetischen Drehfelds gerissen und läuft von jetzt ab, Arbeit leistend, mit gleichbleibender Drehzahl weiter.

Als Uhrenmotor ist ein Schnelläufer mit einer Drehzahl von 3000 U/min wenig geeignet; z. B. weil er hohe Ansprüche an die Achslager des Läufers stellt, weil er eine umständliche Übersetzung zwischen Läufer und Minutenwelle (18000 : 1) erfordert, weil die mechanische Anwerfeinrichtung, die dem Läufer einen Anlauf von über 3000 U/min erteilen muß, nicht einfach herzustellen ist usw.

Verringert wird die Drehzahl, wenn man statt eines zweipoligen einen vielpoligen Läufer verwendet. Da der zweipolige eine Drehzahl von 3000 ergibt $\left(\dfrac{50 \cdot 2 \cdot 60}{2} = 3000\right)$, ergibt beispielsweise ein 30 poliger nach derselben Rechnung $\left(\dfrac{50 \cdot 2 \cdot 60}{30} = 200\right)$ eine Drehzahl von nur 200 Umdrehungen in der Minute, und diese eignet sich besser zum Uhrenantrieb.

b) Langsamläufer

Ein Synchronmotor mit einer Drehzahl von 200 U/min ist ein ausgesprochener Langsamläufer, dessen Prinzip Bild 119 zeigt. Der Läufer besteht aus mehreren zusammengenieteten dünnen permanent magnetischen Stahlscheibchen, in deren Umfang 30 rechteckige Zähne eingeschnitten sind, die wie ebenso viele Pole wirken. Die beiden Ständer-Polschuhe, die den Läufer beiderseitig mit kleinem Luftspalt teilweise umschließen,

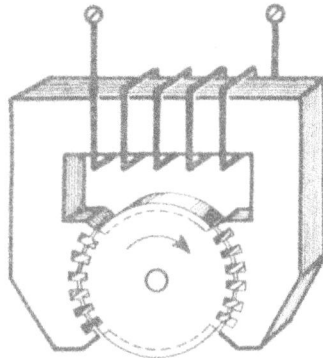

Bild 119. Prinzip des Langsamläufers.

besitzen in ihrem inneren Kreisausschnitt ebenfalls eine Anzahl Zähne, deren Form, Größe und Teilung den Läuferzähnen entspricht und die als Gegenpole wirken.

Bild 120 Synchronuhrwerk mit nicht selbstanlaufendem Motor. natürliche Größe Seiten-
ansicht.

c) Anwerfeinrichtung

Zum Anlassen muß der Läufer auf eine Drehzahl von etwas über 200 U/min angeworfen werden, was mit einer sehr einfachen Anwerf-einrichtung möglich ist.

d) Schwungscheibe

Um dem angeworfenen Läufer das allmähliche Zurückfallen in die richtige Drehzahl zu erleichtern, wird auf der Läuferachse eine Schwungscheibe angebracht, die aber nicht fest, sondern nur mit einer gewissen Reibung auf der Achse sitzt. Dies ist notwendig, weil, wie wir bereits sagten, der Läufer nach eingetretenem Synchronismus mit einem mehr oder weniger starken Ruck vom magne-tischen Drehfeld erfaßt wird, dem die Schwungscheibe zur Vermeidung schädlicher Lagerbeanspruchungen nachgeben muß.

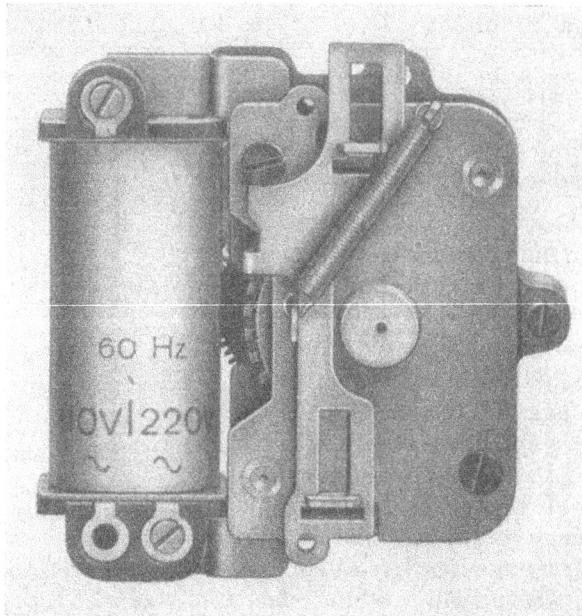

Bild 121. Synchronuhrwerk mit nicht selbstanlaufendem Motor. Ruckansicht.

Synchronmotoren der vorbeschriebenen Bauart haben sich als Uhrenantrieb ausgezeichnet bewährt.

3. Ausführungsbeispiel eines nicht selbstanlaufenden Synchronmotors

Ein komplettes Synchronuhrwerk mit nicht selbstanlaufendem Motor zeigen die Bilder 120 und 121 als Ausführungsbeispiel. Der U-förmige Ständer ist aus mehreren Eisenblechen geschichtet; die Spule sitzt auf dem Joch und besitzt zwei Eingangsanschlüsse für 110 und 220 V. Der 36polige Läufer mit kräftigem Trieb und die Schwungscheibe laufen auf feststehender Achse mit Ölkammer gegen Deckstein und Haltefeder; der Läufer macht $166^2/_3$ U/min.

Bild 122   Synchronuhr mit Sekundenzeiger

Die Anwerfeinrichtung (Starter) besteht aus einem unter der Wirkung einer Zugfeder stehenden Schieber mit rechtwinklig umgebogenem Mitnehmerzahn, der sich infolge einer sinnreichen zusätzlichen seitlichen Verschiebung beim Herunterziehen des Schiebers in eine Lücke der Läuferzähne einschmiegt und infolgedessen beim Zurückschnellen den Läufer mit einem kräftigen Ruck anwirft.

Da derartige Werke schon bei einer ganz kurzen Netzstromunterbrechung stehen bleiben und von selbst nicht wieder anlaufen, ist es wichtig, an einem sinnfälligen äußeren Merkmal sofort erkennen zu können, ob die Uhr geht oder steht. Aus diesem Grunde besitzt das Zeigerlaufwerk außer Minuten- und Stundenrohr eine Sekundenwelle, die vom Motor über eine Übersetzung ($166^2/_3 : 1$) so angetrieben wird, daß sie in der Minute eine Umdrehung macht. Sie trägt den konzentrischen Sekundenzeiger oder — da dieser »schleichende«, ständig kreisende Zeiger etwas Ruheloses hat und deshalb nicht nach jedermanns Geschmack ist — eine kleine Signalscheibe mit weißem Markierstrich; Bild 122 und 123 zeigen zwei typische Beispiele.

Bild 123. Synchronuhr mit Ganganzeiger (Markierstrich)

4. Der selbstanlaufende Synchronmotor

Die Notwendigkeit, den Motor von Hand anwerfen zu müssen, ist ein gewisser Nachteil, besonders deshalb, weil schon bei einem Stromaussetzen von kürzester Dauer die Uhr sofort stehen bleibt und dann von Hand erneut angeworfen werden muß.

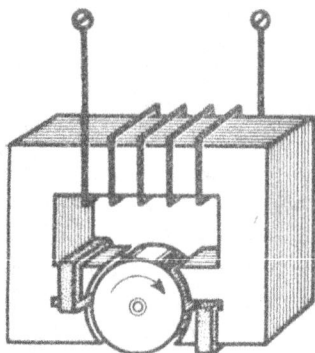

Bild 124. Prinzip des selbstanlaufenden Synchronmotors

Der nächste Entwicklungsschritt führte deshalb zum selbstanlaufenden Synchronmotor, d. h. zu der Kombination eines Synchronmotors mit einem Asynchronmotor. Sein Prinzip zeigt Bild 124. Die beiden Ständerpole sind durch einen Einschnitt in vier Pole aufgespalten. Davon sind zwei nicht gegenüberliegende — auf jeder Seite einer — mit einem Kupferring umgeben. In den Kupferringen entstehen Wirbelströme, die ein um 90° verschobenes Drehfeld erzeugen, das den Läufer sofort nach Einschaltung mit zunehmender Geschwindigkeit anlaufen läßt. Sobald er die synchrone Drehzahl erreicht hat, wird er in das wesentlich stärkere Synchron-Drehfeld gerissen, in welchem er nunmehr mit gleichbleibender Drehzahl, nämlich 3000 U/min, verbleibt und Arbeit leistet. Aber auch dieser Schnelläufer muß erst zu einem Langsamläufer gemacht werden, bevor er sich zum Kleinuhrantrieb eignet. Ständer und Läufer müssen deshalb vielpolig ausgebildet werden, und die Hälfte der Ständerpole muß umkupfert sein.

5. Ausführungsbeispiel

Eine hervorragende Lösung dieser konstruktionstechnischen Aufgabe zeigt der selbstanlaufende Synchronmotor einer deutschen Elektrizitäts-Großfirma. In seiner genial erdachten Anordnung und seiner

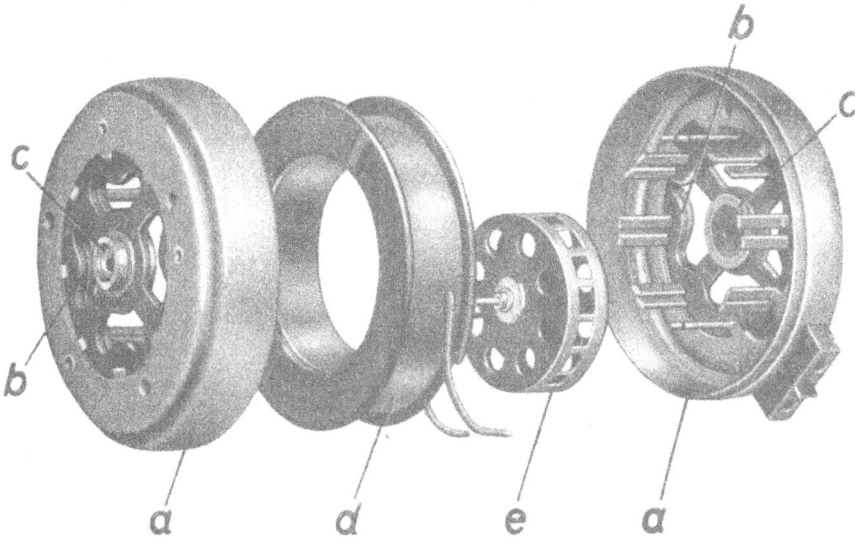

Bild 125 Ausführungsbeispiel eines selbstanlaufenden Langsamläufers, natürliche Größe
a Gehausekapsel, dient gleichzeitig als Stander,
b Kupferarmierung,
c Lauferlager,
d Ringspule,
e Trommelläufer

exakten, rationellster Massenfertigung Rechnung tragenden feinmechanischen Ausführung kann man ihn als ein technisches Wunderwerk bezeichnen, entstanden aus einer sinnvollen Verschmelzung von Elektrotechnik, Maschinenbau und Feinmechanik, wobei drei gewandte Helferinnen, die Zieh-, Stanz- und Preßtechnik erfolgreich Hilfsstellung geleistet haben.

Dieser in Bild 125 und 126 dargestellte Synchronmotor setzt sich aus folgenden Hauptbestandteilen zusammen:

> dem kapselförmigen Ständer a,
> der Kupferarmierung b,
> den Läuferlagern c,
> der Ringspule d,
> dem Trommelläufer e.

Der Ständer besteht aus zwei runden eisernen Kapselhälften, die, mit Feinpassung fest aufeinander gesteckt (aufgesprengt), eine geschlossene Kapsel bilden. Der Boden jeder Kapselhälfte ist so ausgestanzt, daß 8 radiale stäbchenförmige Lappen stehen bleiben, die, rechtwinklig nach innen umgebogen, 8 »Kapselpole« bilden.

Im Innern jeder Kapselhälfte ist ein Eisenring (Polring) eingenietet, der wie die Kapselböden so aus dem Vollen gestanzt ist, daß ebenfalls 8 radiale stäbchenförmige Lappen stehen geblieben sind, die, ebenfalls rechtwinklig nach innen umgebogen, 8 »Ringpole« bilden. Jede Kapselhälfte enthält demnach zusammen 16 Stäbchenpole, die so neben-

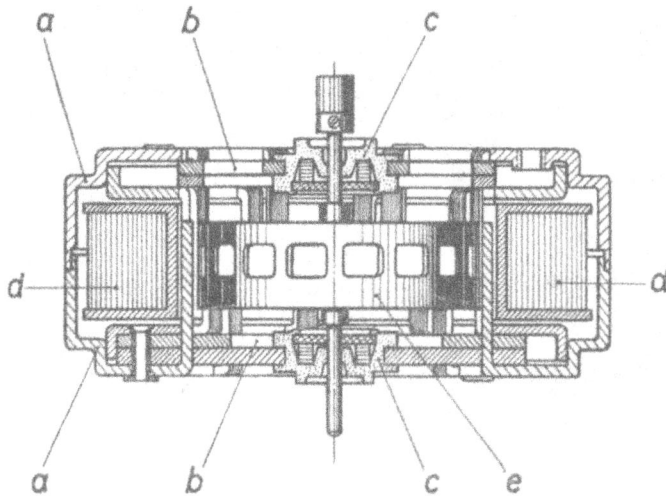

Bild 126 Ausführungsbeispiel eines selbstanlaufenden Langsamläufers im Schnitt.

einander liegen, daß immer ein Kapselpol und ein Ringpol ein Paar bilden und zwischen jedem Paar eine größere Lücke bleibt, in die bei zusammengesteckten Kapselhälften die entsprechenden Polpaare der Gegenkapsel hineinragen. Jede Kapselhälfte besitzt eine zwischen Polring und Kapsel liegende zweiteilige Kupferarmierung, die die 8 Kapselpole umringt, während die in einer anderen Ebene beginnenden 8 Ringpole außerhalb der Kupferarmierung bleiben.

Durch diese Anordnung entsteht, wenn beide Kapseln aufeinander gesteckt sind, ein Polkranz von 32 Stäbchenpolen, von denen immer der zweite umkupfert ist. Hiermit ist die Voraussetzung eines Selbstanläufers erfüllt, der im Prinzip dem Bild 124 entspricht.

In die Nabe der radförmigen Kupferkörper sind die sehr sorgfältig ausgebildeten, mit Ölkammer versehenen Lagerfutter für die beiden Läuferzapfen eingesetzt; die Lager selbst bestehen aus Novotextscheiben.

Der Raum zwischen Polkranz und Kapselwand dient zur Aufnahme der auf einen ringförmigen Spulenkörper aus Preßstoff aufgebrachten Ständerwicklung.

Der Läufer, der dank seiner genialen Konstruktion nur 3 g wiegt, hat die Gestalt einer Trommel; ihre Seitenwände bestehen aus zwei Pertinaxscheiben, ihr Umfang aus einem mit 16 Aussparungen versehenen Stahlband. Die Trommel sitzt auf einer Welle, deren beide Zapfen in den Kapsellagern laufen. Der eine trägt auf seinem verlängerten, durch das Lager hindurchtretenden Ende ein Trieb, das über ein Pertinaxzahnrad den Antrieb des Zeigerlaufwerks vermittelt.

Bild 127   Zeigerlaufwerk mit selbstanlaufendem Synchronmotor für größere Uhren

Da der Motor 16polig ist (2 · 8 Stabchenpole an den Einlageringen und 16 durch Aussparungen gebildete Pole in der Läufertrommel) macht er $\dfrac{50 \cdot 2 \cdot 60}{16} = 375$ Umdrehungen in der Minute, womit er sich hervorragend zum Uhrenantrieb eignet.

Den Zusammenbau dieses Motors mit einem kräftigen Zeigerlaufwerk für größere Uhren nach Schönberg zeigt Bild 127. Das vollkommen gekapselte Werk zeichnet sich durch Einfachheit und Stabilität aus.

Die Übersetzung vom Läufer zur Minutenwelle (2250 : 1) erfolgt über Trieb, Zahnrad und einen doppelten Schneckensatz (Schnecke und Schneckenrad) zur Minutenwelle, so daß außer dem Wechselgetriebe und einem Zeigerstellrad auf der Minutenwelle keine weiteren Räder erforderlich sind.

Die Zeigerstellung erfolgt durch einen an seinem oberen Ende als Schaltklinke ausgebildeten Schieber, der mittels Zugschnur von Hand nach unten gezogen wird, wobei die Schaltklinke das Stellrad mit jedem Zug um einige Zähne weiterstellt; seine Rückführung geschieht durch eine Zugfeder.

6. Die Gangreserve

Auch die selbstanlaufenden Synchronuhren befriedigen noch nicht alle Ansprüche. Denn was nützt schon der Selbstanlauf, wenn nach vorübergehendem Aussetzen des Netzstroms (mit dessen Problemen wir uns schon im ersten Abschnitt bei den Motorzeigerlaufwerken und Motorschlagwerken sehr eingehend beschäftigt haben) die Uhren zwar selbsttätig wieder anlaufen, aber unrichtige Zeit zeigen. Es kam deshalb zu einer dritten Entwicklungsstufe, in der die selbstanlaufende Synchronuhr mit Gangreserve entstand. Auch sie sei einer eingehenderen Betrachtung unterzogen.

Unter »Gangreserve« hat man sich eine Reserveantriebskraft vorzustellen, die das Zeigerlaufwerk in Betrieb hält, wenn der Synchronmotor infolge Netzstromunterbrechung zum Stillstand kommt. Sobald der Strom zurückgekehrt ist, läuft der Motor an und übernimmt den Antrieb wieder. Die Uhr zeigt also trotz zeitweiligen Motorstillstands stets die relativ richtige Zeit[1]), was in Versorgungsgebieten mit häufigen Netzstörungen gewiß ein beachtenswerter Vorteil ist, der nur leider ziemlich teuer erkauft werden muß.

Die naheliegendste Reserveantriebskraft ist die Uhrfeder, die den Zeigerantrieb nach Einschalten eines Gehwerks (mit Unruhe als Gangregler) übernimmt, sobald der Motor wegen Stromlosigkeit ausfällt. Damit wird die von Haus aus einfache Synchronuhr erweitert zu einer kompletten Federzuguhr mit einer ziemlich komplizierten elektromechanischen Umschalteinrichtung; hinzu kommt eine selbsttätige Aufzugseinrichtung, denn die Feder gibt selbstverständlich nur dann Kraft ab, wenn sie vorher aufgezogen ist. Aus dem ursprünglich so einfachen Mechanismus wird also ein ziemlich verwickeltes Gebilde, das einen Hauptvorzug der Synchronuhr, nämlich den der Billigkeit, eingebüßt hat.

Drei Probleme waren somit zu lösen, bevor eine brauchbare Ausführung entstand, nämlich

1. eine zuverlässige elektromechanische Umschaltung vom Motor- zum Federzugantrieb,

---

[1]) Man darf sich dabei nicht zu der Annahme verleiten lassen, daß sich eine etwaige durch Frequenzschwankungen oder durch die Gangreserve hervorgerufene Zeitdifferenz beim Zurückschalten auf den Motorbetrieb selbsttätig korrigiert. Die Differenz bleibt selbstverständlich bestehen, und zwar die durch Frequenzschwankungen hervorgerufene bis zur nächsten Frequenzkorrektur im Kraftwerk, die gewöhnlich nachts vorgenommen wird, während die von der Gangreserve verursachte nötigenfalls von Hand beseitigt werden muß.

2. das »Anspringen« des Gehwerks, das u. U. viele Monate lang nicht in Anspruch genommen wird, darf im Bedarfsfalle nicht durch verdicktes Öl in Frage gestellt sein. Das sicherste und vermutlich einzige Mittel gegen diese Gefahr ist, es dauernd mitlaufen zu lassen, selbstverständlich im Leerlauf, d. h. ohne Verbindung mit dem Zeigerlaufwerk, das ja normalerweise vom Synchronmotor bedient wird.

3. Hieraus ergab sich als drittes das Aufzugsproblem, denn die Gehwerkfeder muß sich ja stets in voll aufgezogenem Zustand befinden, damit sie im Falle der Netzstromunterbrechung den Zeigerbetrieb — u. U. viele Stunden lang — mit Sicherheit aufrecht erhalten kann.

7. Ausführungsbeispiel einer Synchronuhr mit Gangreserve

Eine hübsche Lösung dieser drei Probleme zeigt die in Bild 128 schematisch dargestellte Synchronuhr mit Gangreserve einer Elektrizitäts-Großfirma. Die Hauptbestandteile der Uhr sind

1. das Zeigerlaufwerk mit dem Umschaltgetriebe *a* (Zahnrad an einem Schwenkarm),
2. der selbstanlaufende Synchronmotor mit zusätzlichem Schaltanker *b* und Umschalthebel *c—d*,
3. das Gehwerk mit Unruhgang *e* und Federhaus *f*,
4. der selbsttätige Aufzug *g*.

Das Zeigerlaufwerk erhält seinen Antrieb je nach der Stellung des Umschaltgetriebes entweder vom Synchronmotor oder vom Gehwerk. Die Umschaltung erfolgt durch den zweiarmigen Schalthebel *c—d*, dessen einer Arm gabelförmig ausgebildet ist und von einem im Anker sitzenden Stift so gesteuert wird, daß das Zahnrad des Umschaltgetriebes entweder mit einem Antriebszahnrad des Motors oder mit einem Zwischenrad des Gehwerks im Eingriff steht.

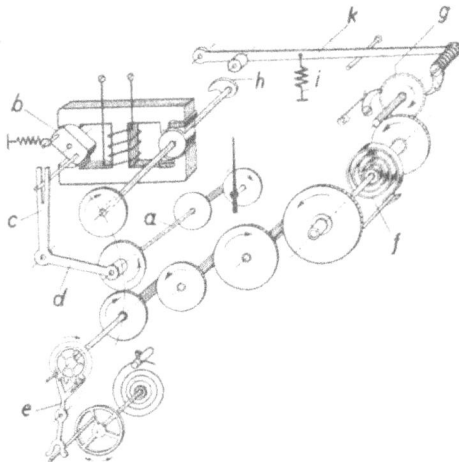

Bild 128. Synchronuhrwerk mit Gangreserve und selbsttätigem Aufzug.

a Umschaltgetriebe,
b Schaltanker,
c—d Umschalthebel,
e Unruh-Gang,
f Federhaus mit Feder,
g Klinkenschaltwerk für den Aufzug,
h Exzenter,
i Schaltfeder,
k Klinkenschalthebel.

Der Anker *b* gehört zu einem Kraftmagneten, der durch zwei zusätzliche Polschuhe am Ständer gebildet wird und wirksam ist, so-

lange der Motor unter Strom steht. Der drehbar gelagerte Anker wird
infolgedessen angezogen und hält dabei Umschalthebel und -getriebe
so, daß Motor und Zeigerwerk gekuppelt sind. Bei Aussetzen des Netzstroms wird auch der Motor stromlos, der Anker »fällt infolgedessen
ab«, d. h. er schwingt unter dem Einfluß einer Zugfeder aus dem Pol-
schuhbereich heraus und steuert dabei Umschalthebel und -getriebe so
um, daß nunmehr das Zeigerwerk mit dem bereits laufenden Gehwerk
gekuppelt wird.

Auch das Prinzip des vom Motor betätigten Aufzugs ist aus Bild 128
ersichtlich. Ein auf einer Motorwelle sitzender Exzenter h betätigt den
Schalthebel k, der mittels Schaltklinke und Schaltrad das Federhaus
aufzieht, und zwar handelt es sich dabei um einen indirekten Schrittschaltantrieb, d. h. der Exzenter spannt bei Betätigung des Hebels k
die Zugfeder i, die dann ihrerseits die zum Aufzug des Federhauses
erforderliche Kraft liefert.

Ein Überziehen der Gehwerksfeder ist auf folgende Weise verhindert: Gehwerksfeder f und Zugfeder i sind so aufeinander abgestimmt,
daß, wenn das Federhaus voll aufgezogen ist, die Kraft der Zugfeder i
nicht mehr zur Betätigung des Schrittschaltantriebs ausreicht, so daß
weitere Aufzüge unterbleiben und der Exzenter h leer läuft.

Neuerdings wird das Problem der Synchronuhr mit Gangreserve
auf eine andere Art gelöst, die sich bereits dem Prinzip der sog.
Allstromuhr nähert, die wir unter III, 3 kennenlernen werden. Man
hat eine normale Uhr mit Unruh-Ankergang und Federaufzug durch
einen Synchronmotor ergänzt, der den Selbstaufzug bedient und dessen
gleichmäßiger Lauf außerdem zur Synchronisierung der Unruhschwingungen benutzt wird. Kommt der Motor infolge Netzstromunterbrechung
zum Stehen, dann geht die Uhr als gewöhnliche Federaufzuguhr einfach
weiter. Kehrt der Netzstrom zurück, dann läuft der Motor und synchronisiert wieder, · selbstverständlich ohne eine etwaige Zeitdifferenz zu
korrigieren.

Die Synchronisierung der Unruhe erfolgt durch eine mechanische
Kupplung zwischen einer vom Motor getriebenen langsam laufenden
Welle und der Unruhspiralfeder, wodurch die Unruhschwingungen in
Abhängigkeit vom Motorlauf gebracht werden.

Es läßt sich darüber streiten, ob diese Verwendung des Synchronmotors zu Regulierungszwecken angesichts der nie ganz zu vermei-
denden Frequenzschwankungen im Kraftwerk noch großen Sinn hat
und ob es nicht zweckmäßiger ist, der Uhr durch einen Ankergang
guter Qualität von Haus aus eine hohe Ganggenauigkeit zu geben und
den unmittelbaren Anschluß an das Starkstromnetz lediglich zu einem
regelmäßigen in kurzen Zwischenräumen wirksam werdenden Selbstaufzug zu benutzen (wozu es keines Synchronmotors bedarf), durch

den die Ganggenauigkeit naturgemäß noch verbessert wird. Damit sind wir aber bei der Allstromuhr angelangt, die wir später kennenlernen werden.

8. Schlußbetrachtungen

Man unterscheidet also drei Arten von Synchronuhren, nämlich

1. Synchronuhren ohne Selbstanlauf; ihr Motor muß bei Inbetriebsetzung durch eine besondere mechanische Einrichtung angeworfen werden,
2. selbstanlaufende Synchronuhren,
3. selbstanlaufende Synchronuhren mit Gangreserve.

Uhren der ersten Art sind billig und eignen sich vorzüglich zur Hausuhr, besonders in Großstädten, weil hier ein Aussetzen des Netzstroms nur äußerst selten vorkommt.

Selbstanlaufende Synchronuhren, besonders mit Gangreserve, die erheblich teurer sind, eignen sich zur Verwendung in Überland- und Freileitungsnetzen, wo ein Aussetzen des Netzstroms ziemlich häufig vorkommt.

Die großen Vorzüge der Synchronuhr sind

1. ihre Ganggenauigkeit, die allerdings nur bei einwandfreier Frequenzüberwachung gegeben, dann aber auch unübertrefflich ist,
2. ihre Billigkeit, sofern man sich mit nicht selbstanlaufenden Werken begnügt,
3. ihre Anspruchslosigkeit in bezug auf Wartung und Instandhaltung (Wegfallen des Aufziehens usw.).

Ihr entscheidender Nachteil ist ihre Abhängigkeit vom Kraftwerk, wobei man sich vergegenwärtigen muß, daß durch eine einzige geringfügige Unstimmigkeit in der Kraftversorgung u. U. Zehntausende von Uhren plötzlich stehen bleiben oder falsch gehen. Auch die Lebensdauer der Synchronuhren erreicht bei weitem nicht die von gewöhnlichen Uhren; der Grund liegt in den durch den Motorantrieb bedingten schnell und dauernd laufenden Wellen, Trieben und Rädern, die naturgemäß schnellerer Abnutzung unterworfen sind als langsam laufende. Dessen ungeachtet hat aber die Synchronuhr in ihrer einfachsten Form, also ohne Selbstanlauf und Gangreserve, weiteste Verbreitung gefunden und erfreut sich allgemeiner Beliebtheit. Auf Zusatzeinrichtungen, z. B. zum Wecken, für Schlagwerke, auf Signalzusätze usw., die es in zahlreichen Abwandlungen gibt, soll hier nicht näher eingegangen werden.

II. Sonderkonstruktionen

1. Frequenzuhren

a) Einführung

Wie wir wissen, wird der Generator im Kraftwerk in bezug auf seine Drehzahl — die für die Frequenz maßgebend ist und normalerweise 3000 U/min beträgt — dauernd überwacht und erforderlichenfalls durch Vergrößern oder Verkleinern der Antriebskraft (die z. B. von einer Dampfturbine geliefert wird) geregelt.

Zur Drehzahlüberwachung dienen zwei Uhren, eine Synchronuhr, deren Motor ja ohne weiteres mit dem Generator synchron läuft, und eine mechanische Präzisionsuhr mit Sekundenpendel von hoher Ganggenauigkeit, die nach einem anerkannten Zeitzeichen, z. B. dem von der Sternwarte oder von der Deutschen Seewarte gegebenen, auf sekundengenaue astronomische Zeit kontrolliert wird. Wir wollen diese Uhr der Einfachheit halber AZ-Uhr nennen (AZ = astronomische Zeit).

Aus dem Zusammenwirken einer AZ-Uhr und einer Synchronuhr entsteht das, was wir in der Überschrift »Frequenzuhr« genannt haben. Es ist ohne weiteres einleuchtend, daß, solange diese beiden Uhren übereinstimmende Zeit anzeigen, der Generator mit der richtigen Drehzahl läuft und daß, wenn die Synchronuhr voreilt, die Generator-Drehzahl zu hoch, wenn sie zurückbleibt, die Generator-Drehzahl zu niedrig ist. Tritt ein solcher Fall ein, dann wird, meistens nachts, der Generator neu geregelt, wobei zwei Regelungsgänge zu unterscheiden sind, nämlich der eine, durch den der Generatorlauf so lange beschleunigt oder verlangsamt wird, bis die Synchronuhr mit der AZ-Uhr wieder übereinstimmt, und der andere, durch den der Generator wieder auf die richtige Drehzahl gebracht wird.

Da die AZ-Uhr als Präzisionsuhr einen möglichst erschütterungsfreien Standort verlangt, der in der Schaltwarte im allgemeinen nicht gegeben ist, andererseits aber die Überwachungsuhren in der Schaltwarte zweckmäßig unmittelbar neben den Handgriffen der Regelschalter sitzen sollen, rüstet man die AZ-Uhr mit Sekundenkontakt aus und betreibt die Überwachungsuhr als Sekunden-Nebenuhr. Hierdurch wird die AZ-Uhr räumlich unabhängig, kann also in beliebiger Entfernung von Schaltwarte und Maschinenhaus aufgestellt werden, während die Sekunden-Nebenuhr, meist als Schalttafeluhr ausgebildet, gegen Erschütterungen unempfindlich und in ihrer Zeitangabe allein vom AZ-Pendel abhängig, also absolut zuverlässig ist. Infolge dieser räumlichen Unabhängigkeit kann auch jede beliebige Hauptuhr, z. B. die einer vorhandenen Stadtuhrenanlage zum Betrieb des AZ-Teils der Frequenzuhr dienen, sofern sie hinsichtlich ihrer Ganggenauigkeit den Ansprüchen genügt und mit Sekundenkontakteinrichtung ausgerüstet ist.

Die sich aus den geschilderten Verhältnissen ergebenden Möglichkeiten sind durch folgende Schönbergsche Ausführungsformen von Frequenzuhren ausgeschöpft worden.

b) Frequenzuhr als Einzeluhr

Das in Bild 129 dargestellte Werk dieser Uhr besteht aus einem Gehwerk in Präzisionsausführung mit konzentrischem Sekundenzeiger sowie aus einem Synchronuhrwerk mit selbstanlaufendem Motor und Sekundenwelle. Letztere ist wie ein Stundenrohr auf die konzentrische Sekundenwelle der

Bild 129. Werk einer Frequenzuhr als selbständige Einzeluhr.

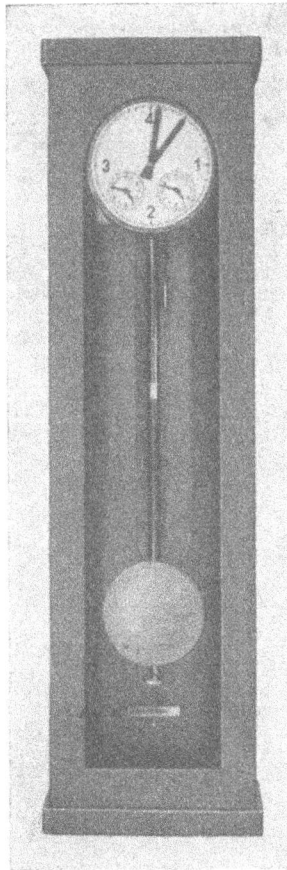

Bild 130 Frequenzuhr als Einzeluhr.

Präzisionsuhr geschoben, wird aber über die entsprechende Zahnradübersetzung vom Synchronmotor getrieben. Beide Uhren besitzen außerdem ihre eigenen exzentrisch angeordneten Zeigerwellen (Minutenwelle und Stundenrohr).

Wie Bild 130 zeigt, ist der große Zifferblattkreis in 4 min = 240 s eingeteilt; über ihm kreisen die beiden konzentrischen Sekundenzeiger, ein roter, der zur AZ-Uhr, und ein schwarzer, der zur Synchronuhr gehört. Außerdem enthält das große Zifferblatt nebeneinander zwei kleine in normaler Ausführung mit Stunden- und Minutenzeiger; das linke mit roten Zeigern und Ziffern zur AZ-Uhr gehörig, das rechte mit schwarzen Zeigern und Ziffern zur Synchronuhr gehörig.

Aus dieser Anordnung geht ohne weiteres hervor, daß sich, wenn beide Uhren beim Ingangsetzen auf richtige astronomische Zeit eingestellt sind, die beiden Sekundenzeiger so lange decken, wie der Generator mit der richtigen Drehzahl läuft. Eilt dagegen der schwarze Zeiger vor oder bleibt zurück, wobei der rote Zeiger sichtbar wird, dann bedeutet das, daß der Generator zu schnell oder zu langsam läuft, d. h., daß die Frequenz nicht mehr stimmt und die Synchronuhr infolgedessen vor- oder nachgeht. Bis zu 4 min ist die Größe der Gangdifferenz ohne weiteres vom großen Zifferblatt abzulesen, darüber hinaus müssen auch die beiden kleinen Zifferblätter verglichen werden.

Diese Art der Frequenzuhr kann u. U. unmittelbar in der Schaltwarte aufgehängt werden, nämlich dann, wenn die Möglichkeit gegeben ist, ihr Pendel von einer an geeigneter Stelle gehenden Hauptuhr synchronisieren zu lassen (s. Synchronisierungseinrichtung), so daß dessen Ganggenauigkeit durch Erschütterungen oder Vibrationen nicht beeinträchtigt werden kann. Besteht diese Möglichkeit nicht, dann kommt folgende Ausführung in Betracht.

c) Frequenzuhr als Hauptuhr

Diese Ausführungsart unterscheidet sich von der vorbeschriebenen zunächst lediglich dadurch, daß das Pendel mit einer Sekundenkontakteinrichtung ausgerüstet ist. Die Uhr kann infolgedessen am bestgeeigneten Ort (erschütterungsfrei) aufgehängt werden, während die eigentliche Überwachungsuhr in der Schaltwarte als Sekunden-Nebenuhr betrieben wird. In der Schaltwarte hängen in diesem Falle zwei Uhren nebeneinander, deren Zifferblätter (Bild 131) äußerlich gleich sind und sich nur durch die Farbe der Zeiger und Ziffern unterscheiden (rot = astronomische, schwarz = Synchronzeit). Die eine, die AZ-Uhr (Bild 132), ist eine Sekunden-Nebenuhr mit konzentrischem Sekunden- und exzentrischen Minuten- und Stundenzeigern, die von der Hauptuhr ihre Sekundenimpulse erhält. Die andere ist die Synchronuhr, ebenfalls mit »konzentrischer Sekunde und exzentrischer Stunde und Minute«; Bild 133 zeigt ihre Rückansicht.

d) Frequenzuhr als kombinierte Sekundenneben- und Synchronuhr

Voraussetzung für diese Ausführung ist das Vorhandensein einer normalen Hauptuhr zum Betrieb von Nebenuhren als Minuten- oder Halbminutenspringer und mit Sekundenkontakt zum Betrieb von

Bild 131 Frequenzuhr als Sekunden-Nebenuhr

Bild 132. Ruckansicht zu
Bild 131.

Bild 133. Frequenzuhr als Synchronuhr,
Ruckansicht.

Bild 134. Frequenzuhr als kombinierte Sekunden-
neben- und Synchronuhr.

Sekunden-Nebenuhren. Die kombinierte Frequenzuhr, deren Zifferblatt und Werk die Bilder 134 und 135 zeigen, besitzt eine mit großem Sekundenzeiger versehene konzentrische Sekundenwelle, die über ein Differentialgetriebe einerseits vom Sekundenuhrwerk, andererseits vom Synchronuhrwerk in entgegengesetztem Drehsinn angetrieben wird (etwas ähnliches haben wir bereits beim Wechselrelais Bild 64 kennengelernt). Aus dieser Anordnung ergibt sich, daß, wenn beide Werke synchron laufen, der Sekundenzeiger in Ruhe bleibt; eilt dagegen die Synchronuhr vor, dann wandert der Sekundenzeiger nach rechts und zeigt eine Plusdifferenz an, bleibt sie zurück, dann wandert er nach links und zeigt eine Minusdifferenz an. Dabei wird die Drehung der Sekundenwelle über eine entsprechende Zahnradübersetzung ($1 : {}^1/_{30}$) auf eine Minutenwelle übertragen, deren Zeiger über einem kleinen Nebenzifferblatt kreist.

Das große Zifferblatt ist in $2 \cdot 60$ s (60 für die Plus-, 60 für die Minusseite) eingeteilt, so daß Abweichungen, die weniger als 60 s betragen, ohne weiteres vom großen Zifferblatt ablesbar sind, während größere Abweichungen auf dem Nebenzifferblatt abgelesen werden, das in $2 \cdot 30$ min eingeteilt ist.

Da noch größere Abweichungen praktisch nicht vorkommen, hat man auf weitere Zeitangaben auf dem Frequenzuhr-Zifferblatt verzichtet, was man um so leichter konnte, als infolge des Vorhandenseins einer Hauptuhr die Schaltwarte selbstverständlich ihre eigene

Bild 135. Rückansicht zu Bild 134

Nebenuhr erhält, zweckmäßig in Gestalt einer großen weit sichtbaren zweiseitigen Deckenuhr, die stets richtige astronomische Zeit anzeigt.

Selbstverständlich kann man mehrere kombinierte Frequenzuhren anschließen, z. B. außer in der Schaltwarte im Dienstzimmer der Oberaufsicht, in der Direktion usw.; auch Uhrenfachgeschäfte, die sich mit dem Vertrieb von Synchronuhren befassen, werden an einer Frequenz-

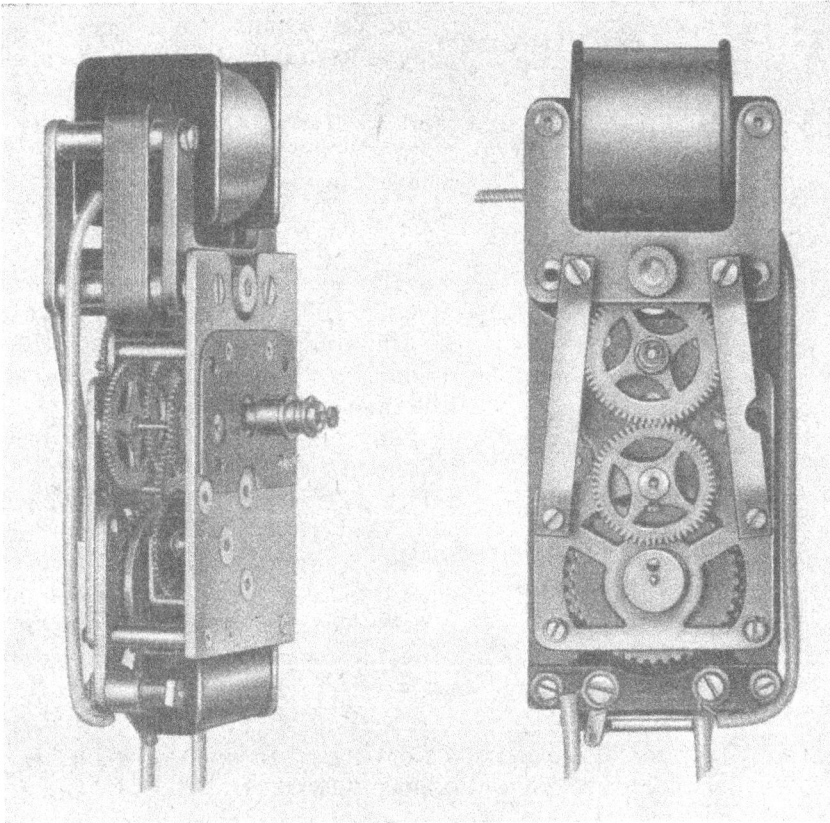

Ruckansicht

Bild 136   Synchronuhr mit Fortstellmotor

uhr Interesse haben, denn sie ist geeignet, den Uhrmacher der Kundschaft gegenüber zu rechtfertigen, wenn sich diese über falsch gehende Synchronuhren beschwert.

2. Synchronuhr mit Fortstellmotor

Jede Uhr muß hin und wieder auf richtige Zeit eingestellt werden. Das macht keine Schwierigkeiten, wenn die Uhren bequem zugänglich sind; sind sie es nicht, dann müssen hierfür besondere Einrichtungen vorgesehen werden (vgl. Fortsteller Seite 98).

Auch die Synchronuhr bedarf gelegentlicher — manchmal sogar ziemlich häufiger — Richtigstellung. Für schwer zugängliche Uhren, z. B. Außenuhren auf hohen Masten, ist das Problem der Zeigerstellung durch eine zweckmäßige Sonderkonstruktion mit zwei Motoren recht gut gelöst worden. Das Uhrwerk (Bild 136) besitzt einen normalen Synchronmotor ohne Selbstanlauf für den Uhrenbetrieb und einen Asynchronmotor, der so mit dem Zeigerwerk gekuppelt ist, daß er die Zeiger in schnelle Umdrehungen versetzt (Sekundenzeiger etwa 20 U/min). Dabei dient er gleichzeitig als Startermotor, durch den der Synchronmotor, der ja ebenfalls mit dem Zeigerlaufwerk gekuppelt ist, angeworfen wird.

Das sehr einfache Schaltungsprinzip zeigt Bild 137. Eingeschaltet wird die Uhr durch einen Schalter mit drei Stellungen. Auf Stellung *1* erfolgt die Einschaltung des Anwerfmotors, der die Zeiger kreisen läßt und dabei gleichzeitig den Synchronmotor anwirft. Sobald die Zeiger die richtige Zeit zeigen, wird der Schalter auf Stellung *2* gebracht, wodurch der bereits laufende Synchronmotor unter Strom kommt, in Tritt fällt und den ordnungsmäßigen

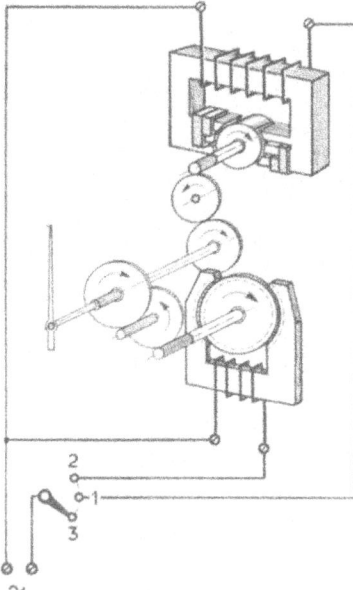

Bild 137. Stromlauf zur Synchronuhr mit Fortstellmotor.

Uhrenantrieb übernimmt, während der Synchronmotor stromlos wird (da er nicht entkuppelt wird, läuft er »leer« mit, was auf den Gang der Uhr ohne Einfluß ist).

Geht die Uhr falsch und soll richtig gestellt werden, dann bringt man den Schalter zunächst in Stellung *3*, wodurch die Uhr ganz ausgeschaltet wird, also stehen bleibt. Hierauf verfährt man wie oben angegeben. Der Übergang von Stellung *1* auf Stellung *2* muß genau abgepaßt werden, damit die Zeiger auch wirklich die richtige Zeit anzeigen; nötigenfalls ist der Vorgang zu wiederholen.

III. Sonstige elektrische Einzeluhren

1. Allgemeines

Das Problem, Einzeluhren unmittelbar durch den elektrischen Strom zu betreiben, ist schon lange vor der Synchronuhr auf mancherlei Weise und mit mehr oder weniger Erfolg zu lösen versucht worden.

Es gibt z. B. Gangregler, die unmittelbar durch den elektrischen Strom Antrieb erhalten. Bekannter sind indessen solche »elektrische« Einzeluhren, die lediglich durch Elektrokraft aufgezogen werden, während ihr Antrieb durch Gewicht oder Feder erfolgt.

Uhren dieser Gattung lassen sich hinsichtlich ihrer Betriebsstromart in zwei Gruppen unterteilen, nämlich

    A) Batterieuhren,

    B) Starkstromuhren.

Die ersteren unterscheiden sich nach ihrer Technik in Pendeluhren und Uhren mit Unruhgang.

Starkstromuhren, für die es mehrere Ausführungsformen gibt, wollen wir hier nur in einem Ausführungsbeispiel in Gestalt der Schönbergschen »Allstromuhr« behandeln, die, ebenso wie die kleine Batterieuhr, durch eine besonders charakteristische Konstruktion auffällt.

Pendeluhren als Batterieuhren sind uns bereits aus dem Ersten Teil bekannt, wo wir sie als Hauptuhren kennengelernt haben. Die Pendel-Einzeluhr unterscheidet sich von der Hauptuhr lediglich durch den Wegfall des Gebers und Geber-Laufwerks, während der Schönbergsche Selbstaufzug der gleiche ist. Da somit das Gehwerk keinerlei zusätzliche mechanische Belastung erfährt, erreichen derartige Uhren schon mit $^1/_1$ Sek.-Holzpendel eine hohe Ganggenauigkeit.

Ein neuer Typ ist dagegen die Batterieuhr mit Unruhgang, für deren Entwicklung folgende Gesichtspunkte maßgebend waren. Es sollte ein kleines einheitliches Gehwerk für die verschiedensten Uhren des Hausgebrauchs (Tisch-, Wand-, Kamin-, Küchenuhr) geschaffen werden, das, abgesehen von der etwa alle 1 bis 2 Jahre erforderlich werdenden Auswechslung zweier kleiner Trockenelemente, keinerlei Wartungsansprüche durch Aufziehen usw. stellt, sich dabei aber durch hohe Ganggenauigkeit auszeichnet. Die entscheidenden Voraussetzungen zur Erfüllung dieser Forderungen sind

1. ein Unruh-Ankergang hoher Qualität,
2. ein aus gutem Material sorgfältig hergestelltes Räderwerk,
3. ein elektrischer Aufzug mit geringstem Kraftbedarf und zuverlässiger Kontaktgabe.

Vergegenwärtigt man sich, daß eine solche Uhr weder von einer Hauptuhr, noch von einem Kraftwerk, noch von einer Leitung abhängig, sondern vollkommen selbständig ist, dann wird man verstehen, daß auch die Batterie-Einzeluhr ihre Liebhaber findet; denn, einmal richtig einreguliert, liefert sie Zeitangaben, auf die man sich im allgemeinen mehr verlassen kann als auf die der Synchronuhr, denn diese ist der »Tücke des Objekts« in weit höherem Maße unterworfen als jene.

2. Die kleine Batterieuhr

Das Werk einer kleinen Batterieuhr mit Unruhgang zeigt Bild 138. Es zerfällt in

> Gehwerk,
> Aufzug und
> Kraftmagnet,

deren kinetische Zusammenhänge aus dem schematischen Bild 139 hervorgehen.

Auf der Welle des Beisatzrades sitzt die zweiarmige Kupplung g, die mit einer an der Aufzugswelle hängenden spiralförmigen Kupplungs-,

Bild 138. Werk der kleinen Batterieuhr

feder f kraftschlüssig verbunden ist. Die Feder hat stets soviel Vorspannung, daß sie während des Aufzugsvorganges den Antrieb des Gehwerks übernimmt.

Auf der Aufzugswelle a sitzt fest das Aufzugsrad b (Zahnrad mit feiner Schaltklinkenverzahnung) und lose der Schwunghebel c mit der aus einem feinen Stahldrahtbügel bestehenden Schaltklinke d; an seiner Achse ist die spiralförmige Triebfeder e befestigt. Der Schwunghebel erhält vom Kraftmagneten einen Stoß, macht infolgedessen eine Schwingung von etwa 90⁰ und spannt dabei die Triebfeder. Gleichzeitig gleitet die Schaltklinke über eine Anzahl Schaltradzähne und fällt nach Beendigung der Schwingung in eine Zahnlücke ein. Nun wird die gespannte Triebfeder wirksam und dreht die Aufzugswelle, wobei die kraftschlüssige Verbindung durch Schwunghebel, Schaltklinke und Schaltrad hergestellt wird. Kupplungsfeder f und Kupplung g übertragen die Antriebskraft auf das Gehwerk. Der Schwunghebel macht die Drehung mit, d. h. er sinkt langsam in seine Ausgangsstellung zurück, so daß er mit seinem Kontaktstift h nach einiger Zeit den am Anker des Kraftmagneten sitzenden Kontakthebel i wieder berührt, wodurch der Strom geschlossen und der Anker k angezogen wird. Dieser schleudert infolgedessen den Schwunghebel erneut fort, wobei ein neuer Aufzug erfolgt und der Kraftstrom gleichzeitig wieder unterbrochen wird. Dieses Spiel wiederholt sich etwa alle 1 bis 2 min.

Von besonderer Eigenart ist der Aufzugsmagnet, dessen Anker und Polschuhe durch ihre ungewöhnliche Gestalt auffallen, durch die ein außergewöhnlich großer Ankerhub bei kleinstem Kraftbedarf erzielt wird (Bild 140). Der

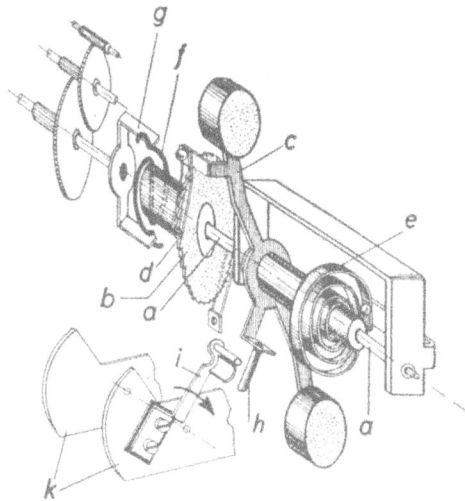

Bild 139. Elektrischer Aufzug der kleinen Batterieuhr.

a Aufzugswelle,	f Kupplungsfeder,
b Aufzugsrad,	g Kupplung,
c Schwunghebel,	h Kontaktstift,
d Schaltbügel,	i Kontakthebel,
e Gehwerkfeder,	k Elektromagnetanker.

Elektromagnet ist jochlos, besteht also nur aus einem Kern und einer Spule. Auf dem linken Pol sitzt ein aus Eisenblech gebogener Polschuh, der zwei seitliche Backen bildet, während der auf dem rechten Pol sitzende Polschuh aus einem flachen, etwas gewölbten Polschuhblech besteht, das nach einer Seite spitz ausläuft.

Der sehr leichte, ebenfalls aus Eisenblech gebogene U-förmige Anker ist in den beiden Schenkeln drehbar gelagert. Die beiden Schenkelenden, deren Form den beiden Polschuhbacken entspricht, bewegen sich mit kleinem Luftspalt dicht neben den Polschuhbacken, während das Ankerjoch in angezogenem Zu-

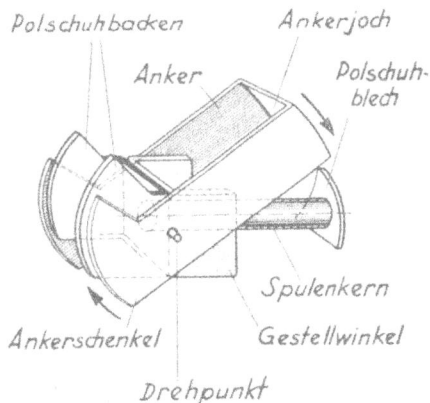

Bild 140. Elektromagnet mit Anker.

stand das Polschuhblech umfaßt. Die Schenkeldrehpunkte liegen nicht in der Schenkelmitte, sondern so, daß die beiden Schenkelenden mit dem kürzeren Schwingungsbogen in den Kraftlinienbereich der Polschuhbacken, das Joch mit dem längeren Schwingungsbogen in den Kraftlinienbereich des Polschuhblechs einschwingen, woraus sich ein starkes Anzugsmoment und ein außergewöhnlich großer Ankerhub ergeben.

Auf dem einen Ankerschenkel sitzt isoliert der Kontakthebel *i* (vgl. Bild 139), der durch eine bewegliche Leitungsschnur mit dem einen Ende der Spulenwicklung verbunden ist; das andere Ende liegt an der einen Stromzuführungsklemme. Die andere liegt unmittelbar am Körper, so daß, wenn der Schwunghebel mit seinem Kontaktstift den Kontakthebel berührt, der Strom geschlossen ist, der Anker also angezogen wird und den Schwunghebel fortschleudert. Durch eine Zugfeder wird der Anker in seine Ruhelage zurückgezogen, sobald die Spule wieder stromlos ist. Dabei findet er im Zurückschnellen Anschlag an einer weichen Prellfeder, wodurch der Rückschlag fast bis zur Unhörbarkeit gedämpft wird.

Auch der Ankeranzug erfolgt geräuschlos, da er erst dann beginnt, wenn der Kontaktstift den Kontakthebel bereits berührt hat, so daß kein Schlag entsteht; ebenso ist die Beendigung der Anzugsbewegung anschlagfrei und infolgedessen vollkommen geräuschlos. Lediglich der eigentliche Aufzugsvorgang verursacht ein leichtes Geräusch.

Alles in allem bietet auch diese unscheinbare kleine Batterieuhr wieder ein reizvolles Beispiel der sinnreichen von der Hand eines geschickten Konstrukteurs geleiteten Verschmelzung von Uhrmacherkunst und Elektrotechnik.

3. Die Allstromuhr

Daß die Synchronuhr wie eine anspruchsvolle Filmdiva ihre Nücken und Tücken hat und nur unter ganz bestimmten Voraussetzungen ihren Dienst tut, haben wir im ersten Abschnitt gesehen. Es lohnte sich deshalb schon darüber nachzudenken, wie man den heute wohl überall als willigen Helfer zur Verfügung stehenden Starkstrom für den Einzeluhrantrieb verwenden kann, ohne an die diffizilen Voraussetzungen des Synchronuhrbetriebs gebunden zu sein.

Gut gelöst wurde dieses Problem durch die Allstromuhr, die — wie ihr Name sagt — an jedes Lichtnetz üblicher Spannung, einerlei, ob Gleich- oder Wechselstrom, ob mit oder ohne Frequenzüberwachung, angeschlossen werden kann und die dann unverdrossen jahrein, jahraus ihren Dienst tut, unbekümmert darum, ob der Starkstrom hin und wieder einmal aussetzt und die dafür weiter nichts verlangt, als daß man sie alle paar Jahre einmal vom Uhrmacher reinigen und frisch ölen läßt. Besitzt dann eine derartige Uhr außerdem noch eine hohe Ganggenauigkeit, dann kann man wohl sagen, daß sie imstande ist, wie ein anspruchsloses zuverlässiges Aschenbrödel die anspruchsvolle Prinzessin Synchronuhr aus dem Felde zu schlagen.

Die in Bild 141 dargestellte Allstromuhr besteht

1. aus einem hochwertigen Schweizer Ankergang mit 11 Steinen,
2. aus einem sorgfältig gearbeiteten Gehwerk mit Federhaus und besonders langer Triebfeder,
3. aus dem selbsttätigen Aufzug,
4. aus der Thermosicherung.

Die unter 1 bis 3 genannten Einrichtungen schaffen die Voraussetzungen für die hohe Ganggenauigkeit der Allstromuhr. Dabei kommt

Bild 141. Werk der elektrischen Allstromuhr

dem Ankergang entscheidende Bedeutung zu, weshalb man ihn durch eine eiserne Umkapselung noch besonders geschützt hat, und zwar sowohl gegen mechanische Beschädigungen, als auch gegen magnetische Beeinflussungen durch das Streufeld der benachbarten Kraftspule.

Die Aufzugs- und Antriebskraft liefert ein als Solenoid-Kern ausgebildetes Gewicht, das, sobald das Solenoid Strom erhält, in die Spule hinein nach oben gezogen wird und dabei ein Klinkenschaltwerk betätigt. Hört der Stromfluß auf, dann sinkt das Gewicht zurück und vollzieht dabei schrittweise das Aufziehen der Gehwerkfeder (Schwerkraft-Aufzug mit indirektem Schrittschaltantrieb). Dieser Fall tritt jedoch nur am Anfang nach erfolgter Einschaltung ein, und das Aufziehen dauert nur so lange, bis die Gehwerkfeder voll aufgezogen ist.

Aus- und Einschalten des Aufzugsstroms erfolgt durch einen am Klinkenhebel angebrachten Quecksilberschalter, der sich öffnet, wenn der Solenoid-Kern seine Höchststellung erreicht hat, und sich schließt, wenn er bis zu einer gewissen Tiefststellung gesunken ist.

Das Gewicht des Kerns und die ihm entgegenwirkende Kraft der Triebfeder sind so aufeinander abgestimmt, daß, wenn die Feder annähernd voll aufgezogen ist, das Kerngewicht nicht mehr ausreicht, um weitere Aufzugsschritte zu bewirken. In diesem Falle sinkt der Kern ganz langsam mit der ablaufenden Feder, mit der er durch Schalthebel, Schaltklinke und Schaltrad kraftschlüssig verbunden ist, und wirkt dabei als unmittelbarer Gewichtsantrieb. Mit dieser Anordnung ist erreicht, daß sich die Gehwerkfeder stets in annähernd voll aufgezogenem Zustand befindet und niemals überzogen werden kann. Weiter hat diese Anordnung zur Folge, daß die Uhr normalerweise mit Gewichtsantrieb geht, wobei der Aufzug des abgelaufenen Gewichts elektrisch erfolgt. Die Feder hat dann lediglich die Bedeutung einer elastischen Kupplung zwischen Gewicht und Gehwerk.

Setzt der Netzstrom aus, dann verleiht die voll aufgezogene Feder der Uhr eine etwa 30 stündige Gangreserve; nach Wiederkehr des Netzstroms beginnt sofort der Aufzug zu arbeiten und »pumpt« die mehr oder weniger abgelaufene Feder mit rasch aufeinander folgenden Schaltschritten bis zum vollaufgezogenen Zustand wieder auf.

Mit der Thermosicherung hat es folgende Bewandtnis:

In Gleichstromnetzen — seltener in Wechselstromnetzen — kommt es mitunter vor, daß die Spannung vorübergehend so weit absinkt, daß der Solenoid-Kern nicht mehr bis in seine obere Endlage gehoben wird. Die Folge hiervon ist, daß sich der Quecksilberschalter nicht öffnet, die Spule also unter Strom bleibt, sich stark erwärmt und schließlich verbrennen würde, wenn nicht auf andere Weise für Stromunterbrechung gesorgt wird. Dies geschieht durch die Thermosicherung. Sie besteht aus einem Bimetallstreifen, der sich bei Erwärmung wirft und hierdurch eine Feder freigibt, die einen den Strom unterbrechenden Schalter öffnet. Die Erwärmung wird begünstigt durch ein die Spulenwicklung teilweise umschließendes Blech, das, als guter Wärmeleiter mit dem Bimetallstreifen verbunden, dessen Erwärmung beschleunigt.

C. Betrieb und Beschaffung

I. Die Stromversorgung elektrischer Uhrenanlagen

Eine zuverlässige und gleichmäßige Versorgung mit Betriebsstrom ist für das gute Funktionieren elektrischer Uhrenanlagen von entscheidender Bedeutung. Drei Arten der Stromversorgung kommen in Betracht:

a) Primärelemente (heute fast ausschließlich Trockenelemente),
b) Sammler (Akkumulatoren),
c) Starkstrom aus einem Wechselstromnetz über ein Netzanschlußgerät.

Primärelemente. Große Trockenelemente, etwa 180 × 180 × 80 mm, die heute preiswert und in hoher Vollkommenheit hergestellt werden, eignen sich hervorragend für alle Kleinanlagen mit geringem Stromverbrauch und einer Betriebsspannung von 6 V. Da die Anfangsspannung des Trockenelements, die bei 1,5 V liegt, bei Ingebrauchnahme rasch absinkt und erst von etwa 1,2 V ab annähernd konstant wird, d. h. sich nur sehr langsam verringert, empfiehlt es sich, je Element nur 1 V anzunehmen, also für eine Betriebsspannung von 6 V 6 Elemente hintereinander zu schalten. Die sich daraus im Anfang ergebende Überspannung (9 V statt 6) ist auf gute NU-Werke ohne schädlichen Einfluß. Dem Absinken der Spannung wird durch den HU-Aufzug eine natürliche Grenze gesetzt, indem er versagt, wenn die Spannung auf etwa 3,5 V gesunken ist, womit auch die Nebenuhren zum Stillstand kommen. Bei Verwendung erstklassiger Trockenelemente von genügender Größe kann mit einer Batterie-Lebensdauer von mehreren Jahren gerechnet werden.

Sammler. Sammlerbatterien, die für mittlere und Großanlagen in Betracht kommen, bieten gegenüber den Trockenelementen den Vorteil einer langen Lebensdauer und einer praktisch gleichbleibenden Spannung von 2 V je Zelle. Mittlere Anlagen werden in der Regel mit einer Betriebsspannung von 12 V, Großanlagen mit einer solchen von 24 V betrieben. Die Leistung der Sammlerbatterie (Kapazität) ist dem Stromverbrauch der Anlage anzupassen, wobei man zweckmäßigerweise auch eine gewisse Erweiterungsfähigkeit berücksichtigt; man kann dabei ziemlich großzügig verfahren, da die Batterie im allgemeinen keinen entscheidenden Unkostenfaktor darstellt.

Die wichtigste Frage beim Sammlerbetrieb ist die der Ladung, die von dem zur Verfügung stehenden Netzstrom abhängig ist. Da heute Wechselstromnetze überwiegen, ist der Trockengleichrichter auch für Uhrenbatterien das meist verwendete Ladegerät.

Hinsichtlich der Ladung sind zwei Arten des Sammlerbetriebs zu unterscheiden, nämlich

der Einbatteriebetrieb mit Dauerladegerät und

der Zweibatteriebetrieb mit wechselweiser Ladung und Entladung.

Der große Vorteil des Einbatteriebetriebs mit Dauerladegerät liegt darin, daß er die geringsten Ansprüche an Wartung und Instandhaltung stellt; er wird deshalb viel verwendet. Die Batterie ist über das Dauerladegerät dauernd mit dem Starkstromnetz verbunden und wird durch einen schwachen einstellbaren Strom in dem gleichen Maße aufgeladen, wie von der Uhrenanlage Strom verbraucht wird. Der einzige Nachteil dieser Betriebsart liegt darin, daß beim Aussetzen des Netzstroms die Stromversorgung der Uhrenanlage in Unordnung kommen kann, was u. U. das Stehenbleiben der Uhren zur Folge hat. Man verringert diese Gefahr wesentlich, indem man die Kapazität der Batterie so reichlich bemißt, daß sie den Uhrenbetrieb auch bei unterbrochener Dauerladung längere Zeit aufrecht erhalten kann. Nur muß man dann bei Wiedereinsetzen der Ladung dafür Sorge tragen, daß die Batterie entsprechend der erhöhten Stromentnahme nachgeladen wird. Die dazu erforderliche Umregelung geschieht entweder von Hand oder, bei vollkommneren Dauerladegeräten mit Kippdrossel, rein selbsttätig.

Zweibatteriebetrieb. Für Uhrengroßanlagen, bei denen es auf höchste Betriebssicherheit ankommt, ist der Zweibatteriebetrieb mit wechselnder Ladung und Entladung das Gegebene. Normalerweise steht dann immer eine geladene Batterie in Reserve, so daß auch zeitweiliges Aussetzen des Netzstroms den Uhrenbetrieb nicht gefährdet.

Die Leistung der beiden Batterien bemißt man zweckmäßig so, daß etwa alle 14 Tage von der einen auf die andere umgeschaltet werden muß. Damit nicht durch eine unerwartete Störung der in Betrieb befindlichen Batterie — z. B. durch Schadhaftwerden einer Zelle — die Uhrenanlage in Mitleidenschaft gezogen wird, sieht man eine Überwachungseinrichtung vor, durch die bei absinkender Spannung selbsttätig auf die Reservebatterie unter gleichzeitiger Einschaltung von Aufmerksamkeitssignalen (Leuchtinschriften und Wecker) umgeschaltet wird (s. Bild 71).

In dieser Form bietet der Zweibatteriebetrieb tatsächlich die denkbar größte Sicherheit, so daß die Forderung einer Gangreserve für die Hauptuhren ihren Sinn verliert (vgl. S. 23).

Das Netzanschlußgerät. Auf den ersten Blick außerordentlich bestechend, weil batterielos arbeitend, erscheint die dritte Art der Stromversorgung unmittelbar aus einem Wechselstromnetz durch das Netzanschlußgerät. Sie ist aber an eine wichtige Voraussetzung gebunden, nämlich an das Vorhandensein einer, anderen Zwecken dienenden Sammlerbatterie, z. B. einer Fernsprechbatterie, die bereit und in der Lage ist, den Uhrenbetrieb dann mitzuübernehmen, wenn der Netzstrom aussetzt. Steht eine solche Batterie nicht zur Verfügung, dann könnte man daran denken, eine besondere Notbatterie bereitzustellen. Damit hätte man aber den Aufwand des Einbatteriebetriebs mit Dauerladegerät im wesentlichen erreicht, der seiner größeren Betriebssicherheit wegen stets vorzuziehen ist.

Die Gangreserve mit Nachlaufeinrichtung kann bei netzgespeisten Anlagen von Vorteil sein (vgl. S. 23), denn sie sorgt dafür, daß beim Aussetzen des Netzstroms wenigstens die Hauptuhr weitergeht und beim Wiedereinsetzen die stehengebliebenen Nebenuhren auf richtige Zeit nachgestellt werden. Man soll aber die Bedeutung dieser Einrichtung nicht überschätzen, denn stehengebliebene Nebenuhren sind immer mißlich, weil man ihnen nicht ohne weiteres ansieht, daß sie stehen. Demgegenüber hat auch das Bewußtsein, daß, wenn sie gehen, sie nur richtige Zeit anzeigen, nicht allzuviel zu bedeuten, denn die Möglichkeit, infolge einer stehengebliebenen Nebenuhr beispielsweise einen Zug zu versäumen, wird dadurch nicht beseitigt. Viel besser ist es, dafür zu sorgen, daß auch beim Ausfallen des Netzstroms alle Uhren ungestört weitergehen, und hier liegt der wunde Punkt des Netzanschlußgerätes, der nur durch die eingangs erwähnte Voraussetzung heilbar ist.

II. Planung und Ausschreibung elektrischer Uhrenanlagen.

Unter den elektrischen Anlagen großer Bauvorhaben spielen die Fernmeldeanlagen, zu denen auch elektrische Uhrenanlagen gehören, fast immer eine bedeutende Rolle. Gewöhnlich werden sie von einem Starkstromfachmann mitbearbeitet, der die zur Planung und Ausschreibung einer Uhrenanlage erforderlichen Spezialkenntnisse naturgemäß nicht besitzt. Er pflegt sich dann in der Regel so zu helfen, daß er die der Ausschreibung als Grundlage dienende Planung von einer leistungsfähigen Fachfirma durchführen läßt.

Dieses Verfahren hat den Nachteil, daß es einen freien Wettbewerb sehr erschwert, wenn nicht unmöglich macht, weil die planende Firma ihre ganze Vorarbeit, die im Ausschreibungsprogramm oder Leistungsverzeichnis ihren Niederschlag findet, begreiflicherweise allein auf ihre Erzeugnisse abstellt. Denn sie ist selbstverständlich stark interessiert, auch den Auftrag auf Lieferung und Bauausführung zu erhalten, was durch billigere Konkurrenzangebote in Frage gestellt werden könnte. Deshalb kommt es ihr darauf an, die Planung von vornherein so zu gestalten, daß ihr die Erfüllung des Ausschreibungsprogramms möglichst leicht, allen übrigen Anbietern möglichst schwer wird. Daß sich auf solchem Boden kein gesunder Wettbewerb entwickeln kann und außerdem die höchstmögliche technische Zweckmäßigkeit nicht unbedingt gewährleistet ist, liegt auf der Hand.

Übrigens lagen bis vor wenigen Jahren auf dem Gebiet des Fernsprechwesens die Verhältnisse ganz ähnlich — wie sich ja auch sonst zwischen Uhr und Fernsprecher manche Analogie ergibt —, was zur Folge hatte, daß im Interesse eines gesunden Wettbewerbs das gesamte Gebiet des Fernsprechnebenstellenwesens unter Führung und Aufsicht der Deutschen Reichspost leistungs- und preismäßig geregelt wurde. Vielleicht bringt die Zukunft auch auf dem Gebiet der elektrischen Uhren eine ähnliche Entwicklung, womit manche unerfreuliche Erscheinung im Konkurrenzkampf verschwinden würde.

Viele Ausschreibungsprogramme der bisher üblichen Art sind dadurch gekennzeichnet, daß mit einem Aufwand vieler Worte Selbstverständliches vorgeschrieben, technisch Wesentliches dagegen überhaupt nicht erwähnt wird.

Ferner kommt es vor, daß zum Erreichen einer bestimmten Wirkung Ausführungsformen vorgeschrieben werden, die nur nach dem System der planenden Firma zweckentsprechend sind, während sie nach den Systemen anderer Firmen die gewünschte Wirkung nicht hervorrufen können. Beispiel:

Es wird verlangt, daß für kleine Nebenuhren Drehankersysteme. für große (des größeren Kraftbedarfs wegen) Schwingankersysteme verwendet werden ohne Rücksicht darauf, daß bei anderen Fabrikaten hinsichtlich der Kraftleistung von Dreh- und Schwingankersystemen die Verhältnisse gerade umgekehrt liegen.

Eine weitere Eigenart mancher Ausschreibung liegt darin, daß bestimmte technische Einrichtungen vorgeschrieben werden, die, weil ihre Voraussetzungen bei der geplanten Anlage nicht gegeben sind, gar keinen Sinn haben, es sei denn den, der Konkurrenz den Wettbewerb zu erschweren. Ein Beispiel:

Für die beiden Hauptuhren einer Uhrenzentrale wird »Gangreserve« verlangt, obwohl die Stromversorgung aus zwei Wechselbatterien mit selbsttätiger Umschaltung erfolgen soll, so daß mit einem Ausfall des elektrischen Selbstaufzugs noch dazu gleichzeitig an beiden Hauptuhren schlechterdings nicht zu rechnen ist, ganz abgesehen davon, daß beim Ausfall der Stromversorgung die gesamte Uhrenanlage, außer der mit Gangreserve weitergehenden Hauptuhr, zum Erliegen kommen würde.

Ähnlich zwecklos ist die in Ausschreibungen oft anzutreffende Forderung, daß auch die zweite Hauptuhr einer Uhrenzentrale mit einem Nickelstahl-Kompensationspendel ausgerüstet sein soll, obwohl gleichzeitig verlangt wird, daß das Pendel der HU II vom Pendel der HU I synchronisiert wird, so daß für jenes ein gutes Holzpendel vollkommen genügt.

Wenig praktischen Wert hat auch die Forderung einer hochgeschraubten Mindestganggenauigkeit der Hauptuhren — z. B. ± 2 s je Tag —, solange nicht die Raumfrage hinsichtlich Erschütterungsfreiheit und Temperaturgleichmäßigkeit geklärt ist.

Auch die sog. »geräuschlose« Nebenuhr ist ein beliebtes Mittel, bei Ausschreibungen ein bestimmtes NU-System in den Vordergrund zu schieben, ohne Rücksicht auf die Notwendigkeit, einen Unterschied zwischen »geräuschlos« und »geräuscharm« zu machen. Das, was in vielen Ausschreibungsprogrammen schlechthin als »geräuschlos« bezeichnet wird, ist in Wirklichkeit nur »geräuscharm«, denn die wirklich geräuschlose Nebenuhr ist eine kostspielige Sonderkonstruktion, deren Verwendung im allgemeinen auf besondere Fälle beschränkt bleibt. Aber selbst bei ihr handelt es sich nur um eine »praktische« Geräuschlosigkeit, d. h., daß bei der normalerweise in Betracht kommenden Entfernung zwischen Uhr und Ohr ein Geräusch nicht mehr wahrnehmbar ist. Beobachtet man dagegen eine sogenannte geräuschlose, d. h. geräuscharme Nebenuhr z. B. in der nächtlichen Stille eines Schlafzimmers, dann wird man feststellen, daß sie keineswegs geräuschlos ist.

Im übrigen wird das Bedürfnis nach geräuscharmen Nebenuhren — das in bestimmten Fällen zweifellos vorhanden ist — oft übertrieben, denn erfahrungsgemäß nimmt an dem bei der minutlichen Fortschaltung einer Nebenuhr entstehenden leichten Geräusch in 999 von 1000 Fällen kein Mensch Anstoß.

Schon diese wenigen Beispiele zeigen, wie sehr dem Sachbearbeiter eigene Fachkenntnisse zustatten kommen können. Kann doch dadurch der vornehmste Zweck jeder technischen Ausschreibung, nämlich die Anwendung zweckmäßigster Technik mit geringstmöglichem Kostenaufwand sicherzustellen, seiner Verwirklichung ein gutes Stück näher gebracht werden. Daß bei einem ausschließlich unter diesem Gesichtspunkt festgelegten Ausschreibungsprogramm auch der freie und reelle Wettbewerb zu seinem Recht kommt, versteht sich von selbst.

Da die Uhrenanlage, z. B. hinsichtlich der Ausstattung der Nebenuhren, häufig in Fragen des Geschmacks und der Raumgestaltung mit hinein spielt, an denen der Architekt interessiert ist, sollte man bei der Planung zunächst alle Geschmacks- und künstlerischen Fragen grundsätzlich ausschalten und nur eine Festlegung des rein Technischen anstreben, was ja letzten Endes für die Qualität einer Uhrenanlage das Entscheidende ist. Fragen der vom Normalen abweichenden Zeiger-,

Zifferblatt- und Gehäusegestaltung, bei denen der Innenarchitekt mitspricht, können ohne Bedenken zurückgestellt werden. Das empfiehlt sich auch schon deshalb, weil beispielsweise für eine Nebenuhr mit künstlerisch ausgebildeten Zeigern — etwa für einen Sitzungssaal — wegen der hohen Zeigergewichte ein anderes Nebenuhrwerk verwendet werden muß, als für eine normale Uhr gleicher Größe.

Da wo es sich vermeiden läßt, soll der ausschreibende Planer möglichst keine bestimmten Ausführungsformen vorschreiben. Statt dessen soll er die Leistung, die er von den einzelnen technischen Einrichtungen der Uhrenanlage verlangt, klar und unzweideutig festlegen; die technischen Mittel, mit denen diese Leistungen erfüllt werden, soll er den Anbietern überlassen. Dabei ist zu fordern, daß die Anbieter Einrichtungen von entsprechender Wichtigkeit unter Vorlage von Skizzen und Prinzipschaltungen so erläutern, daß zu erkennen ist, auf welche Weise die vorgeschriebene Leistung erfüllt wird.

Bei allen Ausschreibungsunterlagen kommt es darauf an, sie so abzufassen, daß die Anbieter gezwungen sind, leistungs- und qualitätsmäßig möglichst gleiche Ausführungen anzubieten, denn nur dann ist ein einigermaßen zuverlässiger Preisvergleich möglich.

Die einfachste Form einer derartigen Ausschreibung kann z. B. darin bestehen, daß man allen Anbietern gleichlautende Punktprogramme, eins für die Uhrenzentrale, eins für die Nebenuhren und eins für das Leitungsnetz vorlegt, zu denen jeder Anbieter zu erklären hat, welche Punkte mit der von ihm angebotenen Anlage erfüllt werden und welche nicht. Auch gleichlautende Leistungsübersichten, die von den Anbietern verbindlich auszufüllen sind, erleichtern dem Sachbearbeiter die Auswertung der einzelnen Angebote außerordentlich, ohne die Anbieter in der Anwendung ihrer Technik irgendwie zu beschränken, womit eine der wichtigsten Voraussetzungen für einen ehrlichen Wettbewerb erfüllt ist.

Musterausschreibung. Es soll nun an dem Beispiel einer Uhrengroßanlage gezeigt werden, wie eine nach den vorgenannten Gesichtspunkten bearbeitete Ausschreibung aussehen würde. Dabei wird sich zeigen, daß durch die gewählte Abfassung langatmige Erläuterungsberichte überflüssig werden; lediglich für bestimmte wichtige Einzelheiten werden kurze Erläuterungen, z. T. mit Skizzen und Prinzipschaltungen verlangt. Der Abschnitt »Leitungsnetz« gibt gleichzeitig einen instruktiven Anhalt für den Bau von Uhrenleitungsnetzen überhaupt, allerdings ohne alle dafür in Betracht kommenden Ausführungsformen zu berücksichtigen.

Die von allen Anbietern streng einzuhaltende Gliederung ihrer Angebote, die sich ohne weiteres aus den Ausschreibungsunterlagen ergibt, soll dem Sachbearbeiter die spätere Durcharbeitung und Auswertung des Angebotsmaterials erleichtern.

Ausschreibung einer elektrischen Uhrenanlage

A. Allgemeine Verdingungsvorschriften, Bestimmungen über Löhne, Nebenkosten, außervertragliche Arbeiten, Liefer- und Baufristen, Vertragsstrafen, Gewährleistung usw.

Auf Erläuterungen hierzu verzichten wir, weil sie über unser Thema hinausgehen würden.

B. Technische Bedingungen

Die Planung umfaßt:

Eine Uhrenzentrale mit rd. 600 Nebenuhren, die sich auf 5 Gebäude laut beifolgenden Plänen verteilen, dazu Leitungsnetz und Montage.

In je zweifacher Ausfertigung sind beigefügt:

Anlage A Punktprogramm für die Uhrenzentrale nebst Stromlieferungsanlage,

Anlage B Nebenuhren-Übersicht (Technik und Preise),

Anlage C Leistungsübersicht,

Anlage D Leitungsübersicht,

Anlage E Montageübersicht,

Anlage F Zusammenstellung der Gesamtkosten.

Diese Unterlagen sind sorgfältig und verbindlich auszufüllen, Nichtzutreffendes ist zu streichen. In der NU-Übersicht sind die angebotenen Ausführungsformen in den betreffenden Feldern anzukreuzen. Die mit einem + versehenen Positionen sind gesondert kurz zu erläutern; zu den mit zwei ++ versehenen Positionen sind außerdem Skizze bzw. Prinzipschaltung beizufügen.

Die Unterlagen A bis F sind in je einer Ausfertigung mit dem Angebot zurückzureichen.

Etwaige abweichende Ausführungen, Ergänzungsvorschläge usw. sind in einem besonderen Angebot einzureichen.

1. Uhrenzentrale

Für die Ausführung ist das beigefügte Punktprogramm A maßgebend.

Zum Angebot vom . . . . . . der Firma . . . . Anlage A

A. Punktprogramm zur Uhrenzentrale und Stromlieferungsanlage

1. Zwei Hauptuhren, jede mit einem $^1/_1$ Sekundenpendel.
2. HU I mit Nickelstahlpendel mit Kompensationseinrichtung, Feinregulierteller, Sekundenkontakt (++) zum Betrieb von Sekundennebenuhren und Synchronisierungseinrichtung (++).

3. HU II mit Holzpendel und Synchronisierungseinrichtung mit Kontroll-Milliampèremeter.

Die folgenden Positionen 4 bis 10 gelten für beide Hauptuhren.

4. Phasenschauzeichen.

5. Gewichtsantrieb mit selbsttätigem elektrischen Aufzug.

6. Grahamgang.

7. Die Linienimpulsgabe erfolgt minutlich.

8. Das Auslösen des Impulsgebers erfolgt
++ sekundengenau
nicht sekundengenau.

9. Die Schaltleistung des HU-Impulsgebers beträgt . . . . . W.

10. Die Impulsdauer des HU-Impulsgebers beträgt . . . . . . s.

++11. Das Umschalten von HU I auf HU II erfolgt, wenn HU I gestört ist, selbsttätig.

12. Eine dauernde selbsttätige Überwachung der HU II auf Betriebs-bereitschaft einschließlich ihrer Impulsgebeeinrichtung
++ findet statt
findet nicht statt.

13. Störungen und betriebswichtige Vorgänge zeigen sich selbst-tätig an
a) durch ausschaltbare Leuchtinschriften
b) durch ausschaltbare Wecker.

14. Die Linienimpulsgabe in die NU-Linien erfolgt
+ durch polarisierte Relais (Linienrelais)
+ durch Relaisketten.

15. Die Anzahl der Linienrelais beträgt . . . . . .
Die Anzahl der Relaisketten beträgt . . . . . .

16. Die Schaltleistung der Linienrelais beträgt . . . . . Watt, der Relaisketten . . . . . Watt. Die Linienkontakte bestehen aus . . . . . .

17. Außer dem Linienrelais bzw. der Relaiskette gehören zu jeder NU-Linie, in die Schalttafel eingebaut:
a) 1 Kontrollnebenuhr,
b) 1 Fortsteller,
c) 1 Abschalter,
d) 2 Liniensicherungen,
+ e) selbsttätige Sicherungsüberwachung mit hör- und sicht-barem Überwachungssignal.

+ 18. Erdschlußüberwachungseinrichtung mit hör- und sichtbarem Überwachungssignal.

19. Die Betriebsspannung beträgt . . . . . Volt.

20. Alle unter Strom periodisch betätigten Kontakte sind mit Funkenlöschung versehen und, soweit erforderlich, rundfunkentstört.

Stromlieferungsanlage

21. Zwei Sammlerbatterien von je . . . . . Zellen mit einer Leistung von . . . . . Ah,

    Type . . . .

    Fabrikat . . . .

22. Die Ladung, für die Wechselstrom von 220 V zur Verfügung steht, erfolgt aus einem . . . .

    Type . . . .

    Fabrikat . . . .

23. Die Batteriespannung wird dauernd überwacht; bei sinkender Spannung erfolgt Umschaltung von Batterie I auf Batterie II und umgekehrt

    ++ selbsttätig

    nicht selbsttätig.

24. Unter normalen Betriebsverhältnissen soll eine Batterieentladeperiode etwa 14 Tage dauern.

25. Die Stromversorgungsschalttafel enthält

    . . . . . Strommesser

    . . . . . Spannungsmesser

    . . . . . Ohmmeter   } als Drehspulinstrumente

    . . . . . Kontaktvoltmeter

    . . . . . Handumschalter (Paketschalter),

    . . . . . Sicherungen,

    . . . . . Leuchtinschriften.

26. Schalttafeln aus lackiertem Stahlblech in Standgerüst, Hauptuhren in besonderen staubsicheren Gehäusen mit verschließbaren Glastüren, rückwärtiger Schalttafelzugang durch zwei seitliche Türen, rückwärtiges Podest.

Gesamtaufbau der Zentrale gemäß beizufügender Zeichnung Maßstab 1 : 10, aus der auch die Art der Einführung und Anschließung der Batterie- und Netzleitungen ersichtlich sein muß.

27. Spätere Erweiterungen um weitere NU-Linien gemäß Pos. 17 sind möglich bis zu . . . . weiteren NU-Linien.

Die Erweiterungen erfolgen unter Wahrung eines organischen Gesamtaufbaues

    a) durch zusätzlichen Einbau in die vorhandenen Schalttafeln,

    b) durch Einfügen einer (oder mehrerer) weiterer Schalttafeln.

Preis vorstehender Uhrenzentrale fertig geschaltet, aber ausschließlich Montage   RM. . . . .

2. Nebenuhren

Es kommen drei Arten von Nebenuhren zur Verwendung

a) Nebenuhren (Minutenspringer) in Normalausführung,

b) Nebenuhren (Minutenspringer) mit geräuscharmem Werk,

++ c) Nebenuhren mit kon- oder exzentrischem Sekundenzeiger (Sekundenspringer) mit geräuschlosem Werk.

Für die unter a genannten Nebenuhren kommen drei Größen (Zifferblattdurchmesser) in Betracht

Größe 1: 200 mm
Größe 2: 250 mm
Größe 3: 400 mm

Die unter b genannten Nebenuhren werden nur in Größe 1 und 2, die unter c genannten nur in Größe 2 und 3 verlangt.

Zifferblätter: weiß mit Minuten- und Stundenstrichen,

Zeiger: lanzenförmig.

Die Zifferblätter der Sekundennebenuhren (c) erhalten statt der Stundenstriche arabische Stundenzahlen 1 bis 12 und Minuten- bzw. Sekundenstriche (bei konzentrischem Sekundenzeiger).

Sämtliche Nebenuhren mit Deckglas für Innenräume, in rundem Metall- oder Preßstoffgehäuse zum Aufsetzen auf die Wand; die Werke für sich möglichst staubsicher gekapselt.

Die endgültige Festlegung der Anzahl der zur Verwendung kommenden Arten und Größen behält sich die Bauleitung vor. Der vorläufigen Errechnung der Gesamtkosten gemäß Anlage F (Zusammenstellung) sind zugrunde zu legen:

a) Nebenuhren normaler Ausführung

Größe 1: 400 Stück,
Größe 2: 80 Stück,
Größe 3: 20 Stück.

b) Geräuscharme Nebenuhren

Größe 1: 40 Stück,
Größe 2: 25 Stück.

c) Sekundennebenuhren

Größe 2: 7 Stück,
Größe 3: 3 Stück.

Alles weitere ergibt sich aus den beigefügten Übersichten B und C.

Zum Angebot vom . . . . . der Firma . . . . Anlage B

B. Nebenuhren-Übersicht

a	b	c	d	e	f	g	h	i	k	l
		Nebenuhren in Normalausfuhrung								
200										
250										
400										
		Nebenuhren gerauscharm								
200										
250										
		Sekundennebenuhren gerauschlos								
250										
400										

a Größe (Zifferbl. ∅)
b Schwinganker-Syst.
c Drehanker-System
d Doppeldrehanker-Syst.
e Schaltkl.-Übertrag.
f Zahnrad-Übertrag.
g Schneckenrad-Übertr.
h Preßstoff-Gehäuse
i Metall-Gehause
k Listennummer
l Preis

Zum Angebot vom . . . . . der Firma . . . . Anlage C

C. Leistungsübersicht

Gegenstand	Btrbs -Spanng.			Mindest-Klemmen-Spanng	cm/gr Dreh-kraft an der Min.-Welle	Leistungs-Aufnahme in Watt
	Soll	min-dest	hochşt			
NU 200						
NU 250						
NU 400						
Sek. NU 250						
Sek. NU 400						
HU-Aufzug					—	
Linienrelais					—	
Relaiskette					—	

Schaltleistung

je HU-Impulsgeber . . . . .Watt

je Linienrelais   . . . . .Watt

je Relaiskette   . . . . .Watt

Gesamtstromverbrauch

Der Stromverbrauch der Gesamtanlage ausgebaut auf 575 Nebenuhren mit einer durchschnittlichen Leistungsaufnahme von . . . . . Watt
je Nebenuhr und bei einer minutlichen Impulsdauer von . . . . . . Sekunden beträgt

im Jahr . . . . . Wattstunden,

hiervon entfallen

auf die NU-Fortschaltung . . . . Wattstunden
auf die HU-Aufzüge . . . . Wattstunden
auf Leuchtinschriften, Wecker und son-
stige Überwachungseinrichtungen (ge-
schätzt) . . . . Wattstunden

Summe . . . . . Wattstunden

3. Leitungsnetz

Für das Leitungsnetz sind die »Vorschriften und Regeln für die
Errichtung elektrischer Fernmeldeanlagen V. E. F.« (VDE 0800/1935)
maßgebend.

Die Lage der Uhrenzentrale, des Batterieraums und der Nebenuhren in den einzelnen Gebäuden ist aus den beigefügten Plänen ersichtlich. Eine zweckmäßige Aufteilung des Leitungsnetzes wird den
Anbietern überlassen.

Dem Angebot ist eine schematische Übersichtskizze beizufügen, aus
der hervorgeht:

die Aufteilung des Leitungsnetzes, Anzahl der NU-Linien sowie
die Anzahl der Nebenuhren, die jeder Linie zugeteilt sind, und
die Anzahl der Nebenuhren, um die jede Linie erweitert werden kann.

Die Verbindung zwischen den einzelnen Gebäuden erfolgt durch
armiertes zweiadriges Erdkabel mit beiderseitigen vergossenen Kabel-
endverschlüssen. Die Erdarbeiten werden bauseitig ausgeführt.

Das gesamte Innenleitungsnetz ist einheitlich in NGA-Draht zu
verlegen, und zwar

a) Steigeleitungen in eisenverbleitem Isolierschutzrohr in den
bauseitig vorgesehenen Kanälen.

b) Stammleitungen in den für die übrigen Fernmeldeanlagen
vorgesehenen Winkelrinnen, Paneelen usw.

c) Abzweigleitungen (Stichleitungen) wie a, jedoch unter
Putz; die Abzweigungen sind unter Verwendung von Abzweig-
dosen als verlötete Spitzverbindungen herzustellen. Einführung
bei den Nebenuhren unsichtbar.

d) **Speiseleitungen** (zwischen Batterie und Zentrale) wie a, teils offen, teils unter Putz.

Leitungsquerschnitte und Isolationswiderstand

Es ist anzugeben, ob das gesamte Leitungsnetz einen einheitlichen Querschnitt besitzt oder ob abgestufte Querschnitte verwendet werden zu dem Zweck, Widerstands- und Spannungsunterschiede innerhalb der einzelnen NU-Linien in möglichst engen Grenzen zu halten (z. B. Erdkabel 2,5 mm², Steige- und Stammleitungen 1,5 mm², Abzweigleitungen 1 mm²).

Mindestisolationswiderstand des gesamten Leitungsnetzes Ader gegen Ader und Ader gegen Erde:

ein Megohm.

Einheitspreise

Die in der Leitungsübersicht angegebenen Meter-Einheitspreise verstehen sich einschließlich allen Zubehörs (Isolierrohr, Befestigungsmaterial usw.), sowie **einschließlich Montage** gemäß Abschnitt 4, Nr. 3.

Zum Angebot vom . . . . . der Firma . . . . Anlage D

D. Leitungsübersicht

1. Eisenarmiertes 2 adriges Erdkabel mit einem Kupferquerschnitt von . . . mm² je Ader laut beifolgender Konstruktionsbeschreibung
   Preis je lfd. m . . . .

   In den Preis eingeschlossen sind die anteiligen Kosten für vergossene Kabelendverschlüsse, sonstige Kabelarmaturen und Befestigungsmaterial sowie **Montage** ausschließlich Erdarbeiten.

2. Zweidrähtige NGA-Leitung einschließlich Isolier- und Befestigungsmaterial sowie einschließlich Montage
   Preis je lfd. m   a . . . . mm²   . . . .
   b . . . . mm²   . . . .
   c . . . . mm²   . . . .

3. Zweidrähtige NGA-Leitung wie vor, jedoch in eisenverbleitem Isolierschutzrohr auf oder unter Putz verlegt, einschließlich Zubehör.

	Rohr-Ø	qmm	RM.
Preis je lfd. m a	. . . .	. . . .	. . . .
b	. . . .	. . . .	. . . .
c	. . . .	. . . .	. . . .

Gesamtbedarf

˙Auf Grund der überlassenen Pläne und gemäß der beigefügten schematischen Übersichtsskizze werden benötigt:

. . . . m Erdkabel nach Pos. 1 . . . .

. . . . m NGA-Leitung nach Pos. 2a . . . .

. . . . m NGA-Leitung nach Pos. 2b . . . .

. . . . . . c . m NGA-Leitung nach Pos. 2c . . . .

. . . . m NGA-Leitung in Isolierschutzrohr auf oder unter
Putz verlegt

nach Pos. 3a . . . .

nach Pos. 3b . . . .

nach Pos. 3c . . . .

Sa. . . . .

Endgültige Verrechnung erfolgt nach Aufmaß.

4. Montage

Die Montagekosten sind wie folgt aufzuteilen:

1. Aufstellen, Anschließen, Inbetriebsetzen und Einregulieren der Uhrenzentrale und der Stromlieferungsanlage (ausschließlich Starkstromzuführung) in einer festen Pauschalsumme.

2. Anbringen, Anschließen, Einstellen und Inbetriebsetzen in einem Einzelpreis je Nebenuhr.

3. Die Kosten für die Verlegung des Leitungsnetzes sollen zum Zweck einer vereinfachten Endabrechnung in den Einzelpreis je Meter Doppelleitung der verschiedenen Arten (s. unter D Leitungsübersicht) einkalkuliert sein.

In die Montagekosten eingeschlossen ist das Stemmen von Dübellöchern, Einsetzen und Eingipsen; dagegen werden alle Großstemmarbeiten (Wand- und Deckendurchbrüche, Kanäle für Unterputzleitungen usw. sowie das Wiederverputzen) bauseitig ausgeführt.

4. Die Kosten für alle Arbeiten nicht fernmeldetechnischer Art, insbesondere Schreiner-, Schlosser-, Maler- und Maurerarbeiten sind ausgeschlossen und werden im Bedarfsfalle besonders vereinbart.

Zum Angebot vom . . . . . der Firma . . . . Anlage E

E. Montageübersicht

1. Montage der Uhrenzentrale und Stromlieferungsanlage gemäß 4, Nr. 1 . . . .

2. Montage von 575 Nebenuhren gemäß 4, Nr. 2   je . . . .

3. Montage des Leitungsnetzes gemäß 4, Nr. 3   — . —

                        Sa. . . . .

Zum Angebot vom . . . . . der Firma . . . . Anlage F

F. Kostenzusammenstellung

1. Uhrenzentrale und Stromlieferungsanlage gemäß Punkt-Pogramm A . . . .

2. Nebenuhren gemäß Übersicht B bis C.

			je
400 Stck. a	Größe	1	je . . . .
80 Stck. a	»	2	je . . . .
20 Stck. a	»	3	je . . . .
40 Stck. b	»	1	je . . . .
25 Stck. b	»	2	je . . . .
7 Stck. c	»	2	je . . . .
3 Stck. c	»	3	je . . . .

3. Leitungsnetz gemäß Übersicht D . . . .

4. Montage gemäß Übersicht E . . . .

                        Sa. . . . .

III. Fachausdrücke mit Erläuterungen

Die hier gegebene Zusammenstellung von Uhrmacher-Fachausdrucken ist weder vollstandig, noch erheben die Erläuterungen den Anspruch erschöpfend zu sein. Nur die wichtigsten der in diesem Buche vorkommenden Fachausdrucke der Uhren- wie der Fernmeldetechnik sind kurz erlautert, und zwar in einer Art, die möglichst auch dem Nichtfachmann verständlich sein soll; mehr zu geben war nicht beabsichtigt.

(U) bedeutet, daß es sich um einen Fachausdruck des Uhrmacherhandwerks handelt.

Anker (U) heißt der um einen Drehpunkt hin und her schwingende Teil der Hemmung, der den Ablauf des Steigrades regelt und gleichzeitig die von einem Gewicht oder einer Feder kommende Antriebskraft auf Pendel oder Unruhe überträgt, wodurch diese in Schwingung erhalten bleiben. Dabei schwingt der Anker mit zwei Paletten abwechselnd in die Zahnlücken des Steigrades ein (vgl. Grahamgang, Hemmung, Palette, Unruhe).

Ankerabfall (U). Hierunter versteht man bei Pendeluhren das abwechselnde Einfallen der beiden Ankerpaletten in die Steigradverzahnung, wodurch das charakteristische Tick-Tack-Geräusch entsteht. Es soll in möglichst gleichem Rhythmus erfolgen, wobei die Uhr senkrecht hängen soll. Die Pendelschwingungen werden durch Vermittlung der Pendelgabel auf den Anker übertragen (vgl. Seite 13), wobei in der Schönbergschen Hauptuhr die Gabel — die in Wirklichkeit gar keine Gabel, sondern ein Mitnehmerstift ist — nur in der einen Schwingungsrichtung mitgenommen wird; in der anderen schwingt das Pendel frei zurück, während Anker und Gabel unter dem Einfluß eines kleinen Gegengewichts folgen. Die Mitnahme erfolgt nicht unmittelbar durch die Pendelstange, sondern durch eine auf ihr angeordnete Blattfeder, die durch eine Rändelschraube verstellbar ist zu dem Zweck, den Ankerabfall auf gleichen Rhythmus einzustellen (s. Bild 2).

Ankergabel s. Pendelgabel.

Beisatzrad (U) ist eine allgemeine Uhrmacherbezeichnung für die verschiedenen Übersetzungsräder im Gehwerk (s. dieses).

Dauerauslöser nennt man eine Einrichtung an Hauptuhren, durch die das Geberlaufwerk von Hand ausgelöst und stillgesetzt wird zu dem Zweck, Stromwechselimpulse in schneller Folge zur Uhrenfortstellung in die Linie zu entsenden.

Differentialgetriebe. Unter Differentialgetriebe versteht man die Kopplung zweier Wellen durch Zahnräder derart, daß sowohl die eine Welle die andere antreiben als auch jede Welle ihren eigenen Antrieb besitzen kann, wobei sich beide Wellen vollkommen unabhängig voneinander, also nicht nur mit verschiedenen Geschwindigkeiten, sondern sogar entgegengesetzt drehen können.

Die bekannteste in der Fein- mechanik vielfach verwendete Ausführungsart (Bild 142) be- steht aus den beiden »Sonnen- rädern«, auf jeder Welle fest- sitzend eines, und aus dem »Planetenrad«, das mit beiden Sonnenrädern durch Kegelrad- verzahnung in Eingriff steht. Das Planetenrad ist auf einem Arm, dem sog. »Führer« gela- gert, der seinerseits lose (dreh- bar) auf einer der beiden Wellen sitzt.

Fanghebel gehört zur Fangvorrichtung, die in gewis- sen Drehankersystemen ein Vor- oder Zurückschleudern des oder der Drehanker verhindert, das ein Falschgehen der betreffenden Nebenuhr zur Folge haben würde.

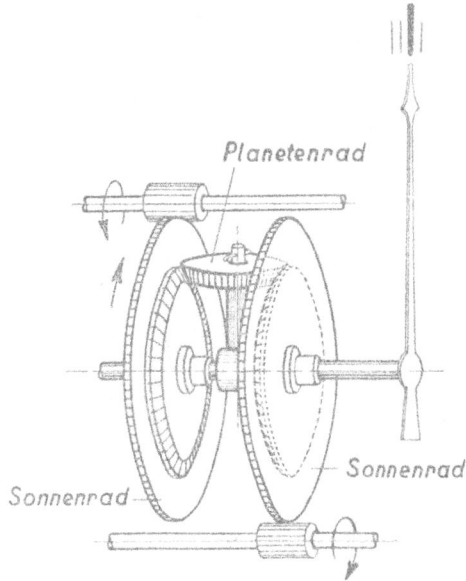

Bild 142. Differentialgetriebe.

Der Fanghebel (Bild 143) hat die Gestalt einer Gabel, die dem Anker im Grahamgang ähnelt.

In der Nabe des Drehankers (Elektromagnetanker) sitzen vier Stifte (Fangstifte), in deren Bahn die beiden Gabelarme des Fang-

hebels abwechselnd eingreifen. Da sich der Drehanker bei jedem minut- lichen Stromimpuls um 90⁰ dreht, entsteht zwischen den Fangstiften und der Fanggabel folgendes Wechselspiel:

In der Ruhelage liegt der obere Gabelarm beispielsweise hinter dem Fangstift 2, womit ein Zurückschleu- dern des Ankers verhindert ist; der untere Gabelarm liegt außerhalb der Stiftbahn. Bei der nächsten Drehung schleudert Stift 1 den oberen Gabel-

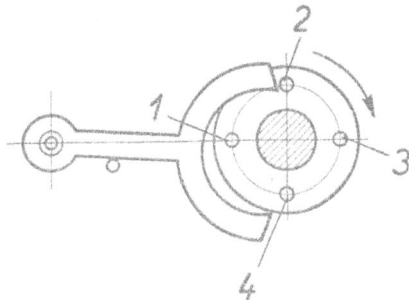

Bild 143 Fanghebel.

arm aus der Stiftbahn heraus, womit gleichzeitig der untere in die Stiftbahn eintritt, so daß nach Beendigung der Ankerdrehung Stift 3 gegen den unteren Gabelarm anschlägt, womit ein Vorschleudern des Ankers, d. h. eine Drehung um mehr als 90⁰ verhindert ist. Gleich

darauf fällt der Fanghebel mit eigener Schwerkraft in seine Ruhestellung zurück, so daß sich der obere Gabelarm nunmehr hinter
Stift 1 legt, also ein Zurückschleudern verhindert.

Zu der Frage, wieso überhaupt ein Vor- und Zurückschleudern des
oder der Drehanker entstehen kann, ist folgendes zu bemerken:

Dauert der Stromwechselimpuls lange genug (etwa 2 s), dann kann
infolge der elektrischen Bremswirkung kein Schleudern entstehen (vgl.
S. 33), so daß sich eine Fangvorrichtung erübrigt. Ist dagegen der Stromwechselimpuls aus irgendwelchen Ursachen so kurz, daß der Anker nur
angeworfen wird und sich bei Aufhören des Stromflusses noch in Bewegung befindet, dann würde er ohne Fangvorrichtung nicht nur über
90⁰ hinausschleudern, sondern unter dem Einfluß des permanenten
Magneten in die nächste Ruhestellung, im ganzen also um 180⁰ gedreht
werden, womit die betreffende Nebenuhr außer Tritt fallen, also falsch,
und zwar vorgehen würde.

Die Möglichkeit des Zurückschleuderns besteht dagegen an sich
überhaupt nicht, sondern sie entsteht erst durch die Fangvorrichtung
selbst, nämlich durch das Anschlagen des Stiftes 3 an den unteren
Gabelarm. Hierdurch entsteht eine Prellung, durch
die der Anker zurückschleudern würde, was jedoch
durch den gleich darauf einfallenden oberen Gabelarm verhindert wird.

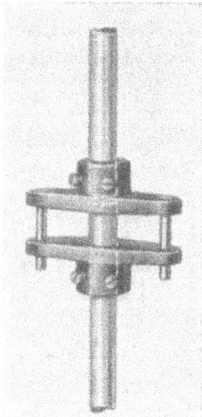

Gabelverbinder (Bild 144) nennt man eine
zweiteilige Kupplung, durch die die Verlängerungs-
stücke von Zeigerwellen (s. Zeigerleitung) so miteinander verbunden werden, daß sich die durch
Temperaturschwankungen hervorgerufenen Längenänderungen ungehindert ausgleichen können. Der
Gabelverbinder besteht aus zwei Verbindungsstücken, die auf die zu verbindenden Wellenenden
aufgesetzt und durch Klemmschrauben gehalten
werden. Das eine dieser beiden Verbindungsstücke
greift mit zwei kräftigen Stiften in zwei Löcher des
anderen, so daß eine Drehbewegung von einer Welle
auf die andere kraftschlüssig übertragen wird, während sich in ihrer Länge beide Wellen verändern können.

Bild 144
Gabelverbinder

Gehwerk. Da nach allgemeinem Sprachgebrauch die in Betrieb
befindliche Uhr »geht«, nennt man das Räderwerk, welches die Antriebskraft (Gewicht oder Feder) in zeitgerechte Zeigerdrehung umsetzt, das
Gehwerk. Es besteht aus dem Aufzug, den Übersetzungszahnrädern
(Beisatzrädern) und der Hemmung (s. diese). Obwohl das Gehwerk
seinem Wesen nach ein »Laufwerk« ist, nennt man es nicht so, sondern
unter Laufwerk versteht man etwas anderes (s. Laufwerk).

Gepolter Elektromagnet (polarisierter Elektromagnet). Unter einem gepolten Elektromagneten versteht man einen Kraft-magneten, dessen Eisenkerne über das Joch mit dem einen Pol eines permanenten Stahlmagneten magnetschlüssig verbunden sind, so daß die Kerne, solange die Kraftwicklung stromlos ist, in dem gleichen Sinne magnetisch sind wie der Magnetpol, mit dem sie verbunden sind. Wird die Kraftwicklung von Strom durchflossen, dann werden die beiden Eisenkerne zu einem Elektromagneten mit eigenem Nord- und Südpol. Entsprechend der einpoligen Vormagnetisierung wird dann der eine Eisenkern beispielsweise einen schwachen Südpol, der andere einen verstärkten Nordpol aufweisen oder umgekehrt, je nach der Strom-richtung, in der die Kraftwicklung durchflossen wird.

Grahamgang (U) nennt man eine bestimmte Art von Ankerhemmung, die erstmalig von dem Engländer Graham angegeben wurde.

Das äußere Merkmal des Grahamganges liegt darin, daß die Ankerpaletten als stählerne Kreisbögen ausge-bildet sind, und daß der Mit-telpunkt des Bogenkreises gleichzeitig Drehpunkt des Ankers ist (Bild 145).

Da der Anker durch das Pendel in Schwingungen ver-setzt wird, hat jede Palette

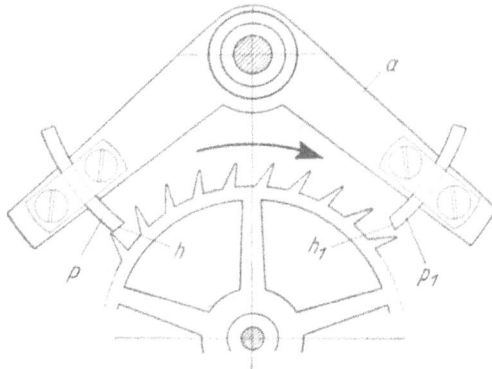

Bild 145. Grahamgang
a Anker. h, h₁ Hebflachen. p Eingangspalette
p₁ Ausgangspalette.

eine Einschwing- und eine Ausschwingperiode. Innerhalb jeder Ausschwingperiode liegt der Moment, in dem die Palette den je-weiligen Steigradzahn freigibt, der infolgedessen an der schrägen Heb-fläche entlang gleitet und hierbei dem Pendel den neuen Antriebs-impuls erteilt. Nach Verlassen der Hebfläche ist aber die Ausschwing-periode noch nicht beendet, sondern sie dauert an, bis sich die Schwingungsrichtung des Pendels umkehrt. Während der Aus-schwingperiode der einen Palette vollzieht sich die Einschwing-periode der anderen, so daß das Steigrad, kurz nachdem die ein-schwingende Palette im Zahnbereich angekommen ist, erneut an-gehalten wird. Das Steigrad bleibt infolgedessen in Ruhe, bis sich die Einschwingperiode in die Ausschwingperiode umgekehrt hat, innerhalb deren die erneute Freigabe eines Steigradzahns erfolgt, so daß sich das Spiel, nunmehr von der anderen Palette gesteuert, wiederholt.

Hieraus ergibt sich folgendes:

Schwingt die **linke** Palette[1]) in eine Zahnlücke ein, dann legt sich der jeweilige Steigradzahn an den **äußeren** Palettenbogen an, so daß das Steigrad gehalten bleibt, bis die wieder ausschwingende Palette den Zahn freigibt.

Schwingt die **rechte** Palette[1]) ein, dann legt sich der jeweilige Steigradzahn an den **inneren** Palettenbogen, so daß das Steigrad wiederum gehalten bleibt, bis die wieder ausschwingende Palette den Zahn freigibt.

Das Steigrad ist also jedesmal nur so lange in Bewegung, wie ein Zahn an der Hebfläche entlang gleitet (und zwar abwechselnd einmal an der linken, einmal an der rechten Palette), während der übrigen Schwingungszeit der Paletten aber in Ruhe, weshalb man den Grahamgang als »ruhende Ankerhemmung« bezeichnet, im Gegensatz zur »rückführenden Ankerhemmung« (bekannteste Ausführung: der sog. Hakenankergang), bei welcher das Steigrad nach jeder Fortschaltung durch die jeweils einschwingende Ankerklaue wieder ein Stück zurückgedrückt wird, was eine starke Beeinflussung der Pendelschwingungen zur Folge hat.

Durch den Grahamgang wird die Ganggenauigkeit der Pendeluhren erhöht, d. h. Uhren mit dieser Hemmung regulieren sich besser.

Hebfläche (U) nennt man die untere abgeschrägte Fläche der Ankerpaletten, an denen die Steigradzähne nach jeder Freigabe abwechselnd entlang gleiten, wobei der Anker jedesmal um ein Weniges angehoben wird und dabei durch Vermittlung der Pendelgabel dem Pendel einen neuen Antriebsimpuls erteilt (vgl. Grahamgang).

Hemmung (U) (s. auch Grahamgang) nennt man eine Einrichtung, durch welche der Ablauf eines Laufwerks so geregelt wird, daß er **schrittweise** und **zeitabhängig** erfolgt. Z. B. besitzt jede selbständige Räderuhr eine Hemmung, für die es zahlreiche Arten gibt. Im Bereich der elektrischen Uhr kommt nur die Ankerhemmung vor, von der allein die Rede sein soll.

Ihre Hauptbestandteile sind:

    a) das Steigrad (auch »Gangrad« genannt),
    b) der Anker,
    c) der »Zeitregler« (Pendel oder Unruhe).

Das Steigrad ist ein Zahnrad mit einer bestimmten Anzahl eigentümlich geformter Zähne; ihre Anzahl ist abhängig vom zugehörigen »Zeitregler« und beträgt beispielsweise beim Sekundenpendel 30.

---

[1]) Der Uhrmacher nennt die linke die »Eingangspalette«, die rechte die »Ausgangspalette«, weil das sich rechtsherum drehende Steigrad mit seinen Zahnen bei der linken Palette in den Ankerbereich **eintritt**, bei der rechten **austritt**.

Das Steigrad sitzt fest auf der schnellsten Welle des Laufwerks (Endwelle) und wird von den Paletten des hin- und herschwingenden Ankers schrittweise zum Weiterlauf freigegeben. Der Druck, den dabei die Zähne abwechselnd auf die Hebflächen der Ankerpaletten ausüben und der von der Antriebskraft ausgeht (Gewicht oder Feder), dient gleichzeitig dazu, den »Zeitregler« in Schwingungen zu erhalten (vgl. Anker, Gehwerk, Grahamgang, Palette).

Joch nennt man den Teil eines Elektromagneten, der die beiden Kerne zu einem U-förmigen Eisenkörper miteinander verbindet. Besteht der Elektromagnet nur aus einem Kern, was z. B. beim Relais der Fall ist, dann ist das Joch rechtwinklig umgebogen und bildet mit dem einen Kern wiederum einen U-förmigen Eisenkörper. Diese bei fast allen Elektromagneten wiederkehrende Gestalt ist die günstigste für eine gute Kraftwirkung.

Kardangelenk (Kreuzgelenk) (Bild 146) nennt man einen Ring mit zwei überkreuz angelenkten gabelförmigen Verbindungsstücken, deren jedes ein Wellenende aufnehmen kann, ein treibendes und ein getriebenes. Das Kardangelenk dient somit zur Verbindung zweier Wellen und verhindert Klemmungen bei deren Drehbewegung, die dann eintreten würden, wenn die Wellen nicht mathematisch genau ausgerichtet sind, son-

Bild 146. Kardangelenk.

dern im Winkel zueinander stehen. Wellen, die in verschiedenen Ebenen liegen, werden durch Doppelkardangelenke verbunden. Kardangelenke werden verwendet bei den Verbindungsgestängen zwischen Motorzeigerlaufwerk und Zeigerwerk (s. Zeigerleitung).

Kompensation (Ausgleich) nennt man den Ausgleich zwischen den durch Temperaturschwankungen hervorgerufenen Längenänderungen und den dadurch bedingten Schwingungsänderungen eines Pendels.

Verlängert sich z. B. in der Wärme das Pendel, wodurch sich die Schwingungen verlangsamen, dann wird durch die Kompensation das Pendelgewicht gleichzeitig nach oben gerückt, was eine Beschleunigung der Pendelschwingungen zur Folge hat, so daß sich die durch die Wärme hervorgerufene Verlangsamung der Schwingungen ausgleicht.

Verkürzt sich das Pendel in der Kälte, was eine Beschleunigung der Schwingungen zur Folge hat, dann wird durch die Kompensation das Pendelgewicht nach unten verschoben, wodurch sich die Pendelschwingungen verlangsamen, so daß die durch die Kälte hervorgerufene Schwingungsbeschleunigung ausgeglichen wird.

Die Kompensation ist wichtig für die Ganggenauigkeit der Penduluhren (vgl. S. 14).

Laufwerk. Unter Laufwerk versteht man mehrere miteinander in Eingriff stehende Zahnräder, die, durch Gewicht oder Feder angetrieben, einer Endwelle eine bestimmte Umdrehungsgeschwindigkeit (Tourenzahl) geben, wie sie erforderlich ist, damit die Endwelle ihrerseits weitere kinetische Vorgänge bewirken kann, z. B. die Betätigung des Gebers in der Hauptuhr.

In manchen Fällen, z. B. beim Geberlaufwerk, muß die Ablaufgeschwindigkeit durch eine Luftbremse geregelt werden, was durch den sog. Windfang geschieht. Meistens besteht er aus einem rechteckigen leichten Blech, das in seiner Längsachse teils nach vorn, teils nach hinten gekröpft ist, so daß es auf eine schnelle Laufwerkswelle aufgeschoben werden kann, wo es durch eine Blattfeder mit leichter Reibung gehalten wird (»Friktionskupplung«). Der Windfang ist demnach eine Art zweiflügliges Flügelrad, das sich sehr schnell dreht und mit zunehmender Schnelligkeit zunehmenden Luftwiderstand zu überwinden hat, woraus sich seine geschwindigkeitsregelnde Wirkung ergibt.

Daß die Windflügel nicht fest, sondern nur mit Reibung auf ihrer Welle sitzen, hat den Zweck, vorzeitigen Verschleiß der Zahnräder zu verhindern, die sonst beim plötzlichen Stillsetzen starken Beanspruchungen ausgesetzt sein und sich infolgedessen schnell abnützen würden.

S. a. Zeigerlaufwerk.

Luftbremse = Windfang, s. Laufwerk.

Motorzeigerlaufwerk s. Zeigerlaufwerk.

Nachlaufeinrichtung nennt man eine Einrichtung, durch die Nebenuhren, die infolge Stromaussetzens stehengeblieben sind, beim Wiedereinsetzen des Stroms selbsttätig auf die richtige Zeit nachgestellt werden.

Die Einrichtung ist besonders wichtig für Motorzeigerlaufwerke (Turmuhren), die unmittelbar aus einem Starkstromnetz gespeist werden, in denen der Strom öfters aussetzt, z. B. in Überlandnetzen (näh. s. S. 108).

Palette (U) nennt man einen flächigen Stift, der die Aufgabe hat, zwei bewegliche Teile vorübergehend und zeitgenau kraftschlüssig miteinander zu verbinden, z. B. Anker und Steigrad (vgl. Anker (U)).

Ein weiteres Kennzeichen der Palette ist, daß sie einfällt (z. B. in eine Lücke) oder einschwingt und hierdurch eine neue Bewegung unmittelbar oder mittelbar auslöst oder eine bestehende Bewegung anhält (»arretiert«). In kinematischen Konstruktionen der Feinmechanik findet die Palette vielfache Anwendung.

Pendelgabel (vgl. Bild 2 S. 13), auch Ankergabel genannt, stellt die kraftschlüssige Verbindung zwischen Anker und Pendel her. Die Pendelgabel ist ein einarmiger Hebel, der mit dem einen Ende

fest auf der Ankerwelle sitzt, so daß er die Ankerschwingungen mit-
macht. Das andere Ende ist rechtwinklig umgebogen und gabelförmig
ausgebildet. Die Gabel umfaßt das Pendel, so daß die Pendelschwingungen durch die Pendelgabel auf den Anker übertragen werden. Andererseits überträgt die Gabel die von den Hebflächen des Ankers kommenden
Antriebsimpulse auf das Pendel (vgl. Grahamgang, Hebfläche).

Pendelsynchronisierung s. Synchronisierungseinrichtung.

Phasenschauzeichen nennt man eine im Zifferblatt der Hauptuhr hinter einem kleinen Fenster abwechselnd rot und weiß erscheinende
Signalscheibe, die vom Geberlaufwerk über Trieb und Zahnrad betätigt
wird und die jeweilige Phasenstellung des Gebers anzeigt. Es kommt
nur für die beiden Hauptuhren einer Uhrenzentrale in Betracht, deren
Geber stets gleichphasig laufen müssen, damit im Falle der Betriebs-
übernahme durch die Reservehauptuhr kein Fortschaltimpuls in den
NU-Linien ausfällt, was ein Zurückbleiben sämtlicher Nebenuhren um
1 min zur Folge haben würde.

Platine (U). Platinen nennt der Uhrmacher die Gestellplatten,
zwischen denen die Zahnräder, Triebe und Wellen eines Geh- oder
Laufwerks angeordnet sind, wobei die Platinen den Wellenzapfen als
Lager dienen. Starke Platinen gelten als ein Zeichen für die gute Qualität
des betreffenden Werkes.

Polarisierter Elektromagnet s. Gepolter Elektromagnet.

Polschuh nennt man ein auf den Kern eines Elektromagneten
aufgesetztes Eisenstück. Bei einer vielfach verwendeten Ausführungsart,
bei der beide Kerne eines zweischenkligen (U- oder hufeisenförmigen)
Elektromagneten mit je einem Polschuh ausgerüstet werden, bildet
deren Form an den gegenüber stehenden Seiten einen Kreisausschnitt
entsprechend der Bahn eines konzentrischen Drehankers zu dem Zweck,
zwischen Anker und Polen einen möglichst kleinen Luftspalt zu haben,
wodurch der Kraftlinienfluß begünstigt und die Anzugskraft erhöht
wird.

Relais nennt man einen elektromagnetisch betätigten Schalter,
durch den ein oder mehrere Stromkreise ein-, aus- oder umgeschaltet
werden können. Es besteht aus dem Kern mit Wicklung, dem Joch
und dem drehbar gelagerten Anker. Letzterer betätigt im Anziehen
einen oder mehrere Federsätze, die nach Bedarf Arbeits-, Ruhe- oder
Wechselkontakte sein können. Sobald die Wicklung vom Strom durchflossen wird, wird der Anker angezogen und schaltet dabei den oder
die Federsätze um. Hört der Stromfluß auf, dann kehrt der Anker
unter dem Einfluß der Federsätze in seine Ruhelage zurück (er »fällt
ab«), ebenso die Federsätze. Der Anker hat eine gewisse »Ansprech-
und Abfallzeit«, die bei normalen Relais wenige Millisekunden betragen,
aber durch besondere Maßnahmen um ein Vielfaches verlängert werden

können, und zwar entweder nur die Ansprechzeit oder nur die Abfall-zeit oder beide. Solche Relais heißen Verzögerungsrelais.

Von besonderer Art ist das gepolte (polarisierte) Relais, dessen Anker nur dann anspricht, wenn die Wicklung in einer bestimmten Richtung vom Strom durchflossen wird (s. gepolter Elektromagnet). Hierzu gehören auch Relais mit Kippanker, der nach Aufhören des Stromflusses in seiner jeweiligen Stellung verbleibt. Beim Wechseln der Stromrichtung kippt er in die entgegengesetzte Stellung und betätigt dabei Kontakte (Beispiele s. Bild 62 u. 79). S. a. Linienrelais Seite 81.

Solenoid nennt man die auf eine Spule aufgebrachten Umwin-dungen eines isolierten Drahtes, innerhalb deren, wenn sie von Strom durchflossen werden, ein magnetisches Feld entsteht. Zur Erzielung einer Kraftwirkung wird ein beweglicher Eisenkern in die Spule hinein-gezogen. Hört der Stromfluß auf, dann fällt der Eisenkern entweder mit eigener Schwerkraft in seine Ruhelage zurück oder er wird durch eine Feder zurückgezogen.

Anwendungsbeispiel: Selbsttätiger Aufzug der Allstromuhr (Seite 177).

Synchronisierungseinrichtung. Soweit die Bezeichnung für Uhren angewendet wird, versteht man darunter eine Einrichtung, durch die ein oder mehrere Pendel auf elektromagnetischem Wege ge-zwungen werden, in genau dem gleichen Rhythmus zu schwingen wie ein maßgebendes Hauptpen-del, was eine vollkommene Gang-gleichheit der betreffenden Uhren zur Folge hat.

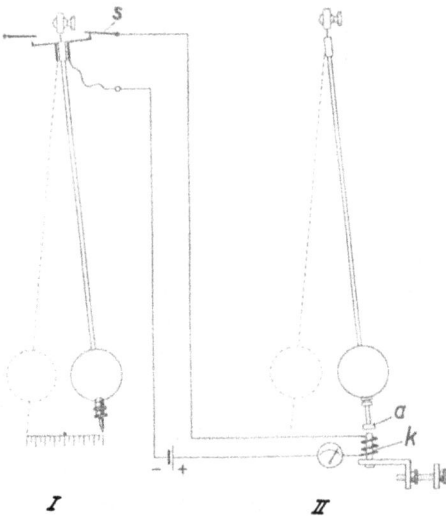

Bild 147. Synchronisierungseinrichtung.

Wie Bild 147 schematisch zeigt, besteht die Einrichtung, beispielsweise an Sekundenpen-deln, aus dem Sekundenkontakt s am Pendel I (dem Hauptpendel) und einem unter dem Pendel II angeordneten Elektromagneten k, dessen Anker a am unteren Pen-delstangenende angebracht ist. Der Elektromagnet sitzt seitlich und ist nach links und rechts verstellbar. Hierdurch ist es möglich, den Durchgang des Ankers durch das Kraftlinienfeld zeitlich so einzustellen, daß die von der Haupt-pendelschwingung abweichende Schwingung bei Wirksamwerden des Kraftmagneten entweder gehemmt oder beschleunigt wird.

Wenn beide Pendel ihre Rechtsschwingung nahezu beendet haben (also kurz vor der Umkehrung zur Linksschwingung stehen), schließt sich am Pendel *I* der Sekundenkontakt *s*, wodurch der Kraftmagnet Strom erhält. Zu der gleichen Zeit steht aber — infolge entsprechender Einstellung — der Anker *a* des Pendels *II* so im Anzugsbereich des Kraftmagneten, daß sich eine etwaige Abweichung von der Schwingung des Hauptpendels zwangsläufig korrigiert. Nach links schwingen beide Pendel frei; die Synchronisierung wird demnach nur nach jeder zweiten Sekunde wirksam. In den Stromkreis wird ein Überwachungs-Milliampèremeter geschaltet, dessen Zeigerausschlag nach jeder zweiten Sekunde anzeigt, daß die Synchronisierung in Tätigkeit ist.

Die Einrichtung gehört zur Regelausstattung der beiden Hauptuhren in Uhrenzentralen.

Steigrad (U) s. Hemmung.

Thermorelais nennt man eine selbsttätige Schalteinrichtung mit langer Ansprechzeit zum Schließen oder Öffnen eines Kontaktes, die nicht elektromagnetisch, sondern durch Elektrowärme betätigt wird. Die Einrichtung besteht aus einem mit Drahtwindungen umgebenen Bimetallstreifen (Streifen aus zwei Metallen von verschiedenen Ausdehnungskoeffizienten, z. B. Nickel und Neusilber). Werden die Windungen von Strom durchflossen, dann erwärmt sich der Bimetallstreifen nach und nach, wobei er sich infolge der verschiedenen Ausdehnungskoeffizienten nach einiger Zeit wirft und hierbei einen Kontakt schließt oder öffnet. Auch zum rein mechanischen Auslösen wird der sich werfende Streifen mitunter benutzt. Durch Stromverstärkung oder -schwächung kann die Ansprechzeit in den Grenzen von etwa 0,5 bis 3 min mittels regelbarem Vorschaltwiderstand nach Bedarf eingestellt werden.

(Anwendungsbeispiele s. Bild 35 und 37.)

Trieb (U) (Bild 148) nennt man im allgemeinen ein kleines Zahnrad mit wenig Zähnen, das zusammen mit Welle und Zapfen aus

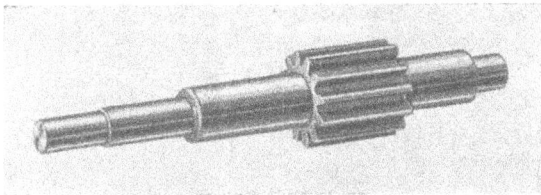

Bild 148. Trieb.

einem Stück Rundstahl hergestellt (gedreht) wird. Welle und Zapfen werden aus dem Vollen gedreht, während die Zähne unmittelbar in das stehengebliebene Stück eingeschnitten werden.

Tromalitmagnet nennt man einen nach einem neuzeitlichen Preßverfahren hergestellten permanenten Magneten. Er besteht aus gepulvertem Stahl und aus einem Preßstoff, die zu einer preßbaren Masse gemischt werden. Die Masse kann zu beliebigen Formstücken gepreßt werden, die, nachdem sie auf elektromagnetischem Wege magnetisiert sind, die Eigenschaften permanenter Stahlmagnete annehmen.

Unruhe (U) nennt man den zeitregelnden Teil der Hemmung, der im Gegensatz zum Pendel lageunabhängig arbeitet.

Die Unruhe ist ein kleines Schwungrad, das durch eine Spiralfeder, mit deren innerem Ende es verbunden ist, in hin- und hergehende (pendelnde) Schwingungen versetzt wird und hierbei den das Steigrad schrittweise freigebenden Anker betätigt.

Im Bereich der elektrischen Uhren finden wir die Unruhe bei der Schiffshauptuhr (S. 101) sowie bei Batterie- und Allstromuhren (S. 174 ff). Vgl. Anker und Hemmung.

Verzögerungsrelais s. Relais.

Welle. Unter »Welle« versteht man den drehbaren Träger von Rädern, Scheiben, Hebeln u. dgl. (z. B. Steigradwelle, Minutenwelle, Zeigerwelle usw.). Meist ist die Welle in Zapfen gelagert.

Windfang (U) s. Laufwerk.

Winkelräderwerk (Bild 149) nennt man eine Anordnung von Zahnrädern mit Kegelradverzahnung zur Übertragung der Drehbewegung einer Zeigerwelle auf eine oder mehrere rechtwinklig abgehende Abzweigungen, wie sie beispielsweise zum Betrieb zweier Zeigerwerke durch ein gemeinsames Motorzeigerlaufwerk oder zur Umleitung von Zeigerleitungen erforderlich sind. Die Einschaltung des Winkelräderwerks in die Zeigerleitungen erfolgt über Kardangelenke (s. dieses).

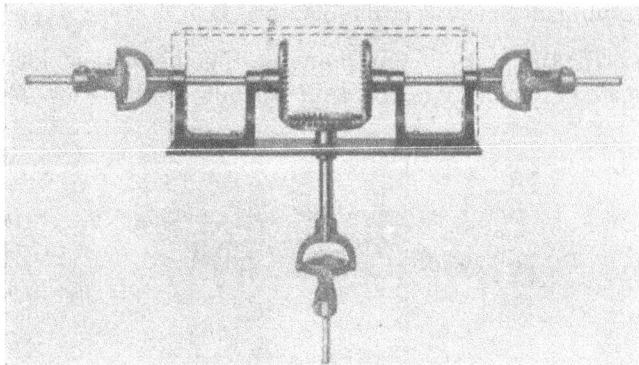

Bild 149 Winkelräderwerk. ¼ natürlicher Größe

Zeigerlaufwerk (U). Zeigerlaufwerke kommen hauptsächlich für Großuhren in Betracht für den Antrieb eines oder mehrerer räumlich getrennt angeordneten Zeigerwerke (s. dieses). Man versteht unter einem Zeigerlaufwerk mehrere in einem bestimmten Übersetzungsverhältnis untereinander in Eingriff stehende Zahnräder (»Zahnrad-Vorgelege« nennt sie der Maschinenbauer), durch welche die von einer schnelllaufenden Antriebskraft, z. B. einem Elektromotor, ausgehenden Umdrehungen so weit ins Langsame übersetzt werden, daß die letzte Zahnradwelle in 60 min eine volle Umdrehung macht und infolgedessen unmittelbar mit der Minutenwelle des Zeigerwerks gekuppelt werden kann.

Bei minutlicher Auslösung der Antriebskraft, z. B. bei minutlicher Einschaltung eines Motors, besitzt das Zeigerlaufwerk eine selbsttätige Kontakteinrichtung, die den Motor wieder ausschaltet, wenn die letzte Welle eine Teilumdrehung von 6° (das entspricht dem Weg, den der Minutenzeiger für 1 min zurücklegt) gemacht hat.

Ein durch Elektromotor angetriebenes Zeigerlaufwerk heißt Motorzeigerlaufwerk.

Zeigerleitung (U) nennt man die Verbindungsgestänge zwischen dem Gehwerk einer Turmuhr (oder einem Motorzeigerlaufwerk) und dem Zeigerwerk. Demnach ist die Zeigerleitung eine verlängerte Minutenwelle, die an ihren beiden Enden über Kardangelenke (s. dieses) mit Geh- und Zeigerwerk verbunden ist, während die einzelnen Verbindungsstücke durch Gabelverbinder (s. diesen) miteinander gekuppelt sind. Richtungsänderungen der Zeigerleitung (Umleitungen) werden durch Winkelräderwerke überbrückt (s. dieses).

Zeigerwerk (U). Unter Zeigerwerk versteht man die zum unmittelbaren Zeigerantrieb erforderlichen Einrichtungen, die sich in jeder

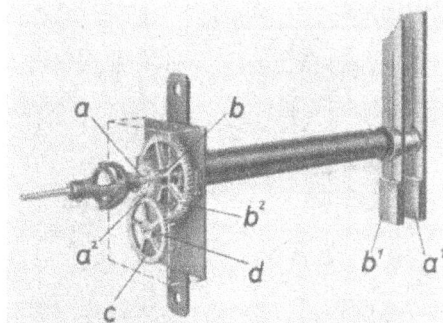

Bild 150. Zeigerwerk, $^1/_{10}$ natürlicher Größe

a Minutenwelle.	b_1 Stundenzeiger,
a_1 Minutenzeiger,	b_2 Stundenrad,
a_2 Minutenrad.	c Wechselrad.
b Stundenrohr.	d Wechseltrieb.

Uhr finden (Minuten- und Stundenrohr und Wechselgetriebe), aber selten besonders erwähnt werden.

Wenn das Zeigerwerk als solches besonders genannt wird, dann ist es in der Regel gesonderter Bestandteil einer Turmuhr, der räumlich vom eigentlichen Uhrwerk (Gehwerk oder Motorzeigerlaufwerk) getrennt ist und nur durch die Zeigerleitung (s. diese) mit dem Uhrwerk in Verbindung steht.

Die wesentlichen Bestandteile des Zeigerwerks sind

<blockquote>
die Minutenwelle a, die den Minutenzeiger a_1 trägt,
das Stundenrohr b, das den Stundenzeiger b_1 trägt,
das Wechselgetriebe;
</blockquote>

dieses besteht aus folgenden miteinander in Eingriff stehenden Zahnrädern

<blockquote>
dem Minutenrad a_2 (fest auf der Minutenwelle),
dem Stundenrad b_2 (fest auf dem Stundenrohr),
dem Wechselrad c mit Trieb d.
</blockquote>

Das Wechselgetriebe hat den Zweck, Minutenwelle und Stundenrohr in einem Übersetzungsverhältnis von $12:1$ derart miteinander zu kuppeln, daß sich beide Wellen in der gleichen Richtung, nämlich im Uhrzeigersinne drehen. Der Antrieb erfolgt an der Minutenwelle, die ihrerseits unmittelbar mit dem Uhrwerk (Gehwerk oder Motorzeigerlaufwerk) verbunden ist.

Sachverzeichnis

Die mit einem * versehenen Worte sind unter den Fachausdrucken erlautert

www.ingramcontent.com/pod-product-compliance
Lightning Source LLC
Chambersburg PA
CBHW081541190326
41458CB00015B/5615